KB077792

여섯 번째 대멸종

ELIZABETH KOLBERT

THE SIXTH
EXTINCTION

여섯 번째 대멸종

엘리자베스 콜버트

김보영 옮김 · 최재천 감수

쌤앤파커스

최재천

이화여자대학교 에코과학부 석좌교수
생명다양성재단 이사장

퓰리처상은 1917년에 창설되어 언론 분야를 중심으
로 문학과 작곡 분야에 이르기까지 해마다 총 23개 분야에서 수상
자를 선정한다. 수상 대상을 미국에 국한하고 지나치게 진보 성향
이라는 비판과 더불어 심심찮게 선정을 둘러싼 구설에 시달리지
만, 2015년 엘리자베스 콜버트의 수상에는 일말의 이견도 없었다.
지구 생명의 역사에는 그동안 다섯 번의 대멸종mass extinction 사건이
있었는데 그것들은 모두 화산 폭발, 지진, 운석 충돌 등 천재지변에
의해 일어났다. 그러나 지금 벌어지고 있는 멸종 현상은 천재지변
과 상관없이 오로지 호모 사피엔스의 활동에 의해 비교적 차분히
그러나 확연하게 일어나고 있다. 콜버트는 지구촌 곳곳에서 거의

모든 생물군을 총망라해 전방위적으로 벌어지고 있는 멸종 사례들을 한데 엮어 '여섯 번째 대멸종'이라 명명했다. 데이터에 코를 박고 있는 학자들 머리에서는 도저히 나올 수 없는, 언론인만이 끌어낼 수 있는 탁월한 혜안이었다.

콜버트는 여섯 번째 대멸종이 지난 "5대 멸종만큼 대대적인 규모가 될 것이라고 말하기는 아직 이르나"라고 말했지만, 나를 비롯한 많은 학자는 역대 최대 규모가 될 것이라고 예측한다. 지난 다섯 번의 대멸종에서는 갑자기 들이닥친 천재지변으로 인해 주로 동물들이 대거 사라졌지만, 지금은 생태계의 근간을 이루고 있는 식물계가 무너지고 있다. 거기에다 그 식물을 먹고 사는 포유류와 조류 등 동물계를 떠받치고 있는 곤충도 함께 사라지고 있다. 식물과 마찬가지로 곤충도 종수만 줄어드는 게 아니라 개체수 자체가 줄어들고 있다. 생태계가 바닥으로부터 속수무책으로 무너져 내리고 있다는 증거다.

최근에는 항아리곰팡이가 양서류의 씨를 말리고 있다. 콜버트는 양서류가 "지구 최고의 생존력을 지닌 동물"이라고 단언한다. 물과 뭍 양쪽 모두에서 서식할 수 있기 때문에 생존에 훨씬 유리했을 것이다. 그런데 환경 파괴가 심해지자 물과 뭍 양쪽 환경을 다 거쳐야 하는 생활사가 오히려 발목을 잡는다. 어느 한쪽 상황이라도 악화하면 타격을 입을 수밖에 없다. 엎친 데 덮친 격으로 곰팡이가 간신히 이어가던 숨통을 죄기 시작했다. 몇 년 전, 이 항아리곰팡이가 어쩌면 우리나라에서 시작되었을 가능성을 제시한 논문이 발표되었다. 이처럼 멸종 사건은 장소를 가리지 않고 발생한다.

이 책에서는 파나마황금개구리를 멸종 위기에 놓인 대표 양서류로 소개했지만, 나는 개인적으로 멸종한 양서류의 마지막을 지켜본 아픈 기억을 갖고 있다. 파나마 바로 북쪽에 위치한 코스타리카에는 몬테베르데Monteverde라는 비교적 잘 보존된 고산 운무림이 있다. 1980년대 중반, 그곳에서 개미 연구를 하던 나는 어느 날 밤 숲속에서 눈이 부시도록 아름다운 오렌지색 황금두꺼비golden toad를 보았다. 1960년대 중반 황금두꺼비를 처음 발견한 파충양서류학자 제이 새비지Jay Savage는 "누군가가 그 두꺼비를 통째로 오렌지빛 에나멜 페인트 통에 담갔다 꺼낸 듯싶다"라고 했다. 몬테베르데를 드나들던 몇 년 동안 나는 황금두꺼비를 딱 두 번 보았다. 다른 과학자들이 마지막으로 본 것이 1989년 5월 15일이었고, 국제자연보호연맹IUCN은 2004년 끝내 완전히 멸종한 것으로 보고했다. 처음 발견된 시점으로부터 치면 불과 38년 동안 그저 10km² 넓이의 고산지대에서 살다가 영원히 사라지고 만 것이다.

사람들은 대개 멸종 소식을 몇 다리 건너 전해 듣고 있겠지만, 이렇게 나는 내가 알던 존재가 영원히 사라지는 것을 목격하고 말았다. 멸종은 분명 일어나고 있다. 그것도 때로는 바로 내 곁에서. 이런 현실에 우리가 눈을 감아버리면 자칫 역대 최대 규모의 여섯 번째 대멸종으로 이어질지 모른다. 막아야 한다. 앨프리드 뉴턴은 영국 해안에서 일어난 학살을 알렸고 그 결과 '바닷새 보호를 위한 법률'이 제정되었다. 존 뮤어는 캘리포니아 산지 파괴에 관해 글을 썼고 이는 요세미티 국립 공원 지정으로 이어졌다. 《침묵의 봄》은 합성 살충제의 위험성을 폭로했고 이 책이 출판된 후 10년이 못 되어 대부분의 DDT 사용이 금지되었다. 엘리자베스 콜버트의 《여섯 번째 대멸종》이 기후 위기를 극복하고 인류세를 조기에 마감하는 데 기여하기를 바란다. 21세기를 살아가는 현대인이라면 모름지기 환경 이슈에 민감해야 한다. 그런 의미에서 이 책은 현대인의 필독서가 되어야 한다.

이정모

국립과천과학관 관장

"여섯 번째 대멸종"이라는 말을 들었을 때 문득 《제7의 십자가》가 떠올랐다. 독일 문학가 안나 제거스의 소설이다. 작품에 등장하는 나치 강제 수용소에서 일곱 명의 죄수가 탈출한다. 수용소장은 일곱 개의 십자가를 만들어 놓고 탈출자들을 여기에 매달겠다고 선언한다. 아직 사람들이 매달리지 않았지만, 십자가만으로도 수용소에 남은 이들은 충분한 공포를 느낀다.

일곱 명 가운데 여섯 명은 영웅적으로 투쟁하는 특별한 사람이 아니다. 그 시대를 살아가는 보통 사람이었다. 스스로 나치 체제를 받아들이고 적응하기도 하고, 때로는 저항하기도 했다. 이들은 수용소에서 탈출하면서 자신이 이전에 가졌던 모습을 수용소 밖의 군상을 통해 확인한다. 보통 사람들은 함께 살아가는 사람들의 복지와 권리보다 개인의 이익과 눈앞의 안전을 더 우선하는 것이다. 그렇게 인간의 충동 때문에 나치가 이 세상을 지배했다는 것을 깨달아간다.

소설을 통해 안나 제거스가 말하려고 했던 것은 무엇일까? 나치 시대에 살아남기 위해서는 나치에 적응해서는 안 된다, 평화롭고 정의로운 미래를 원한다면 저항해야 한다. 이게 바로 그가 말하려는 것이다.

2014년,《여섯 번째 대멸종》이 처음 나왔을 때만 해도 "왜 여섯 번째야?"라는 질문이 가장 많았다. 그러면 전문가들은 오르도비스기 대멸종부터 차근차근 순서대로 설명하곤 했다. 고생대에서 중생대로 넘어가게 된 세 번째 대멸종이나 공룡들을 끝장낸 다섯 번째 대멸종 모두 지금 우리에게는 극적인 장면에 불과하다. 하지만 에드워드 핼릿 카의《역사란 무엇인가》를 읽으면서 우리는 깨달았다. 역사는 단순한 과거의 이야기가 아니라, 과거에서 현재를 비추고, 이것을 통해 다시 미래를 예견하고 대비하는 거울이라는 것을 말이다.

그런데 이게 말처럼 쉽다면 얼마나 좋을까? 그래서《여섯 번째 대멸종》이 빛나는 책인 것이다. 저자 엘리자베스 콜버트는 과학자가 아니다. 저널리스트다. 수억 년 전의 과거가 아니라 바로 지금 여기에서 일어나는 멸종 사건을 통해 우리에게 닥친 현실을 깨닫게 한다.

후손의 미래가 아니라 우리의 생존을 위해 투쟁해야 할 때다. 지난 다섯 차례의 대멸종은 결국 급격한 기후 변화 때문에 일어났다. 모두 자연적인 이유에서였다. 화산이 터지고, 운석이 충돌했다. 당시의 생명들은 속수무책이었다. 지금 우리가 겪고 있는 여섯 번째 대멸종 역시 급격한 기후 변화가 원인이다. 하지만 다행인 것은, 그 원인이 바로 우리 인류이기 때문이다. 우리만 변하면 된다.

변화는 쉽지 않다. 하지만 그 변화를 이끌어 가는 사람들이 있다. 엘리자베스 콜버트의 최신작,《화이트 스카이》가 바로 그런 사람들의 이야기이다. 과학적으로 연구하고, 기술로 구현하고, 그것을 사회의 자원을 이용하여 배치하는 사람들의 이야기이다.

안나 제거스와 엘리자베스 콜버트가 하려는 이야기는 똑같다. 평화롭고 정의로운 미래를 위해 투쟁해야 한다. 우리는 혼자가 아니다. 다행히, 우리는 혼자가 아니다.

이 책을 향한 찬사

수많은 종을 이동시키고, 무차별적으로 남획하고, 바다를 산성화하고, 강의 화학적 성분을 변화시킨 인간이 공룡을 멸종시킨 소행성 역할을 하고 있다는 사실을 냉정한 목소리로 깨닫게 한다.

- 빌 게이츠(게이츠 재단 설립자)

거대하고 갑작스러운 변화가 일어날 수 있음을 경고하는《여섯 번째 대멸종》의 메시지는 충격적이다. 하지만 이미 그런 일이 벌어졌었고, 얼마든지 다시 일어날 수 있다는 것은 엄연한 사실이다.

- 버락 오바마(전 미국 대통령)

엘리자베스 콜버트는 인간이 멸종에 대해 얼마나 잘못 이해하고 있는지 집요하게 추적한다. 지금 우리가 처한 상황이 어떠한지 명확하게 이해하는 데 이보다 더 필요하고 중요한 책은 없다.

- 앨 고어(전 미국 부통령, 환경운동가)

안타깝게도 여섯 번째 대멸종은 인류가 남기게 될 가장 크고 오래 지속될 유산이 될 가능성이 높다. 엘리자베스 콜버트도 말하고 있듯, 이것은 우리 존재에 대해 다시금 생각하게 만든다.

- 퓰리처상 선정 위원회

호기심을 자극하는 흥미로운 이야기이면서 동시에 그 무엇과도 비교할 수 없이 두려운 이야기가 바로 눈앞에 펼쳐진다.
- 〈워싱턴포스트〉

지구라는 행성에서 사라지고 있는 생명체에 대해 그 누구보다 섬세하게 풀어냈다. 하지만 잊지 말아야 할 것은 이 책이 알려주고 있는 딱딱한 과학적 진실과 역사적 맥락이다. 이로 인해 발생한 위기는 전 인류 앞에 이미 다가와 있으며 우리는 앞으로 더욱 고통스럽게 감내해야만 한다.
- 〈뉴욕타임스〉

놀랍다. 엘리자베스 콜버트는 엄격하게 과학과 사실에 근거해 주장을 펼치면서 '페이지 터너'로서의 역량도 마음껏 펼쳐내고 있다.
- 〈내셔널지오그래픽〉

공룡은 소행성과 지구의 충돌이 원인인 것으로 추측되는 다섯 번째 대멸종으로 사라졌다. 지금 이 순간, 다시금 재현되고 있는 대멸종에서 우리 인간은 소행성 역할을 하고 있다.
- NPR

《여섯 번째 대멸종》은 우리 인간이 살아가고 있는 지구의 현주소 그리고 우리가 대체 무슨 일을 하고 있는지 정확하게 깨닫도록 한다.
- 〈뉴욕 리뷰 오브 북스〉

대멸종을 경고하면서도 적절한 위트와 유머로 완전히 몰입하게 만들면서 이래도 되나 싶게 재미를 주기도 한다. 누구보다 치밀하게 독자를 끌어들이는 저자의 역량이 강하게 느껴진다.
- 〈보스턴글로브〉

기후학, 지질학, 충서학, 수의학, 병리학, 생태학 등 방대한 지식으로 완성된 이 책은 단순한 다큐멘터리가 아니다. 인간의 대량 살상 혐의에 대한 엄중한 기소문이다.
- 〈하퍼스 매거진〉

이 책의 중요성은 아무리 강조해도 지나치지 않다. 이 책은 명쾌하고, 이해하기 쉬우며, 흥미로운 어조로 우리가 사는 지구의 어두운 면을 드러낸다. 도저히 눈을 뗄 수 없는 책이다.
- 〈샌프란시스코 크로니클〉

빈틈 없는 관찰자이자 뛰어난 해설가인 엘리자베스 콜버트가 쓴 이 책을 읽는 순간 당신의 세계관은 근본부터 바뀔 것이다.
- 〈시애틀타임스〉

가장 냉정하게 접근해야 하고 과학적으로 다루기에 가장 까다로운 멸종이라는 주제를 이토록 매력적이고 명쾌하면서도 절제된 문체로 다룰 수 있다는 것이 놀라울 뿐이다.
- 〈뉴욕 매거진〉

엘리자베스 콜버트는 엄격하게 과학적 지식, 역사적 사실에 근거해 인정하든, 인정하지 않든 대멸종이 진행 중이라는 사실을 분명하게 말하고 있다.

- 〈디스커버 매거진〉

엘리자베스 콜버트만 할 수 있는 열정적 취재와 광범위한 조사를 통해 완성된 놀라운 이 보고서는 인류가 처한 현실과 지구에 미치고 있는 영향을 누구보다 쉽고 분명하게 알려준다.

- 〈커커스 리뷰〉

이 책은 직접적으로 꾸짖지 않지만, 지구의 수많은 생명체가 맞이하게 될 멸종 책임이 우리에게 있음을 스스로 깨닫게 한다. 동시에 지구가 얼마나 광대하고 아름다운지 되새기도록 만든다.

- 〈북포럼〉

엘리자베스 콜버트는 눈앞에 다가온 멸종과 생태계 붕괴와 관련한 우울한 현실을 쉽고, 재치 있게 다루면서도 정확한 과학적 근거를 놓치지 않는 절묘한 글쓰기의 정수를 보여준다.

- 〈퍼블리셔스 위클리〉

단호하고, 명료하며, 강한 설득력을 가진 이 책은 현재를 사는 우리 모두 앞에 놓인 거대한 위기를 솔직하게 다루고 있다. 그 누구도 할 수 없는, 오직 엘리자베스 콜버트이기에 가능한 일이다.

- 북리스트

과학 스릴러를 읽는 듯한 긴장감이 느껴지는 이 책의 이야기가 우리 앞에 놓인 현실이기에 더 두렵다. 엘리자베스 콜버트의 《여섯 번째 대멸종》은 레이첼 카슨의 《침묵의 봄》처럼 우리 시대를 대표하는 책이 될 것이라고 확신한다.

- 데이비드 그랜(《잃어버린 도시 Z》 저자)

명쾌하면서도 매력적인 문체로 많은 이에게 깊은 인상을 남긴 엘리자베스 콜버트. 그는 이 책을 통해 인간이 지구 생태계를 벼랑 끝으로 몰고 있다는 슬픈 현실을 보여준다. 암울한 이 시대에 반드시 읽어야 할 책이다.

- 빌 맥키번(《폭터》 저자)

엘리자베스 콜버트의 경고는 우리가 처한 위기를 직시하도록 한다. 그의 글과 태도는 공동체를 위한 사회적 책임을 다하는 모습이 어떠한 것인지 너무도 분명하게 보여준다.

- 배리 로페즈(《북극을 꿈꾸다》 저자)

상상력을 한껏 발휘하면서도 과학적 근거를 엄격하게 따르고 치밀하게 조사한 자료가 더해져 가장 거대한 이야기를 다룬 《여섯 번째 대멸종》이 완성되었다. 독자들은 이 책을 가득 채운 생명 존중의 정신과 동시에 상실을 마주하는 고통을 느끼게 될 것이다.

- 데이비드 쿼먼(《진화를 묻다》 저자)

인류의 궤적에 위험이 있다면,
그것은 인간이라는 종의 생존에 의한 위험이라기보다는
유기체 진화의 궁극적 역설이 이행되는 데 따른 위험이다.
인간의 지성이 자각에 도달하는 순간,
생명은 가장 아름다운 창조물을 파멸에 이르게 했다.
- E. O. 윌슨

※

수 세기가 수백 번 지나도,
어떤 일이 일어나는 것은 오직 지금일 뿐이다.
- 호르헤 루이스 보르헤스

일러두기
· 옮긴이 주는 방주 처리하고 "옮긴이"로 표기했다.
· 외래종 명칭은 환경부와 국립생태원의 유입 주의 생물 목록을 참고해 표기했다.
  한글 명칭이 없는 경우에 한해 음차해 표기했다.

차
례

무엇이든 그 처음은 잘 알려져 있지 않기 마련이다. 20만 년 전쯤에 일어난 한 신생 종의 출현으로부터 시작되는 이 이야기도 마찬가지다. 다른 종들처럼 이 종도 아직 이름은 없지만, 만물에 이름을 붙일 능력을 갖고 있다.

신생 종이 으레 그렇듯, 이 종의 지위는 불안정하다. 숫자도 적고, 그 영역도 아프리카 동부의 아주 좁은 지역에 국한되어 있다. 숫자는 서서히 증가하지만 수천 쌍까지 줄어들며 거의 사라질 뻔했다고 주장하는 사람도 있다.

이 종의 구성원들은 특별히 민첩하지도, 강하지도, 번식력이 뛰어나지도 않다. 그러나 다른 종이 갖지 못한 지략이 있다. 그들은 점차 다른 기후, 다른 포식자, 다른 먹이가 있는 지역으로 넓혀 간다. 일반적인 서식지의 한계나 지리적 제약은 그들을 막을 수 없어 보인다. 그들은 강과 고원, 산맥을 횡단한다. 해안에서는 조개를 채취하고 깊숙한 내륙에서는 포유류를 사냥한다. 그들은 어디에나 정착하여, 적응하고 혁신한다. 유럽에 다다른 그들은 아주 오랫동안 이 대륙에 살아온 생명체들과 마주친다. 그들과 매우 흡사하지만 더 건장하고 다부진 체구를 가졌다. 그들은 이 생명체들과의 이종 교배 후, 그 방법은 알 수 없지만 죽여 없앤다.

이러한 결말은 이후에 일어날 일의 전조였다. 이들의 활동 범위가 넓어지면서 거대 고양이, 집채만 한 곰, 코끼리만큼 큰 거북, 4m가 넘는 나무늘보 등 크기가 자신의 곱절, 10배, 20배에 이르는 동물들과 마주친다. 이 종들은 더 힘이 세고 더 사나울 때도 많다. 그러나 번식 속도가 느리고, 결국 제거된다.

같은 육상 동물이지만 우리 종은 창의력을 발휘하여 바다를 건넌다. 그들이 도달한 섬에는 30cm짜리 알을 낳는 새, 돼지 크기의 하마, 거대 스컹크처럼 독특하게 진화한 생물들이 서식하고 있다. 고립에 익숙한 이 생물들은 새로 들어온 동물과 그 여행의 동반자들(주로 쥐)을 상대할 능력이 부족하다. 그래서 대부분이 굴복하고 만다.

이 과정은 수천 년 동안 멈추었다가 다시 시작되기를 반복하며 사실상 지구의 모든 곳에 퍼질 때까지 지속된다. 그리하여 그 어디에서도 더 이상 새로운 종이 아니게 된다. 이 시점에 몇 가지 일이 거의 동시에 발생하여 이 종, **호모 사피엔스**가 전례 없이 빠른 속도로 번식하게 된다. 한 세기 만에 인구가 두 배로 늘고, 그다음 다시 두 배, 그다음에도 또 두 배가 된다. 광활한 숲이 초토화된다. 인간은 식량을 얻기 위해 의도적으로 숲을 없앤다. 그만큼 의도적이지는 않지만, 인간은 다른 종들을 이 대륙에서 저 대륙으로 옮겨 생물권을 재편하기도 한다.

이와 동시에 일어나고 있는 훨씬 더 낯설고도 근본적인 변화가 있다. 지하에 비축된 에너지의 존재를 알아낸 인간은 대기 조성을 바꾸기 시작한다. 대기가 바뀌면 기후도 달라지고 해양의 화학적 성질도 변한다. 변화된 환경에 적응하기 위해 일부 동식물은 서식지를 옮긴다. 그들은 산을 오르고 고위도 지역으로 이주한다. 처음에는 수백 종이었다가, 점차 수천 종이 되고, 결국은 아마도 수백만 종이 그렇게 이동하고, 그러다가 고립된다. 멸종률이 치솟고, 생태계의 얼개 자체가 바뀐다.

이제까지 어떤 생물도 이런 식으로 생태계를 바꾼 적이 없으며 이에 견줄 만한 다른 일이 일어난 적도 찾아볼 수 없다. 오랜 옛날 아주 가끔 지구가 극심한 변화를 겪어 생물다양성biological diversity이 급격하게 떨어진 일이 있기는 하다. 이 다섯 번의 사건은 5대 멸종Big Five이라는 용어를 만들어낼 만큼 재앙적이었다. 이 사건들의 역사가 복원됨과 동시에—놀라운 우연의 일치처럼 보이지만 아마 우연이 아닐 것이다—사람들은 인간이 또 한 번의 사건을 일으키고 있음을 깨닫게 된다. 5대 멸종만큼 대대적인 규모가 될 것이라고 말하기는 아직 이르나, 이 사건은 여섯 번째 대멸종이라고 불리게 된다.

    이 책에는 13개 장에 걸쳐 여섯 번째 대멸종 이야기가 펼쳐진다. 각 장에는 상징적인 의미가 있는 한 종이 등장한다. 아메리카마스토돈, 큰바다쇠오리, 백악기 말에 공룡과 함께 사라진 암모나이트 등 이미 존재하지 않는 생물들을 다루는 이 책의 첫 번째 부분은 프랑스 박물학자 조르주 퀴비에의 작업으로부터 시작하여 과거의 대멸종과 그 발견 과정의 뒤틀린 역사를 중심으로 검토한다. 두 번째 부분은 점점 파괴되고 있는 아마존 우림, 급격한 온도 상승을 겪고 있는 안데스산맥, 그레이트배리어리프Great Barrier Reef 바깥쪽에서 바로 지금 일어나고 있는 일을 다룬다. 내가 이곳들을 방문한 것은 거기에 연구 기지가 있다거나 누군가 나를 원정대에 동행하도록 초대했다든가 하는, 저널리스트로서의 통상적인 이유에서였다. 현재 일어나고 있는 변화의 규모가 워낙 방대하므로 다른 어디를 갔다고 해도 전문가의 약간의 도움만 있으면 변화의 징후를 목격할 수 있었을 것이다. 마지막 장은 바로 내 집 뒷마당에서 일어나고 있는 죽음을 다룬다.

    멸종은 소름 끼치는 주제이며, 대량 멸종은 말할 나위도 없다. 그러나 매혹적인 주제이기도 하다. 이 책에서 나는 두 측면, 즉 멸종에 대해 알게 되면서 느낀 흥분과 공포 모두를 전달하고자 한다. 독자들이 이 책을 읽고 나서 우리가 매우 특별한 순간을 살고 있다는 느낌을 갖게 되기를 바란다.

THE SIXTH

EXTINCTION

CHAPTER 1

여섯 번째 대멸종

파나마황금개구리
(아텔로푸스 제테키*Atelopus zeteki*)

파나마 중부의 엘바예데안톤El Valle de Antón 마을
은 약 100만 년 전에 형성된 화산 분화구 한가
운데 있다. 분화구의 폭은 거의 6.5km나 되지만, 맑은 날에는 무너
진 성곽처럼 들쭉날쭉하게 마을을 둘러싸고 있는 구릉을 볼 수 있
다. 엘바예의 유일한 메인 스트리트에는 경찰서, 그리고 노천 시장
이 있다. 파나마 어디를 가나 볼 수 있는 파나마모자와 알록달록한
수예품 외에 이 시장에서만 볼 수 있는 것이 있다. 바로 황금개구리
golden-frog 장식품이다. 아마도 세계에서 가장 다양한 황금개구리 인
형이 있는 곳이 바로 이 시장일 것이다. 나뭇잎 위에 앉아 있는 황
금개구리, 웅크리고 있는 황금개구리, 다소 난해하지만 휴대 전화

를 쥐고 있는 황금개구리, 프릴 달린 치마를 입은 황금개구리, 현란한 춤 동작을 선보이는 황금개구리, 루즈벨트 대통령 스타일로 담배를 홀더에 끼워 문 황금개구리 등등. 샛노란 색에 암갈색 반점이 있는 파나마황금개구리는 엘바예 지역의 토착종이다. 황금개구리는 파나마에서 행운의 상징이어서 복권에도 그려져 있다(적어도 한때는 그랬다).

10년 전만 해도 엘바예를 둘러싼 언덕에서 황금개구리를 쉽게 볼 수 있었다. 이 개구리는 독성을 지녔으며—한 마리의 피부에 들어 있는 독으로 보통 크기의 생쥐 1000마리를 죽일 수 있을 정도로 강하다—그래서 갖게 된 화려한 색깔 덕분에 숲에서 눈에 확 띈다. 엘바예에서 멀지 않은 곳에 있는 한 계곡은 사우전드 프로그 스트림Thousand Frog Stream이라는 별명으로 불린다. 이 계곡을 따라 걷다 보면 강둑에서 일광욕을 즐기는 수많은 황금개구리를 볼 수 있다. 이곳에서 여러 번 그 장관을 목격한 파충양서류학자가 "완전히 미쳤다"라고 표현했을 정도다.

그런데 언젠가부터 엘바예에서 개구리들이 사라지기 시작했다. 이 문제—그때까지만 해도 '위기'라고 부르지는 않았다—는 파나마 서부, 코스타리카와의 접경 지역에서 처음 인지되었다. 이 일대의 열대 우림 지역에서 개구리를 연구하던 한 미국인 대학원생이 논문을 쓰기 위해 얼마 동안 미국을 다녀왔는데 그사이에 개구리가 모두 사라진 것이다. 개구리뿐 아니라 어떤 양서류 동물도 없었다. 자신의 연구에 개구리가 꼭 필요했던 그는 무슨 일이 일어난 것인지 알지 못한 채 동쪽으로 한참을 이동하여 새로운 연구 대상지를 정했다. 이곳의 개구리들은 건강해 보였다. 그러나 곧 똑같은 일이 벌어졌다. 또 다시 개구리들이 사라진 것이다. 2002년, 마름병이 우림 전역에 퍼지면서 엘바예에서 서쪽으로 약 80km 떨어져 있는 산타페 마을의 구릉과 계곡에 살던 개구리들이 사실상 전멸했다. 2004년에는 엘바예에 훨씬 가까운 엘코페 마을 주변에서도 개구리 사체들이 조금씩 발견되기 시작했다. 이 시점에 파나마인과 미국인으로 구성된 한 연구팀이 황금개구리가 심각한 위험에 처해 있다고 판단하게 된다. 그들은 숲에 남은 개체군을 보호하기 위해 수컷과 암컷 각각 수십 마리씩을 데려와 실내에서 사육하기로 했다. 그러나 사태는 생물학자들이 우려했던 것보다 훨씬 더 빠르게 진행되고 있었다. 결국 연구팀이 계획을 실행에 옮기기 전에 파도가 덮쳤다.

✦

엘바예의 개구리에 관해 처음 알게 된 것은 내 아이들이 보던 어린이 자연 잡지에서였다.[1] 파나마황금개구리Panamanian golden frog, *Atelopus zeteki*를 비롯해 화려한 색깔의 여러 개구리 사진이 실린 그 기사에는 확산되고 있는 재앙과 이를 타개하기 위한 생물학자들의 노력에 관해 쓰여 있었다. 생물학자들은 엘바예에 새로운 연구 시설이 지어지기를 바랐지만, 당장 이루어질 수 없는 일이었다. 개구리들을 수용할 곳도 없는데 생물학자들은 최대한 많이 구조하려

애썼다. 대체 어떻게 할 셈이었던 것일까? 바로 "개구리 호텔에 투숙시켰다!" 실제로 지역의 작은 호텔이었던 그 "멋진 개구리 호텔"은 한 구역의 객실을—물론 전용 수조 안에 머물 것을 조건으로—개구리들에게 허락했다.

기사에 따르면, "개구리들은 여러 생물학자의 보필을 받으며 메이드와 룸서비스가 제공되는 최고급 숙박 시설을 즐겼다." 맛있고 신선한 식사도 제공되었는데, "실제로 음식이 접시에서 튀어나올 만큼 신선했다."

"멋진 개구리 호텔" 이야기를 읽고 한 달이 채 안 되었을 때 개구리에 관한 또 다른 글이 눈에 띄었다.[2] 이번에는 논점이 조금 달랐다. 두 파충양서류학자가 쓴 그 글은 〈미국 국립과학원회보〉에 실린 논문으로, 제목은 '우리는 여섯 번째 대규모 멸종의 한가운데 있는가?: 양서류 세계의 관점에서'였다. 저자 데이비드 웨이크(UC버클리)와 밴스 브리덴버그(샌프란시스코 주립 대학)에 따르면 "지구상에 생명체가 등장한 이래 다섯 번의 대멸종이 있었다." 그들은 대멸종을 "생물다양성의 심각한 손실"을 일으킨 사건이라고 설명했다. 최초의 대멸종은 약 4억 5000만 년 전, 오르도비스기 말에 일어났다. 대부분의 생명체가 아직 물을 벗어나지 못했던 때다. 약 2억 5000만 년 전, 페름기 말에 일어난 대멸종은 가장 파괴력이 커서 지구상의 생명체를 모조리 쓸어버릴 뻔했다. (이 때문에 페름기 대멸종에는 '대멸종의 어머니', '거대한 죽음'이라는 별칭이 붙었다.) 가장 최근의—그리고 가장 유명한—대멸종은 백악기가 끝날 무렵 일어난 것으로, 공룡, 익룡,

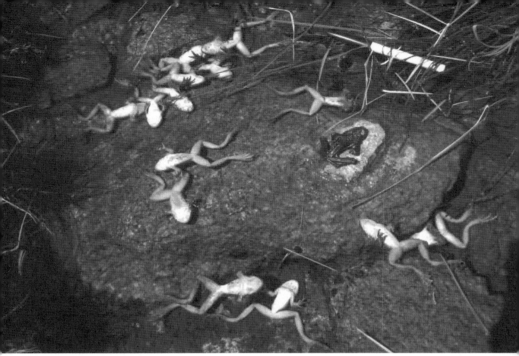

노란다리산개구리의 사체.

수장룡, 모사사우루스, 암모나이트를 절멸시켰다. 웨이크와 브리덴 버그는 양서류 멸종률을 바탕으로 이와 유사한 재앙이 지금 진행 중이라고 주장했다. 논문에 실린 단 한 장의 사진이 그들의 주장을 대변했다. 배가 부풀어 오른 채 바위 위에 널브러져 있는 10여 마리의 노란다리산개구리mountain yellow-legged frog 사체 사진이었다.

어린이 잡지에 죽은 개구리가 아니라 살아 있는 개구리 사진을 실은 이유는 납득할 수 있었다. 동화 속의 피터 래빗처럼 룸서비스를 시키는 개구리를 묘사하고 싶은 충동이 일었으리라는 점도 이해했다. 하지만 저널리스트인 나에게는 그 잡지가 중요한 진실을 묻어버렸다는 느낌을 지울 수 없었다. 어떤 사건이 5억 년 전 척추동물이 등장한 이래로 다섯 번밖에 일어나지 않았다면 매우 희귀한 사건임에 틀림없다. 따라서 여섯 번째 사건이 바로 지금 일어나고 있다는 주장은 나의 사고 범위를 벗어나는 것이었다. 더 거대하고, 더 우울하며, 훨씬 더 엄중한 이 이야기도 반드시 세상에 알려야 한다는 생각이 들었다. 웨이크와 브리덴버그가 옳다면 이 시대를 살아가고 있는 우리는 생명의 역사에서 가장 드문 사건 중 하나를 목도하고 있을 뿐만 아니라 우리가 바로 그 사건을 초래한 것이다. 그들은 이렇게 말했다. "일개의 나약한 종이 스스로의 운명, 그리고 지구에 사는 모든 종의 운명을 좌지우지할 능력을 자기도 모르게 획득했다." 웨이크와 브리덴버그의 논문을 읽고 며칠 후, 나는 파나마행 비행기 표를 끊었다.

✦

엘바예 양서류보전센터El Valle Amphibian Conservation Center, EVACC("에바크"라고 읽는다)는 황금개구리 장식품을 파는 노천 시장에서 멀지 않은 비포장 도로변에 있다. 교외 단층 주택 크기만 한 센터 건물은 나른한 분위기의 작은 동물원 한 귀퉁이, 더 나른해 보이는 나무늘보 우리 뒤편에 자리 잡고 있다. 건물 안은 수조로 가득하다. 벽마다 수조가 줄지어 있고 중앙에는 더 많은 수조가 쌓여 있어서, 마치 도서관 서가 같다. 여우원숭이청개구리 같은 임관층forest canopy 서식 종은 키가 큰 수조에서 살고, 임상층forest floor에 서식하는 큰머리도둑개구리 같은 종은 낮은 수조에 산다. 주머니에 알을 품고 다니는 주머니뿔개구리의 수조는 등에 알을 지고 다니는 투구머리개구리 수조 옆에 있다. 그리고 파나마황금개구리가 수십 개의 수조를 차지하고 있다.

황금개구리 특유의 어기적거리는 걸음걸이는 마치 똑바로 걸으려고 애쓰는 취객 같다. 가늘고 긴 다리, 노랗고 뾰족한 주둥이, 칠흑같이 까만 눈은 세상을 경계하는 듯하다. 바보 같은 소리로 들릴지 모르지만, 이 개구리들에게는 영민해 보이는 구석이 있다. 야생에서 황금개구리 암컷은 흐르는 얕은 물에 알을 낳고, 수컷은 이끼가 낀 바위 꼭대기에서 영역을 지킨다. EVACC의 황금개구리 수조에는 개구리들이 원래 살던 개울에서처럼 번식할 수 있도록 작은 호스로 흐르는 물이 공급된다. 나는 그중 가짜 개울 한 곳에서 마치 진주 같은 한 줌의 알을 발견했다. 바로 옆에 걸려 있는 화이트보드에는 누군가 흥분해서 써 놓은 듯한 글귀도 있었다. "알을 낳았다 (depositó huevos)!!"

EVACC는 황금개구리 서식 범위의 중간쯤에 있지만, 외부 세계와는 구조적으로 완전히 단절되어 있다. 철저한 소독 없이는 개구리를 포함하여 그 누구도 건물에 들어올 수 없다. 무엇이든 여기에 발을 들이려면 먼저 세척 절차를 거쳐야 한다. 인간 방문객은 특수한 신발을 신어야 하며 가방이나 밖에서 쓰던 장비는 모두 두고 들어가야 한다. 수조에 들어가는 물도 여과 및 특수 처리가 필수다. 이런 폐쇄적인 특징 때문에 이 장소는 잠수함 같은 느낌을 준다. 아

파나마황금개구리.

니, 대홍수 한가운데 고립된 방주 같다고 하는 편이 더 적절할 것 같다.

EVACC의 책임자는 에드가르도 그리피스라는 파나마인이다. 그리피스는 키가 크고 어깨가 넓으며 둥근 얼굴에 환한 미소를 띤 사람이었다. 귀에는 은색 링 귀고리, 왼쪽 정강이에는 두꺼비 해골 모양의 큰 타투가 있었다. 30대 중반에 접어든 그리피스는 성인이 된 후의 삶 대부분을 엘바예의 개구리들에게 바쳤으며, 미국 평화봉사단 자원 활동가로 파나마에 온 아내까지 개구리에 푹 빠지게 만들었다. 이 지역에서 개구리 사체를 처음 발견한 사람이 바로 그리피스였으며, 개인적으로 황금개구리 수백 마리를 데려다 호텔에 투숙시킨 것도 그였다. (그 개구리들은 EVACC 건물 완공 후 옮겨졌다.) EVACC가 방주라면 그리피스는 노아라고 할 수 있을 것이다. 그리고 노아보다 훨씬 오랜 기간 방주를 지키고 있다. 그리피스는 개구리 한 마리 한 마리를 알아가는 것이 자신의 일에서 가장 중요한 부분이라고 했다. "모든 개구리의 가치가 저에게는 코끼리만 하게 다가옵니다."

내가 EVACC에 처음 갔을 때, 그리피스에게서 야생에서 멸종한 대표적인 종에 관해 들을 수 있었다. 그는 파나마황금개구리 외에 2005년에서야 처음 발견된 랩스프린지림드청개구리(이하 랩스개구리)도 같은 처지라고 했다. 내가 방문했을 때 이미 랩스개구리는 한 마리밖에 남지 않아, 노아처럼 한 쌍을 구할 희망조차 완전히 꺼진 상태였다. 녹색을 띤 갈색에 노란 반점이 있는 랩스개구리는 길이가 약 10cm인데 발만 유난히 커서 성장이 덜 끝난 청소년을 연상시켰다. 이 종은 엘바예 북쪽 숲에서 나무 구멍에 알을 낳고 살았다. 수컷은 자신의 등 껍질을 먹이는 독특한—아마 유일무이할 것 같다—방법으로 올챙이를 키운다. 그리피스는 EVACC에 미처 들이지 못하고 사라져간 다른 개구리 종이 많을 텐데, 대부분은 학계에 알려지지 않았으므로 얼마나 많은지 확인할 길이 없다고 했다. "불행히도, 그 모든 양서류 종이 존재를 알리지도 못하고 사라지고 있습니다."

"엘바예의 평범한 주민들도 알고 있는 사실입니다. 그 사람들이 나에게 이렇게 묻거든요. '개구리들이 어떻게 된 건가요? 언젠가부터 울음소리가 안 들려요.'"

✦

수십 년 전, 개구리 개체 수가 급감하고 있다는 소식이 처음 들려왔을 때 이 분야 최고의 권위자들 몇몇이 가장 회의적인 반응을 보였다. 무엇보다, 양서류는 지구 최고의 생존력을 지닌 동물이다. 개구리의 조상은 약 4억 년 전에 물 밖으로 진출했으며, 2억 5000만년 전에 오늘날 양서류에 속하는 세 개의 목(目)을 형성할 최초의 종들—개구리목을 이룰 개구리와 두꺼비, 도롱뇽목으로 분류될 영원과 도롱뇽, 무족영원목에 속하게 될 기이한 동물까지—이 출현했다. 양서류가 포유류나 조류보다 먼저 나타난 것은 말할 것도 없고, 공룡이 있기 전부터 존재했다는 뜻이다.

영어로 양서류를 뜻하는 앰피비언amphibian은 '이중생활'이라는 뜻의 그리스어에서 왔다. 대부분의 양서류 동물은 지금도 조상이 살았던 수생 영역과 긴밀한 관계를 유지한다. (고대 이집트인들은 해마다 일어나는 나일강의 범람 때 땅과 물이 만나 개구리가 태어난다고 생각했다.) 양서류의 알은 껍데기가 없으며 자라는 데 반드시 수분이 필요하다. 이 때문에 파나마황금개구리를 비롯한 많은 개구리 종이 개울에 알을 낳는다. 웅덩이나 땅속, 혹은 직접 만든 거품 집에 알을 낳는 개구리도 있다. 알을 등에 지거나 주머니에 넣어 다니는 개구리 외에 다리에 붕대처럼 감고 다니는 개구리도 있다. 최근에 멸종했지만, 알을 위 속에 넣고 다니다가 입으로 새끼를 낳는 개구리—위부화개구리라고 부른다―도 두 종이 있었다.

양서류는 지구상의 모든 대륙이 판게아라는 하나의 땅이었던 시기에 출현했다. 그러다 판게아가 분열하면서 남극 대륙을 제외한 모든 대륙의 환경에 적응했다. 전 세계적으로 7000종이 약간 넘게 확인되었으며 열대 우림 지역에 가장 많지만, 간혹 호주모래언덕개구리처럼 사막에 살거나 송장개구리처럼 북극권에서 살기도 한다. 고성청개구리를 비롯한 북미에 흔한 몇몇 종은 꽁꽁 얼어붙은 겨울도 견뎌낸다. 이와 같이 폭넓게 진화해 왔다는 사실은 인간의 관점에서 상당히 유사해 보이는 양서류 종들이 유전적으로는 박쥐와 말만큼이나 다를 수도 있음을 의미한다.

나를 파나마로 가게 만든 논문의 저자 데이비드 웨이크도 처음에는 개구리들이 사라지고 있다는 사실을 믿지 않았다. 그 사연은 1980년대 중반으로 거슬러 올라간다. 어느 때부터인가 개구리 포획을 위해 시에라네바다산맥에 갔던 학생들이 빈손으로 돌아왔다. 자신이 대학생이었던 1960년대에는 시에라네바다 지천이 개구리였다. 웨이크는 이렇게 회고했다. "초원을 걷다 보면 무심결에 개구리를 밟게 될 정도였습니다. 어디를 가나 개구리가 있었거든요." 웨이크는 학생들이 엉뚱한 곳을 뒤졌거나 개구리를 알아보지 못했을 거라고 생각했다. 그러나 개구리 포획 경험이 몇 년이나 되는 박사후연구원도 개구리를 찾을 수 없었다고 했다. "그래서 제가 말했죠. '그럼 나와 같이 가세. 확실히 개구리가 나오는 곳을 알려주지.' 그런데 막상 가서 찾아낸 건 두꺼비 두 마리뿐이었습니다."

이 상황을 납득할 수 없게 만든 요인 중 하나는 개구리가 사라진 지역의 분포였다. 개구리들은 인구 과밀로 자연이 훼손된 지역에서뿐 아니라 시에라나 중미의 삼림처럼 비교적 청정한 지역에서도 사라지고 있는 것으로 보였다. 1980년대 후반, 한 미국인 파충양서류학자가 황금두꺼비의 번식 습성을 연구하기 위해 코스타리카 북부의 몬테베르데 운무림 보호 구역을 방문했다.[3] 그는 한때 두꺼비들이 짝짓기를 하느라 극성이던 지역에서 두 시즌을 보냈지만, 단 한 마리의 수컷밖에 볼 수 없었다. (황금두꺼비는 금색보다는 밝은 귤색에 가까우며 현재 멸종된 동물로 분류된다. 파나마황금개구리도 눈 뒤쪽에 분비선이 있어서 엄밀하게 말하자면 두꺼비에 속하지만, 두 종이 가까운 친척 관계에 있지는 않다.) 같은 시기에 코스타리카 중부에서도 생물학자들이 일부 토착종 개구리 개체 수가 급격히 줄어들고 있음을 알아차렸다. 특별한 희귀종뿐 아니라 흔한 종도 마찬가지였다. 에콰도르에서는 주택 뒤뜰에서 자주 발견되던 잠바토두꺼비가 몇 년 사이에 사라졌다. 호주 퀸즐랜드에서는 한때 이 지역에서 가장 흔한 개구리였던 영광의날개구리를 더 이상 찾아볼 수 없었다.

호주 북동부에서 캘리포니아까지 종횡무진하는 미지의 개구리 살해범에 관한 첫 번째 단서는 역설적이게도—어쩌면 필연적이었을지도 모른다—동물원에서 나왔다. 워싱턴 D.C.에 있는 미국 국립동물원은 수리남이 원산지인 청독화살개구리를 수 세대에 걸쳐 성공적으로 사육하고 있었다. 그런데 언젠가부터 하루가 다르게 수조 안의 개구리 숫자가 줄어들기 시작했다. 동물원의 수의 병리학자가 죽은 개구리에서 몇 개의 표본을 채취해 전자 주사 현미경으로 살펴보았는데 개구리 피부에 낯선 미생물이 있었다. 이것은 호상균류chytrid에 속하는 곰팡이로 확인되었다.

호상균은 거의 어디에나 있다. 나무 꼭대기에도 있고 깊은 지하에도 있다. 그러나 이것은 호상균류 중에서도 처음 보는 종이었다. 기존의 어떤 속(屬)으로도 분류되지 않아서 이례적으로 새로운 속을 만들기까지 해야 했으며, 그 이름은 바트라코키트리움 덴드로바티디스 *Batrachochytrium dendrobatidis*(바트라코스 *batrachos*. 이하 항아리곰팡이)로 정해졌다. 바트라코스는 그리스어로 '개구리'라는 뜻이다.

국립동물원 수의 병리학자는 이 곰팡이에 감염된 개구리 표본을 메인 대학교 균류학자에게 보냈고, 그는 곰팡이를 배양한 다음 그 일부를 워싱턴으로 돌려보냈다. 건강했던 청독화살개구리는 실험실에서 배양한 항아리곰팡이에 노출되자 아프기 시작했다. 그리고 3주가 안 되어 죽었다. 후속 연구는 항아리곰팡이가 피부를 통한 필수 전해질 흡수를 방해하며 이 때문에 심장마비를 일으킨다는 점을 밝혔다.

✦

EVACC는 늘 현재진행형이다. 내가 이곳에서 일주일을 보낼 때 미국인 자원봉사자들도 와 있었다. 그들은 전시실을 만드는 작업을 도왔다. 대중에게 공개할 전시였으므로 생물 안전성 확보를 위해 공간을 분리하고 별도의 출입구를 마련해야 했다. 전시실 벽에는 유리 케이스를 장착할 구멍이 있었고 그 주위에 누군가가 산을 그려놓았는데 센터 밖으로 나가면 볼 수 있는 풍경과 흡사했다. 파나마황금개구리로 가득한 대형 케이스가 전시의 하이라이트가 될 예정이었으며 봉사자들은 여기에 넣을 1m 높이의 콘크리트 인공 폭포를 만들고 있었다. 그런데 펌프에 문제가 생겼지만, 인근에 철물점이 없어 교체할 부품을 구하는 데 어려움이 있었다. 그래서 봉사자들은 하릴없이 대기하는 시간이 많았다.

나도 그들과 함께 빈둥거리곤 했다. 모두 그리피스만큼이나 개구리를 좋아했다. 몇 명은 미국의 동물원에서 일하는 양서류 사육사였고 개구리 때문에 결혼을 포기했다는 사람도 있었다. 나는 자원봉사단의 헌신에 감동했다. 그들의 열정은 개구리들을 위해 '개구리 호텔'을 주선하고 EVACC를 마련한 그리피스 못지않았다. 그러나 벽에 그려진 언덕과 가짜 폭포에서 일종의 비애감이 느껴지는 것은 어쩔 수 없었다.

엘바예 주변의 숲에는 개구리가 거의 남아 있지 않았으므로 EVACC로 개구리들을 데려오는 것이 옳은 방법이었다는 것은 증명되었다. 그러나 개구리들이 센터에서 보내는 시간이 길어질수록 그 목적은 희미해진다. 항아리곰팡이는 양서류가 없어도 생존 가능한 것으로 밝혀졌다. 그렇다면 이 지역의 개구리를 전멸시킨 후에도 이 곰팡이는 계속 살아남을 것이고, EVACC의 황금개구리를 진짜 언덕으로 돌려보내면 또 다시 병들어 죽어갈 것이다. (소독제로 곰팡이를 죽일 수는 있지만, 숲 전체를 소독제로 살균하기란 불가능하다.) EVACC

에서 내가 만난 사람들은 모두 센터의 목표가 다시 숲에 방사할 수 있을 때까지 개구리들을 보호하는 것이라고 말했지만 그 목표를 실현할 방법을 알지 못한다는 점 또한 모두가 인정했다.

"어떻게든 될 거라는 희망을 버리지 않아야 합니다." 이렇게 말한 것은 중단된 폭포 설치 작업을 진두지휘하고 있던 폴 크럼프였다. 그는 휴스턴 동물원에서 온 파충양서류학자였다. "무슨 일인가가 일어나서 문제가 해결되고 모든 것이 제자리로 돌아가리라고 바랄 수밖에요. 지금은 허무맹랑하게 들릴지도 모르지만요."

그리피스는 "개구리들을 돌려보낼 수 있을지가 관건"인데, "우리의 환상인 것이 아닐까 하는 생각이 점점 더 강해진다"고 했다.

항아리곰팡이는 엘바예를 휩쓸고 난 후에도 멈추지 않고 계속 동쪽으로 이동했으며, 거꾸로 콜롬비아에서 파나마로 들어오기도 했다. 곰팡이는 남미의 고산 지대를 넘어 호주 동부 해안을 따라 내려갔고, 뉴질랜드와 태즈메이니아까지 침투했으며, 카리브해를 내달려 이탈리아, 스페인, 스위스, 프랑스에서도 감지되었다. 미국에서는 몇몇 지점에서 방사형으로, 하나의 큰 물결이 아니라 여러 개의 잔물결로 퍼져나갔다. 이쯤 되면 사실상 막을 수 없는 흐름으로 보였다.

✤

생물학자가 '배경 멸종'이라고 부르는 것은 음향 엔지니어가 말하는 '배경 소음'과 같다. 지질 시대 전체를 볼 때 멸종은 매우 드문, 종 분화speciation보다도 드물게 일어나는 현상이며 그 비율을 배경 멸종률이라고 한다. 이 비율은 생물군에 따라 다르며 연간 백만 종당 멸종 종 수extinctions per million species-year, E/MSY로 표현된다. 배경 멸종률을 계산하는 일은 화석이라는 데이터베이스를 샅샅이 뒤져야 하는 힘든 작업이다. 아마 가장 많은 연구가 이루어졌을 포유류의 경우 0.25E/MSY로 추정된다.[4] 현재 지구상에서 돌아다니는 포유류가 약 5500종이므로 배경 멸종률을 적용해 보면, 대략 700년마다 한 종이 사라진다고 추측할 수 있다.

대량 멸종은 다르다. 배경 소음 같은 웅웅거림이 아니라 굉음이 일어나듯 멸종률이 치솟을 때 우리는 이것을 대량 멸종이라고 부른다. 여러 저술에서 이 주제를 다룬 영국 고생물학자 앤서니 할람과 폴 위그널은 대량 멸종을 "지질학적으로 매우 짧은 기간 안에 전 세계 생물군의 상당한 비율"이 소멸하는 사건이라고 정의한다.[5] 또 다른 전문가 데이비드 자블론스키에 따르면 대량 멸종이란 "전 지구적인 범위에서" 빠른 속도로 일어나는 "상당한 생물다양성 손실"을 말한다.[6] 페름기 말의 대량 멸종을 연구해온 고생물학자 마이클 벤턴은 생명의 나무(지금까지 지구상에 존재했거나 현존하는 모든 생물종의 진화 계통수.-옮긴이) 비유를 사용하여 설명했다.[7] "대량 멸종 기간에 그 나무는 마치 도끼를 휘두르며 날뛰는 미치광이의 공격을 받은 것처럼 뭉텅뭉텅 잘려나간다." 다섯 번째로, 고생물학자 데이비드 라우프는 희생자의 관점에서 이 문제를 바라본다.[8] "모든 종에게 멸종 위험은 거의 늘 낮은 수준이다." 그러나 "간헐적으로 드물

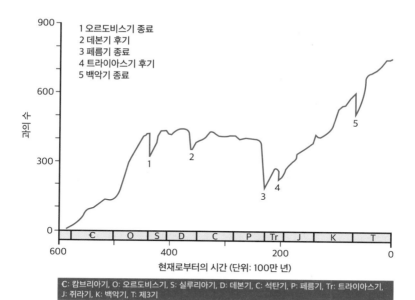

C: 캄브리아기, O: 오르도비스기, S: 실루리아기, D: 데본기, C: 석탄기, P: 페름기, Tr: 트라이아스기,
J: 쥐라기, K: 백악기, T: 제3기

해양 화석을 통해 5대 멸종이 과(科, family) 수준의 생물다양성을 급격히 떨어뜨렸음을 알 수 있다. 한 과에 속한 종 중에서 하나라도 살아남으면 그 과는 생존한 것으로 간주되므로, 종 수준의 손실은 훨씬 더 크다.

게 나타나는 방대하고 높은 위험으로 인해 이 상대적 안전성이 깨진다." 이와 같이 생명의 역사는 "길고 지루한 기간과 이따금 찾아와 그 지루함을 중단시키는 공황 상태로 구성된다."

공황기에는 마치 지구의 출연진이 전격 교체되기라도 한 듯이, 한때 지배적이었던 생물 집단 전체가 사라지거나 조연으로 강등될 수 있다. 이러한 총체적 손실을 보면서 고생물학자들은 대량 멸종 기간—5대 멸종뿐 아니라 그보다 작은 규모로 발생한 대량 멸종도 많았다—에 일반적인 생존 법칙이 유예된다고 추정한다. 환경이 너무 대대적으로 혹은 갑자기 (또는 대대적이면서도 갑자기) 변화하므로 각 종이 겪어온 진화사가 거의 무의미해지는 것이다. 실제로 일반적인 위협에 대처하는 데 가장 유용했던 형질이 이례적인 상황에서는 치명적인 작용을 할 수도 있다.

양서류의 배경 멸종률은 엄밀하게 계산되지 않았다. 양서류 화석이 드물었던 것이 그 한 가지 이유다. 그러나 포유류의 배경 멸종률보다 낮으리라는 것은 거의 확실하다.[9] 추정컨대, 대략 1000년에 한 종이 멸종하는 수준일 것이다. 아프리카의 종일 수도 있고 아시아 또는 호주의 종일 수도 있다. 즉, 개인이 그런 사건을 목격할 확률은 사실상 0이라야 마땅하다. 그러나 그리피스는 이미 여러 종의 양서류 멸종을 목격했다. 현장에서 일하는 거의 모든 파충양서류학자가 마찬가지다. (심지어 나도 이 책을 위해 자료를 수집하는 동안 한 종의 멸종을 보았고, 야생에서 사라진 파나마황금개구리 같은 양서류도 서너 종을 보았다.) 애틀랜타 동물원의 파충양서류학자 조지프 멘델슨은 이렇게 토로했다. "내가 파충양서류학자가 된 것은 동물과 함께 지내는 게 좋아서였다. 파충양서류학자가 고생물학자와 다름없게 되리라고는 전혀 예측하지 못했다."[10]

오늘날 양서류는 지구상의 동물 중 가장 위기에 처한 강(綱)class이라는 달갑지 않은 타이틀을 얻었다. 양서류의 멸종률은 배경 멸종률의 4만 5000배에 이를 수도 있다고 추정된다.[11] 그러나 다른 동물의 처지도 양서류에 가까워지고 있다. 산호초를 만드는 조초산호(造礁珊瑚)reef-building coral의 3분의 1,[12] 민물 연체동물의 3분의 1, 상어와 가오리의 3분의 1, 포유류의 4분의 1, 파충류의 5분의 1, 조류의 6분의 1이 이 세상에서 사라지고 있다고 추정된다. 남태평양, 북대서양, 북극과 사헬(사하라 사막 남쪽 주변의 초원 지대.-옮긴이), 호수와 섬, 산꼭대기와 계곡 등 모든 곳에서 멸종이 일어나고 있다. 사전 지식만 있다면 집 뒷마당에서도 지금 일어나고 있는 멸종의 징후를 찾을 수 있을 것이다.

종들이 사라지는 데는 저마다 다른 이유가 있지만, 그 과정을 끝까지 추적하다 보면 늘 동일한 범인인 "일개의 나약한 종"을 만나게 된다.

항아리곰팡이는 균류로서는 이례적으로 운동성이 있다. 이 곰팡이가 생성하는 미세한 포자는 길고 가느다란 꼬리를 이용하여 물속을 헤엄칠 수 있으며, 개울이 있거나 큰비가 내리면 훨씬 더 멀리 이동할 수 있다. (바로 이것이 파나마에서 재앙이 동쪽으로 전이되어간 방식이었을 것으로 보인다.) 그러나 이러한 이동 방식은 중미, 남미, 북미, 호주 등 멀리 떨어진 지역에서 거의 동시에 이 곰팡이가 출현한 경위를 설명하지 못한다. 한 가지 가설은 1950~60년대에 임신 테스트에 사용되었던 아프리카발톱개구리와 함께 전 세계로 퍼졌다는 것이다. (암컷 아프리카발톱개구리에게 임신한 여성의 소변을 주사하면 몇 시간 안에 산란한다.) 실제로 많은 아프리카발톱개구리가 항아리곰팡이에 감염되었으나 발병하지 않았다는 점도 이 가설에 힘을 실어주었다. 두 번째 가설은 북미가 원산지인 황소개구리가 유럽, 아시아, 남미에 유입되면서―우연히 흘러들기도 하고 의도적으로 도입되기도 했다—항아리곰팡이를 퍼뜨렸으리라는 주장이다. 황소개구리는 식용으로 수출되는 일이 빈번하다. 황소개구리도 항아리곰팡이에 흔히 감염되었으나 발병하지 않았다. 첫 번째 가설은 "아웃 오브 아프리카Out of Africa설"이라고 불리며, 두 번째 가설은 "개구리수프설"이라고 불린다.

어느 쪽이든 원인은 동일하다. 누군가가 선박이나 비행기에 싣지 않았다면 항아리곰팡이에 감염된 개구리가 아프리카에서 호주로, 혹은 북미에서 유럽으로 이동할 수 없었을 것이다. 대륙과 대륙 사이에서 이렇게 생물 종이 재배치되는 일이 현재의 우리에게는 대수롭지 않아 보일지 몰라도 35억 년 생명의 역사에서 보자면 전례가 없는 일일 것이다.

✦

항아리곰팡이가 이미 파나마 전역을 휩쓸었지만, 그리피스는 지금도 이따금 개구리를 찾아 나선다. 혹시 살아남은 개구리가 있다면 EVACC에 대피시키기 위해서다. 나는 EVACC 방문 일정을 정할 때부터 그의 개구리 포획 여행을 염두에 두었고, 마침내 그날이 왔다. 참가자는 그리피스와 나, 그리고 폭포를 만들던 미국인 자원봉사자 두 명이었다. 우리는 파나마운하를 건너 동쪽을 향했고, 세로 아술이라는 지역에 도착해 2.5m짜리 철조망으로 둘러싸인 어느 게스트하우스에서 하룻밤을 묵었다. 우리는 새벽에 차를 몰고 차그레스 국립공원 입구의 관리소로 갔다. 그리피스는 이곳에서 EVACC

에 없는 두 종의 암컷을 찾기를 바랐다. 그는 정부에서 발급한 포획 허가서를 꺼내서 졸려 보이는 관리인에게 보여주었다. 비쩍 마른 개 몇 마리가 나와서 트럭 주위를 킁킁거렸다.

관리소를 지나자 앞에 보이는 것은 도로라기보다 깊은 바퀴 자국 구덩이들의 행렬이었다. 그리피스는 카 오디오에 지미 헨드릭스의 CD를 넣었고, 우리는 고동치는 비트에 맞추어 춤을 추듯 트럭과 함께 흔들렸다. 로스 앙헬레스라는 작은 마을 중에서도 인가가 있는 맨 끝에 다다랐을 때 안개 속에서 두 사람이 나타났다. 개구리 포획에 필요한 다량의 보급품 때문에 그리피스가 고용한 짐꾼이었다. 트럭이 다시 덜컹거리며 출발했고, 차가 더 이상 진입할 수 없는 지점까지 도달해서는 모두 내려 걷기 시작했다.

붉은 진흙 길은 우거진 열대 우림 사이로 굽이굽이 뻗어 있었다. 수백 미터마다 옆으로 난 작은 오솔길과 마주치게 되는데, 이것은 가위개미가 나뭇잎을 나르느라 수백만 번, 어쩌면 수십억 번 오가면서 만들어진 길이다. (톱밥 더미처럼 생긴 가위개미 둥지는 공원 하나만 한 면적을 차지하기도 한다.) 휴스턴 동물원에서 온 미국인 크리스 베드나스키가 나에게 병정개미가 나타나면 피하라고 주의를 주었다. 잘못 건드렸다가는 병정개미가 집게 모양의 턱으로 정강이를 꽉 물어 죽어서도 놓지 않을 거라고 했다. "정말 짜증 나죠." 오하이오주 털리도 동물원에서 온 또 다른 미국인 존 채스테인은 독사가 나타날 때를 대비해 긴 갈고리를 가지고 다녔다. 베드나스키가 이번에는 나를 안심시켰다. "다행히 정말 인간에게 해를 입힐 만한 독사는 아주 드뭅니다." 고함원숭이의 울음소리가 멀리서 들려왔다. 그리 피스는 무른 땅에 찍힌 동물 발자국을 가리키며 재규어의 것이라고 했다.

1시간쯤 걷다 보니 누군가가 숲을 개간하여 만든 듯한 농장이 나타났다. 옥수수가 들쭉날쭉하게 자라고 있었지만, 사람은 보이지 않았다. 농부가 잠시 볼일을 보러 나간 것인지 열대 우림의 척박한 토양에 두 손 들고 가버린 것인지 알 수 없었다. 에메랄드빛 녹색앵무새 무리만 하늘로 날아올랐다. 또 몇 시간이 지나자 작은 공터가 하나 나왔다. 푸른모르포나비 한 마리가 하늘처럼 푸른 날개를 펄럭이며 스쳐 지나갔다. 작은 오두막이 있었지만 다 쓰러져가는 상태였으므로 모두 밖에서 자기로 했다. 그리피스는 내 침대를 설치하는 것을 도와주었다. 그것은 텐트와 해먹의 중간쯤 되는 것으로 두 나무 사이에 매달아야 했다. 텐트처럼 천장이 있어서 비를 막아줄 수 있는 해먹이라고 보면 된다. 아래쪽 구멍으로 기어 올라가니 관에 누운 기분이었다.

그날 저녁, 그리피스가 휴대용 가스버너로 밥을 지었다. 우리는 저녁을 먹고 나서 헤드램프를 장착하고 가까운 계곡으로 내려갔다. 양서류는 야행성인 경우가 많아서 어둠 속에서 찾아내는 수밖에 없다. 문자 그대로 암중모색이다. 나는 연신 미끄러졌고, 무엇인지 알 수 없을 때는 절대 손으로 잡아서는 안 된다는 열대 우림 안전 수칙 제1조를 숱하게 위반했다. 한번은 베드나스키가 미끄러져 넘어진 나를 부르길래 돌아보니 그의 손은 바로 옆에 있는 나무를 가리키고 있었다. 거기에는 주먹만 한 독거미가 앉아 있었다.

숙련자는 숲에 불을 비추어 개구리 눈의 반사광을 찾아내는 방식으로 어둠 속에서 포획 대상을 찾아낸다. 그리피스가 이 방식으로 찾아낸 최초의 양서류는 나뭇잎에 앉아 있던 산호세코크란개구리였다. 녹색에 노란색의 작은 반점이 있으며, 반투명 피부를 통해 내장 기관의 윤곽이 들여다보여서 통칭 '유리개구리'라고 불리는 종류에 속한다. 그리피스는 배낭에서 수술용 장갑을 꺼내 끼고 꼼짝하지 않고 서 있다가 왜가리가 물고기를 잡듯 개구리를 향해 달려들었다. 그는 한 손으로 개구리를 잡은 채 다른 손으로는 면봉처럼 생긴 도구로 개구리의 배를 훑어낸 다음 조그마한 플라스틱 병에 넣었다. 이것은 항아리곰팡이 검출을 위해 실험실로 보낼 것이다. 그 개구리는 찾고 있던 종이 아니었으므로 다시 나뭇잎에 올려주었다. 그리피스가 카메라를 꺼내자 개구리는 무표정하게 렌즈를 응시했다.

우리는 계속 암흑 속을 탐색했다. 누군가가 숲의 흙과 비슷한 주홍색 개구리인 라로마도둑개구리를 찾았다. 또 다른 사람은 바르체비치개구리를 발견했다. 잎사귀 모양의 밝은 녹색 개구리였다. 개구리를 발견할 때마다 그리피스는 재빠르게 잡아들고, 배를 훑고, 사진을 찍는, 똑같은 과정을 반복했다. 포접—양서류의 짝짓기 행위—중인 한 쌍의 파나마도둑개구리도 발견했다. 이번에는 그리피스가 루틴을 깨고 조용히 자리를 비켜주었다.

그리피스의 포획 목표 중 하나였던 주머니뿔개구리는 샴페인 병을 따는 소리 같은 독특한 울음소리를 낸다. 우리가 첨벙거리며 개울을 건너고 있을 때 그 울음소리가 들렸다. 동시에 여러 방향에서 들려오는 것 같았다. 처음에는 바로 옆에서 나는 소리 같았는데 다가가려고 할수록 점점 멀어졌다. 그리피스는 입술로 코르크 마개 따는 소리를 흉내 냈지만, 소용이 없었다. 그는 우리의 철벅거리는 소리에 개구리들이 겁을 먹은 것 같다고 판단했다. 결국 그리피스 혼자 앞으로 나가고 우리는 무릎까지 잠기는 물속에서 움직이지 않으려 애쓰며 한참을 기다렸다. 마침내 그리피스가 오라는 손짓을 했을 때 우리는 그의 앞에 있는 커다란 황색 개구리를 발견했다. 발가락이 길고 얼굴은 올빼미 같은 그 개구리는 눈높이보다 약간 높은 나뭇가지에 앉아 있었다. 그리피스가 EVACC의 컬렉션에 추가하려고 한 것은 암컷 주머니뿔개구리 한 마리였다. 그는 손을 뻗어 개구리를 잡자마자 뒤집어 보았다. 암컷이라면 있어야 할 주머니가 보이지 않았다. 그리피스는 면봉으로 훑고, 사진을 찍고, 나무로 돌려보냈다. 그리고 개구리에게 이렇게 중얼거렸다. "멋진 수컷이로구나."

우리는 거의 자정이 되어서야 캠프로 발을 돌렸다. 그리피스가 EVACC로 데려가기로 한 것은 자그마한 푸른배독개구리 두 마리와 희끄무레한 도롱뇽 한 마리—그리피스도, 두 미국인도 종을 식별하지 못했다—가 전부였다. 개구리와 도롱뇽은 각각 비닐봉지에 넣었고, 습도를 유지하기 위해 나뭇잎 몇 개도 함께 넣었다. 그 개구리와 (존재한다면) 자손, 그리고 (또한 존재한다면) 그 자손의 자손은 다시는 이 숲을 밟아보지 못하고, 멸균 유리 수조에서 일생을 살게 될 것이라는 생각이 문득 들었다. 그날 밤 폭우가 내렸고, 나는 관 같은 해먹 안에서 생생한 악몽을 꾸었다. 나중까지 기억할 수 있었던 유일한 장면은 샛노란 개구리가 홀더에 담배를 끼워 물고 있는 모습이었다.

CHAPTER 2

마스토돈의 어금니

아메리카마스토돈
(마무트 아메리카눔*Mammut americanum*)

멸종은 오늘날 아이들이 가장 일찍 배우는 과학적 개념일 것이다. 만 한 살이면 공룡 장난감을 가지고 놀고, 두 살이 되면 그 작은 플라스틱 인형이 실제로는 매우 큰 동물이었다는 것을 어렴풋이나마 이해한다. 학습 능력 성장이 빠른―혹은 배변 훈련이 늦은―아이라면 기저귀를 떼기 전에도 많은 종류의 공룡이 살았던 적이 있고 아주 오래 전에 다 죽어서 지금은 없다는 것을 설명할 수 있다. (내 아이들은 어릴 적에 쥐라기나 백악기 숲이 그려진 놀이 매트에서 공룡 인형 세트를 가지고 몇 시간 동안 놀곤 했다. 용암이 분출하는 화산 그림을 손으로 누르면 무서우면서도 경쾌한 굉음을 들려주었다.) 그러면서 우리는 멸종을 자명한 사실로 인식하게 되지만,

사실은 그렇지 않다.

아리스토텔레스는 10권에 달하는 《동물지History of Animals》를 쓰면서도 동물들에게 실제로 역사가 있다고 생각한 적은 한 번도 없었다. 플리니우스의 《박물지Natural History》는 실존 동물은 물론이고 전설 속에 나오는 동물에 관해서도 자세히 묘사했지만, 멸종한 동물은 언급하지 않았다. 중세나 르네상스 시대에도 멸종이라는 개념은 등장하지 않았다. 당대에는 땅에서 파낸 모든 것을 '화석'이라고 했다. ('화석 연료'라는 말이 생긴 것도 이 때문이다.) 계몽주의 시대에는 모든 종이 하나의 거대하고 분리 불가능한 "존재의 사슬"로 연결되어 있다는 사상이 지배적이었다. 알렉산더 포프는 그의 《인간론Essay on Man》에서 이렇게 썼다.

모든 것은 하나의 장대한 전체의 부분일 따름이며,
자연이 그 몸이요 신이 그 영혼이다.

칼 린네가 이명법(二名法) 체계를 고안했을 때, 그는 산 것과 죽은 것을 구별하지 않았다. 린네의 관점에서는 그러한 구분이 불필요했기 때문이다. 1758년에 출판된 린네의 《자연의 체계Systema Naturae》 10판에는 풍뎅이 63종, 청자고둥 34종, 넙치류 16종이 수록되어 있지만, 이 책이 다룬 것은 오직 한 종류의 동물, 즉 현생 동물뿐이다.

현존하지 않는 과거 생물을 가리키는 증거가 많았지만 린네는 이 입장을 고수했다. 그 누구도 본 적 없는 낯선 생명체—후대에 삼엽충, 벨렘나이트, 암모나이트로 밝혀질 생물들―의 흔적이 런던, 파리, 베를린의 여러 진품실cabinet of curiosities(특이하고 진귀한 물건을 모아 놓은 방.-옮긴이)에 가득했다. 화석화된 암모나이트 껍데기는 수레바퀴만큼 큰 경우도 있었다. 18세기에는 점점 더 많은 매머드 뼈가 시베리아에서 유럽으로 전해졌다. 이 뼈들도 기존의 틀에 꿰어 맞추어 해석되었다. 매머드는 코끼리를 닮았는데, 러시아에는 코끼리가 없다는 것이 분명했으므로, 창세기의 대홍수 때 북쪽으로 쓸려 올라간 짐승 중 하나였으리라고 보았다.

마침내 멸종이라는 개념이 출현한 곳이 혁명기의 프랑스였다는 사실은 우연의 일치가 아닐 것이다. 그것은 한 동물과 한 사람 덕분이었다. 현재 아메리카마스토돈american mastodon, *Mammut americanum*이라고 불리는 동물, 그리고 장-레오폴드-니콜라스-프레데릭 퀴비에―죽은 형에게서 물려받은 이름인 조르주 퀴비에로 더 많이 알려져 있다―라는 박물학자가 그 주인공이다. 과학사에서 퀴비에의 위상은 애매하다. 그는 동시대 사람들보다 훨씬 앞서 있었으나 동시대인들을 가로막은 면도 있었다. 그의 사상은 매력적이지만 불온했고, 선지적이었으나 동시에 퇴행적이었다. 결국 19세기 중반에 이르면 그의 이론 중 상당 부분이 신뢰를 잃게 된다. 그런데 아주 최근, 그의 이론 중에서도 가장 철저히 비난받았던 아이디어를 뒷받침하는 증거들이 새롭게 발견되었다. 그리고 그 결과, 지구 역사에 대한 퀴비에의 비극적 시선이 예언자적 지위를 얻도록 했다.

＋

　정확히 언제 유럽인들이 아메리카마스토돈 뼈를 처음 발견했는지는 불분명하다. 1705년에 뉴욕 외곽의 들판에서 발굴한 어금니 하나를 런던으로 보낼 때 붙인 이름은 "거인의 이빨"이었다.[1] 처음으로 과학적이라고 할 만한 연구 대상이 된 마스토돈 뼈는 1739년에 발견된 것이었다. 그해에 롱게유의 2대 남작, 샤를 르 모인 드 롱게유가 400명의 부대를 이끌고 오하이오강을 따라 내려가고 있었다. 모인과 같은 프랑스인도 있었지만 대부분의 병사는 앨곤퀸족과 이로쿼이족이었다. 행군은 험난했고 보급품도 부족했다. 당시에 한쪽 다리를 잃은 어느 프랑스인 병사는 부대원들이 도토리로 연명했다고 회고했다.[2] 롱게유와 그의 부대는 오하이오 동쪽 강변, 현재의 신시내티에서 멀지 않은 곳에 막사를 세웠다. 아마 가을이었을 것이다. 원주민 몇 명이 사냥을 나섰다. 몇 킬로미터 떨어진 곳에 유황 냄새가 나는 습지가 있었다. 아메리카들소 발자국이 사방에서 이 습지로 향해 있었고 수백, 수천 개의 거대한 뼈가 난파선의 돛대처럼 진흙 위로 솟아 있었다. 그들은 길이가 1m쯤 되는 대퇴골 하나, 엄청난 크기의 엄니 하나, 그에 못지않게 큰 이빨 몇 개를 가지고 막사로 돌아왔다. 이빨 하나의 무게는 5kg에 육박했고, 그 뿌리 길이는 인간의 손만 했다.

　그 뼈에 깊은 흥미가 생긴 롱게유는 부대원들에게 그곳에서 퇴거할 때도 뼈들을 갖고 가도록 지시했다. 병사들은 거대한 엄니와 대퇴골, 어금니를 짊어진 채 황야를 가로질러 전진했다. 그들은 결국 미시시피강에 도착했고, 거기서 다른 프랑스군 파견대와 만났다. 그 후 몇 달 사이에 롱게유 부대원 다수가 병으로 사망했고, 치카소족을 상대로 벌인 전투는 굴욕과 패배로 끝났다. 이런 상황에서도 롱게유는 기이한 뼈를 잘 간수했다. 그는 뉴올리언스로 가서 그 엄니와 이빨, 거대한 대퇴골을 프랑스로 가는 배에 실었다. 그것은 루이 15세에게 보내는 선물이었고, 루이 15세는 카비네 뒤 로이라는 개인 박물관에 그 뼈들을 전시했다. 오하이오강 계곡은 그 후 수십 년이 지나도록 사람의 손을 타지 않았으며, 지도에서 유일하게 이름이 붙은 곳이 바로 "코끼리 뼈가 발견된 장소"라는 뜻인 앙드루아 우 옹 아 트루베 데 조 델레팡Endroit où on a trouvé des os d'Éléphant 이었다. (지금은 빅본릭Big Bone Lick이라는 켄터키주 주립 공원이 되었다.)

이 뼈를 살펴본 사람들은 하나같이 혼란에 빠졌다. 대퇴골과 엄니를 보면 코끼리, 혹은 당시의 분류법에 따르면 코끼리와 거의 유사한 매머드의 것으로 보였다. 그러나 이빨은 앞의 두 가지와 같은 동물의 것으로 보기 힘들었다. 코끼리나 매머드의 치아라면 씹는 면이 운동화 밑창처럼 평평하고 가는 굴곡이 있어야 하는데, 이 이빨은 뾰족했다. 정말 거인의 이빨 같았다. 이 뼈를 연구한 최초의 박물학자 장 에티엔 게타르는 추측 자체를 거부했다. 그는 1752년 프랑스 왕립과학원에 제출한 논문에서 이렇게 탄식했다. "대체 무슨 동물이란 말인가?"[3]

1762년, 이 기이한 이빨의 수수께끼를 풀어 보려 했던 루이 15세의 박물관 관리인 루이장마리 도방통은 "오하이오에서 온 미지의 동물"이 애초에 하나가 아니라 둘이었다고 선언했다. 엄니와 다리 뼈는 코끼리의 것이고, 어금니는 아예 다른 동물의 것이라는 주장이었다. 그가 추측한 다른 동물은 하마였다.

바로 그 즈음 유럽, 이번에는 런던에 두 번째 마스토돈 뼈가 도착했다. 이 역시 빅본릭에서 나온 것으로 첫 번째 것과 마찬가지로 뼈와 엄니는 코끼리 같은 반면 어금니의 윗면은 돌출되어 있었다. 왕비의 주치의였던 윌리엄 헌터는 이 불일치에 대한 도방통의 설명에 만족할 수 없었고, 그가 내놓은 새로운 설명은 진실에 한층 가까웠다.

헌터는 "미국 코끼리로 추정되는 이 동물"이 "해부학자들이 알지 못하는" 완전히 새로운 동물이라고 주장했다.[4] 그는 이 동물이 육식성이라서 그렇게 무섭게 생긴 어금니를 갖고 있는 것이라고 보았으며, 아메리카인코그니툼American "incognitum"(인코그니툼은 '알려지지 않은 것'을 뜻한다.-옮긴이)이라고 명명했다.

프랑스의 저명한 박물학자 조르주루이 르클레르 드 뷔퐁 백작은 이 논쟁에 또 한 번 반전을 일으켰다. 그는 문제의 유해가 하나 또는 둘이 아니라 코끼리와 하마, 그리고 아직 알려지지 않은 제3의 종까지 세 가지 동물의 것이라고 주장했다. 뷔퐁은 매우 조심스럽게 "세 종 중에서 가장 큰" 이 마지막 종이 사라진 것으로 보인다고 덧붙였다.[5] 그는 이것이 유일하게 이 땅에서 소멸한 육상 동물이라고 말했다.

1781년에는 토머스 제퍼슨도 이 논쟁에 휘말렸다. 그가 버지니

아주 주지사 임기를 막 마치고 출간한 《버지니아주에 대한 비망록 Notes on the State of Virginia》에서 이 미지의 동물에 대한 자신의 해석을 내놓은 것이다. 그는 이 동물이 모든 짐승 중 가장 크다는 뷔퐁의 주장처럼 "체적이 코끼리의 대여섯 배"라고 추정했다. (이것은 구대륙과 비교했을 때 신대륙에는 작고 "퇴보한" 동물이 산다는 당대 유럽인들의 생각에 반기를 드는 것이었다.) 제퍼슨은 이 동물이 육식을 할 것이라는 점에 대해 헌터의 의견에 동의했지만, 헌터와 달리 여전히 어딘가에 살아 있을 것이라고 보았다. 버지니아에서 찾지 못할 수도 있겠지만, 그것은 "전인미답의 원시 상태로 남아 있는" 이 대륙 어딘가를 배회하고 있을 것이다. 제퍼슨은 대통령이 된 후 메리웨더 루이스와 윌리엄 클라크를 북서부로 파견했고, 그들이 살아 있는 인코그니툼이 숲에서 돌아다니는 모습을 목격하기를 바랐다.

제퍼슨은 "어느 한 종이라도 멸종될 종을 만들어내지 않는 것이 자연의 경제성"이라고 썼다. "자연의 위대한 작품에 끊어질 만큼 약하게 연결된 고리가 있을 리 없다"는 것이다.

✤

오하이오 계곡에서 발굴된 뼈가 파리에 온 지 반세기가 지난 1795년 초, 퀴비에가 파리에 도착했다. 그는 미간이 넓은 잿빛의 두 눈과 매부리코를 지닌 스물다섯 살의 청년이었다. 퀴비에의 한 친구가 그의 성격을 지구에 비유한 적이 있는데, 일반적으로는 서늘하지만 격렬한 진동과 분출을 일으키기도 한다는 뜻이었다.[6] 퀴비에는 스위스와 인접한 작은 마을에서 자랐으며 파리에는 인맥이 거의 없었다. 그럼에도 불구하고 명망 높은 지위에 오를 수 있었던 것은 한편으로는 앙시앵 레짐의 붕괴, 다른 한편으로는 그 자신의 드높은 자존심 덕분이었다. 그보다 높은 연배의 한 동료는 그가 "버섯처럼" 불쑥 파리에 나타났다고 회고했다.[7]

파리 자연사박물관—'진품실'의 공화국 버전—에서 퀴비에가 공식적으로 맡은 임무는 가르치는 일이었지만 그는 시간이 날 때마다 박물관 소장품에 몰두했다. 그는 롱게유가 루이 15세에게 보낸 뼈를 연구하고 다른 표본들과 비교하는 데 긴 시간을 보냈다. 1796년 4월 4일—당시에 쓰이던 혁명력에 따르면 혁명력 4년 제르미날 15일, 그는 자신의 연구 결과를 공개 강의에서 발표했다.

퀴비에는 코끼리 이야기로 시작했다. 유럽인들은 오랫동안 아프리카에는 사나운 코끼리, 아시아에는 유순한 코끼리가 산다고 알고 있었다. 온순하든 흉포하든 개는 개이듯이, 코끼리도 코끼리였다. 퀴비에는 박물관에서 소장하고 있는 코끼리 유해, 그중에서도 특히 보존 상태가 좋은 실론(현재의 스리랑카.-옮긴이)의 코끼리 뼈와 희망봉에서 발견된 코끼리 뼈를 집중적으로 분석한 끝에 두 코끼리가 서로 다른 종이라는 사실을 알아냈다.[8] 물론 그의 판단은 옳았다.

그는 이렇게 천명했다. "실론의 코끼리가 아프리카 코끼리와 다르다는 점은 말과 당나귀, 염소와 양이 다른 것만큼이나 분명한 사실이다." 둘의 차이점은 여러 가지가 있으며 그중 하나가 이빨이다. 실론의 코끼리는 어금니 표면의 융기선이 "장식 리본처럼" 물결 모양인 반면, 희망봉 코끼리의 경우에는 융기선이 다이아몬드 모양을 이룬다. 살아 있는 코끼리에게서는 이 차이를 발견할 수 없었을 것이다. 누가 감히 코끼리의 입을 벌리고 들여다볼 수 있겠는가? 퀴비에가 말한 대로 "동물학이 이 흥미로운 발견에 이른 것은 오직 해부학 덕분"이었다.[9]

이렇게 코끼리라는 종을 둘로 가른 후에도 퀴비에의 강연은 이 종의 진실을 밝히기 위한 해부 작업을 계속했다. 그는 시베리아에서 온 거대한 뼈를 "샅샅이 살핀" 후, 기존 해석이 틀렸다는 결론에 이른다. 그 이빨과 턱이 "코끼리의 이빨, 턱과 정확히 일치하지 않"았기 때문이다. 그 증거는 완전히 다른 종을 가리키고 있었다. 오하이오에서 온 동물 이빨의 경우에는 "한눈에도 그 차이가 더 크다는 것을 알아볼 수 있을 정도"였다.

그는 청중을 향해 이렇게 물었다. "살아 있다는 흔적을 더 이상 보여주지 않는 이 두 거대한 동물은 어떻게 된 걸까요?" 퀴비에의 논리대로라면 그 답은 자명했다. 그들은 "사라진 종"이었다. 뷔퐁이 어쩌면 사라졌을 수도 있는 하나의 종을 언급한 이후, 퀴비에에 이르러 멸종 동물의 수가 두 배로 늘어난 것이다. 그러나 이것은 시작에 불과했다.

몇 달 전, 퀴비에는 부에노스아이레스 서쪽, 루한강 강둑에서 발견된 뼈의 스케치 몇 장을 받았다. 몸길이가 3.7m, 키가 1.8m나 되는 그 뼈의 실물은 해체된 상태로 마드리드로 실려와, 거기서 공들여 복구되었다. 퀴비에는 스케치를 검토한 끝에 그 동물이 비정상적으로 큰 나무늘보의 일종이라고 결론지었다. 이번에도 그는 옳았다. 퀴비에는 이 동물을 메가테리움*Megatherium*이라고 명명했다. "거대한 짐승"이라는 뜻이었다. 아르헨티나는커녕 독일보다 먼 그 어느 나라에도 가본 적이 없는 그였지만, 메가테리움이 남미의 강줄기를 따라 유유자적하는 모습을 다시는 볼 수 없으리라는 확신이 들었다. 멸종한 동물이 또 있는 것이다. 한편 네덜란드의 채석장에서는 거대하고 뾰족한 턱과 상어 같은 이빨을 지닌 동물 화석이 발견되었다. 그 지역 지명을 따서 마스트리히트 동물이라고 불리던 이 동물도 사라졌다. (마스트리히트 화석은 1795년에 프랑스인들이 네덜란드를 점령하면서 프랑스로 가져왔다.)

퀴비에는 이와 같이 네 종이 사라진 것이 사실이라면 분명히 멸종한 동물이 더 있을 것이라고 주장했다. 이것은 확보한 증거에 비해 매우 대담한 주장이었다. 퀴비에는 흩어져 있는 몇 개의 뼈를 바탕으로 완전히 새로운 생명관을 만들어냈다. 사라진 종이 있다. 그리고 그것은 특수한 예가 아니라 일반적인 현상이다.

퀴비에는 강연을 이렇게 끝맺었다. "이 모든 사실에는 일관성이 있고 그 어떤 반증 사례도 없습니다. 이것은 나에게 우리 이전의 세계가 존재한다는 것을 증명하는 것으로 보입니다. (…) 그렇다면 원시의 지구란 어떤 곳이었을까요? 대체 어떤 혁명이 일어났기에 그것을 모조리 쓸어버릴 수 있었던 것일까요?"

✤

퀴비에의 시대 이후 자연사박물관은 프랑스 전역에 전초 기지를 둔 거대 기관으로 성장했지만 주요 건물은 여전히 파리 5구의 옛 왕실 정원에 그대로 있다. 퀴비에는 박물관에서 일했을 뿐만 아니라 일생의 대부분을 박물관 부지 안에 있는 고택—지금은 사무실로 쓰인다—에 기거했다. 현재 그 집 옆에는 식당이 있고, 그 옆에는 동물원이 있다. 내가 방문한 날에는 왈라비 몇 마리가 동물원 풀밭에서 일광욕을 하고 있었다. 정원 건너편에는 고생물 전시관이 있다.

내가 그곳에 간 것은 파스칼 타시를 만나기 위해서였다. 그는 이 박물관의 장비목(目)—코끼리와 매머드, 마스토돈, 곰포테리움 같은 코끼리의 잃어버린 사촌들이 장비목에 속한다—책임자다. 그는 나에게 퀴비에가 연구했던 바로 그 뼈들을 직접 볼 수 있게 해 주겠다고 했다. 고생물 전시관 지하로 내려가니 무덤에 들어온 듯 어두컴컴한 사무실의 오래된 해골들 사이에 그가 앉아 있었다. 사무실 벽에는 낡은 만화책《땡땡의 모험》시리즈 표지가 여러 장 붙어 있었다. 타시는 자신이 일곱 살 때《땡땡의 모험》에 나온 발굴 이야기를 읽고 고생물학자가 되기로 결심했다고 했다.

우리는 먼저 장비목 동물들에 관해 이야기를 나누었다. "매력적인 동물이지요. 예를 들어 안면의 일부가 해부학적으로 변화된 그 코는 정말 독특한데, 다섯 번의 진화를 거친 산물입니다. 두 번도 놀라운데 다섯 번이나요! 믿기 어렵지만 화석을 보면 그렇게 해석할 수밖에 없습니다." 타시는 약 5500만 년 전부터 170종의 장비목 동물이 존재한 것으로 확인된다고 설명하며 이렇게 덧붙였다. "그리고 아직 알려지지 않은 장비목 동물이 훨씬 더 많을 거라고 확신합니다."

우리는 위층으로 올라가 고생물학 전시관 뒤에 붙어 있는 부속실로 갔다. 마치 열차의 승무원실 같았다. 타시가 잠긴 문을 열자 금속 캐비닛이 가득한 작은 방이 나타났다. 문 바로 안쪽에는 우산꽂이 모양인데 털이 북슬북슬한 어떤 물체가 일부가 비닐에 싸여 세워져 있었다. 타시의 설명에 따르면 시베리아 북부의 섬에서 동결 건조 상태로 발견된 털매머드 다리였다. 좀 더 가까이 가서 보니 마치 모카신처럼 가죽을 꿰맨 이음새가 보였다. 털은 암갈색이었고, 1만 년도 더 지났는데도 보존 상태가 거의 완벽해 보였다.

타시는 금속 캐비닛 하나를 열더니 거기에 있던 것을 꺼내어 목재 탁자에 올려놓았다. 롱게유의 부대가 짊어지고 오하이오강을 따라 내려간 이빨이었다. 거대하고 울퉁불퉁하며 거무스름했다.

타시는 그중 가장 큰 이빨을 가리키며 말했다. "이게 바로 고생물학계의 모나리자입니다. 모든 것이 여기서부터 시작되었지요. 퀴비에가 직접 그린 이빨 그림이 남아 있다는 점도 놀랍습니다. 그가 그만큼 세심하게 들여다봤다는 뜻이니까요." 타시는 18세기에 그 이빨에 페인트로 쓴 소장품 일련번호를 가리켰다. 거의 알아볼 수 없을 정도로 빛이 바래 있었다.

나는 두 손으로 가장 큰 이빨을 들어올렸다. 정말 범상치 않은 물

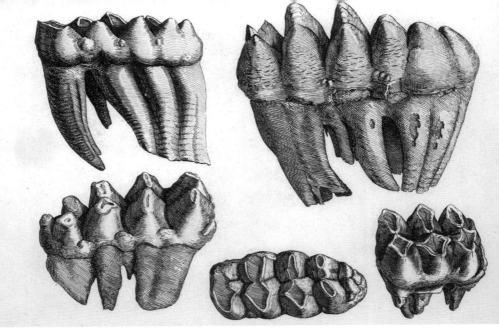

이 판화는 퀴비에가 1812년에 출판한 보고서에 마스토돈 이빨에 관한 설명과 함께 실은 것이다.

건이었다. 길이가 약 20cm, 폭이 10cm로, 벽돌만 한 크기에 무게도 거의 그만큼 무거웠다. 네 개의 교두부는 뾰족했고, 법랑질이 거의 손상 없이 남아 있었다. 밧줄처럼 굵은 뿌리는 마호가니색의 단단한 덩어리를 이루고 있었다.

진화라는 관점에서 보면 마스토돈의 어금니에 이상할 것이 없다. 마스토돈의 이빨도 다른 포유류 동물의 이빨이 대개 그렇듯이 안쪽은 상아질로 이루어져 있고, 바깥쪽은 더 딱딱하지만 깨지기 쉬운 법랑질 층이 둘러싸고 있다. 장비목은 약 3000만 년 전에 훗날 마스토돈이 될 계통과 매머드나 코끼리가 될 계통으로 갈라졌다. 후자의 이빨은 더 정교하게 진화하여 법랑질로 덮인 납작한 판 모양의 어금니들이 식빵 같은 모양으로 합해지게 된다. 이러한 구조는 더 튼튼하고, 매머드와 코끼리가 매우 거친 식물도 갈아서 먹을 수 있게 해준다. 반면에 마스토돈은 상대적으로 뒤떨어진 어금니를 (인간처럼) 그대로 유지했고, 씹어 먹는 것 외에 다른 방식을 알지 못했다. 타시는 진화론적 관점을 갖지 못했던 것이 바로 퀴비에의 약점이었다고 지적했지만, 그 점은 오히려 그의 성과를 더욱 인상 깊게 만들었다.

타시는 이렇게 말했다. "물론 그의 설명에는 오류가 있었지만, 테크닉 면에서는 대부분 나무랄 데가 없었어요. 그는 정말 훌륭한 해부학자였습니다."

이빨을 좀 더 살펴본 후 타시가 나를 데려간 곳은 고생물 전시실이었다. 입구 정면에 롱게유가 파리로 보낸 거대한 대퇴골이 받침대 위에 전시되어 있었다. 너비가 거의 펜스 기둥 길이에 육박하는 크기였다. 견학 온 아이들이 신나서 소리를 지르며 우리 앞을 줄지어 지나갔다. 타시는 커다란 열쇠 꾸러미로 유리 진열장 밑의 서랍을 하나씩 열어 퀴비에가 조사했던 매머드 이빨을 비롯하여 퀴비에가 최초로 확인한 여러 절멸종 화석을 보여주었다. 그다음에는 세계에서 가장 유명한 화석 중 하나인 마스트리히트 동물을 보러 갔다. (네덜란드의 거듭된 요청에도 불구하고 프랑스는 200년 넘게 돌려주지 않고 있다.) 18세기 사람들은 마스트리히트 화석을 낯선 종류의 악어나 치열이 고르지 않은 고래라고 생각했으나, 퀴비에는 해양 파충류라는 결론에 이르렀고, 이번에도 그의 판단이 옳았다. (이 생물은 나중에 모사사우루스라는 이름을 갖게 된다.)

점심시간 무렵 타시는 사무실로 돌아갔고, 나는 정원을 가로질러 퀴비에가 살던 고택 옆 식당으로 갔다. 왠지 그래야 할 것 같아서, '퀴비에 정식'—전채와 디저트는 선택할 수 있다—이라는 메뉴를 주문했다. 두 번째 코스로 나온 아주 맛있는 크림 타르트를 먹으면서 나는 속이 불편할 정도로 배가 불러오기 시작했다. 이 해부학자의 체구에 관한 묘사를 읽었던 것이 기억났다. 대혁명 때까지만 해도 마른 체형이었던 퀴비에는 박물관 사택에 거주하는 동안 점점 더 뚱뚱해져서 말년에는 거구가 되었다고 한다.[10]

✦

퀴비에는 '현재 존재하거나 화석에 남아 있는 코끼리 종들'이라는 강연에서 멸종이 실제로 존재하는 사실임을 입증하는 데 성공했다. 그러나 그의 가장 도발적인 주장, 즉 지금은 사라지고 없는 종들로 가득한 잃어버린 세계가 존재한다는 주장은 도발 이상으로 나아가지 못했다. 그런 세계가 정말 존재했다면 다른 절멸종의 흔적들을 찾아볼 수 있어야 했다. 그래서 퀴비에는 그 흔적을 찾아 나섰다.

마침 1790년대의 파리는 고생물학자에게 최적의 입지였다. 이 도시 북쪽 언덕에는 많은 채석장이 있어서 소석고의 원료 석고를 활발하게 생산하고 있었다. (파리가 채석장이 있던 곳까지 무계획적으로 확장되면서, 퀴비에 시대에 이르러서는 지반 붕괴가 큰 문제로 대두되기도 했다.) 광부들은 종종 이상한 뼈를 발견했고, 수집가들은 그것이 무엇인지 모르면서도 높은 값을 쳐주었다. 퀴비에는 열정적인 수집가의 도움으로 또 다른 절멸종의 흔적을 찾아냈고, "몽마르트르의 중간 크기 동물"이라고 불렀다.

퀴비에는 유럽의 다른 나라 박물학자들에게도 표본을 요청했다. 과거에 전리품으로 귀한 물건들을 몰수해 갔던 프랑스의 전적 탓에 화석 실물을 보내주는 경우는 거의 없었지만, 함부르크, 슈투트가르트, 레이던, 볼로냐 등지에서 표본의 세밀화가 속속 도착하기 시작했다. 퀴비에는 "과학을 사랑하고 과학 발전에 일익을 담당하는 많은 프랑스인 및 외국인들이 (…) 뜨거운 열정으로 보내온 지지"에 감탄했다.[11]

코끼리에 관한 강연 후 4년이 지난 1800년, 퀴비에의 화석 동물원에 수용된 동물은 23개 종으로 늘어났다. 피그미하마의 유해는 파리의 자연사박물관 수장고에서 발견되었고, 거대한 뿔을 지닌 엘크 뼈는 아일랜드에서 왔으며, 훗날 동굴곰으로 불리게 될 대형 곰뼈는 독일에서 보내준 것이었다. 모두 멸종되었다고 생각되는 종이었다. 앞서 언급한 몽마르트르 동물은 여섯 개의 종으로 나뉘어졌다. (이 종들에 관해서는 오늘날까지도 3000만 년 전에 살았으며, 유제류(소, 말 등 발굽이 있는 포유류.-옮긴이)에 속한다는 것 외에 알려진 바가 거의 없다.) 퀴비에는 이렇게 물었다. "이 짧은 시간 동안 찾아낸 잃어버린 종이 이렇게 많다.[12] 그렇다면 대체 얼마나 많은 종이 여전히 땅속 깊이 묻혀 있는 것일까?"

박물관이 홍보 전문가를 고용하기 시작한 것은 훨씬 나중 일이지만, 쇼맨 기질을 타고난 퀴비에는 그 시대에도 이미 사람들의 이목을 끄는 방법을 알고 있었다. (타시의 표현에 따르면 "퀴비에는 지금 태어났으면 TV 스타가 되었을 사람"이었다.) 한번은 파리의 어느 석고 동굴에서 가는 몸통, 각진 머리를 지닌 토끼만 한 동물 화석이 나왔다. 퀴비에는 이빨 모양에 근거하여 유대목 동물에 속한다고 판단했다. 그때까지는 유럽에 사는 유대목이 알려진 바가 없었으므로, 대담한 주장이었다. 퀴비에는 공개 검증을 자처하여 분위기를 고조시켰다. 유대목이라면 골반에서 연장된 한 쌍의 독특한 뼈—지금은 상치골(上恥骨)epipubic bone이라고 불린다—가 있어야 한다. 퀴비에가 처음이 화석을 보았을 때에는 그런 뼈가 보이지 않았지만, 주변을 긁어내면 드러날 것이라고 예상했다. 그는 파리 최고의 과학자들을 초청해 앉혀놓고 그 앞에서 가는 바늘로 화석을 긁었다. 그리고, 뼈가 드러났다! (현재 파리 자연사박물관 고생물관에서 이 유대목 화석의 모형을 볼 수 있지만, 원본은 전시하기에 너무 귀중하다는 판단 아래 특별 보존실에 보관되어 있다.)

퀴비에는 네덜란드에서도 비슷한 고생물학 쇼를 선보였다. 그는 하를렘시에 있는 한 박물관에서 척추의 일부와 거기에 붙어 있는 반달 모양의 커다란 두개골로 구성된 표본을 조사했다. 90cm 길이의 이 화석은 거의 100년 전에 발견되었으며, 두개골의 형상을 볼 때 의아한 구석이 있었음에도 불구하고 인간의 것으로 추정되고 있었다. ("대홍수를 목격한 인간"이라는 뜻의 호모 딜루비이 테스티스 *Homo diluvii testis*라는 학명도 부여되었다.) 퀴비에는 이 추정을 반박하기 위해 먼저 평범한 도롱뇽 뼈를 보여주었다. 그다음에는 하를렘 박물관장의 허락하에 "대홍수 인간"의 척추 주변 암석을 깎아내기 시작했다. 앞다리가 나타났고, 그가 예측한 대로 도롱뇽의 앞다리 모양이었다.[13] 그 생명체는 대홍수 이전의 인간이 아니라 훨씬 더 기이한, 거대 양서류 동물이었다.

퀴비에가 더 많은 절멸종을 찾아낼수록 그 동물들의 본질이 변화하는 것 같았다. 동굴곰이나 거대 나무늘보, 자이언트도롱뇽까지는 그나마 지금 존재하는 종들과 어느 정도 관련성이 있었다. 하지만 바이에른의 석회암 지층에서 발견된 기이한 화석은 차원이 달랐다. 퀴비에가 받은 한 장의 동판화에는 비정상적으로 긴 팔, 가느다란 손가락, 뾰족한 부리 등 여러 개의 뼈가 뒤죽박죽으로 늘어서 있었다. 이 화석을 최초로 조사한 박물학자는 뼈의 주인이 해양 동물이며 길쭉한 팔을 노처럼 사용했을 것이라고 추측했다. 퀴비에가 동판화에 묘사된 뼈의 모습을 기초로 분석한 결과는 놀랍게도, 날아다니는 파충류였다! 그는 이 동물을 테로닥틸루스*ptero-dactyl*이라고 명명했다. "날개 손가락을 가진 동물"이라는 뜻이었다.

✦

퀴비에가 멸종, 즉 "우리 이전의 세계"를 발견한 것은 충격적인 사건이었으며, 이 소식은 곧 대서양을 건너 퍼져나갔다. 그즈음, 뉴욕주 뉴버그의 농부들이 거의 완전한 거대 동물 유해를 발굴했고, 이제 사람들은 그것이 뭔가 중요한 발견이라는 것을 알아보았다.

당시 부통령이었던 토머스 제퍼슨은 그 뼈를 손에 넣으려고 몇 번이나 시도했지만 실패했다. 그러나 훨씬 더 집요했던 제퍼슨의 친구가 결국 그 뼈를 입수하는 데 성공했다. 그는 화가 찰스 윌슨 필로, 필라델피아에 미국 최초의 자연사 박물관을 설립한 지 얼마 안 되는 시점이었다.

퀴비에보다 훨씬 더 뛰어난 흥행사였던 필은 수개월에 걸쳐 뉴버그의 뼈들을 서로 맞추고 없어진 부분을 나무와 지점토로 만들어 넣었다. 그리고 1801년 크리스마스이브에 대중에게 공개했다. 필은 이 전시를 홍보하기 위해 흑인 하인 모지스 윌리엄스(필 집안 노예의 아들로 태어났으며, 노예 신분에서 해방된 후에도 박제술 등 전문 기술을 가지고 박물관에서 일했다.-옮긴이)에게 인디언 머리 장식을 한 채 백마를 타고 필라델피아 거리를 달리게 했다.[14] 복원된 동물은 어깨까지의 높이가 3.4m, 엄니에서 꼬리까지의 길이가 5.2m로, 실제보다 좀 더 과장된 크기였다. 이것을 한 번 보려면 관람료로 당시로서는 상당한 금액인 50센트를 지불해야 했다. 그때까지만 해도 아직 합의된 이름이 없어서 인코그니툼, 오하이오 동물, (지금 생각하면 매우 잘못된 이름인) 매머드 등 다양하게 지칭되었던 이 동물은 아메리카마스토돈이었다. 그리고 이 전시는 세계 최초의 블록버스터 전시가 되었으며, "매머드 열풍"을 일으켰다. 매사추세츠주의 체셔라는 소도시에서는 560kg짜리 '매머드 치즈'를 만들었고, 필라델피아의 한 빵집에서는 '매머드 빵'을 구웠으며, 신문에는 "매머드 파스닙"(당근처럼 생긴 뿌리채소의 일종.-옮긴이), "매머드 복숭아 나무", "10분

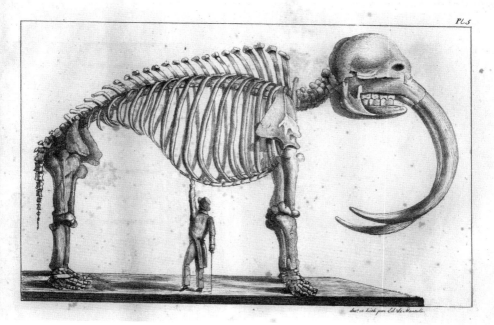

찰스 윌슨 필이 복원한 아메리카마스토돈.

에 42개의 달걀을 삼킨 매머드 대식가" 같은 기사 제목이 흔했다.[15]
필은 뉴버그와 허드슨 밸리에 있는 다른 마을에서 추가로 발견된
뼈들을 가지고 마스토돈을 또 하나 조립했다. 그는 이 동물의 널찍
한 늑골 아래에서 축하 만찬을 가진 후 두 아들과 이 두 번째 마스
토돈 뼈대를 유럽으로 보냈다. 이 뼈는 런던에서 몇 달 동안 전시되
었고, 그사이에 필스의 두 아들은 이 동물의 엄니 끝이 바다코끼리
처럼 아래쪽을 향해야 한다고 판단했다(더 공격적인 육식 동물로 묘사해
야 한다고 생각했다는 뜻이다.-옮긴이). 그들의 당초 계획은 파리로 가서
이 뼈를 퀴비에에게 파는 것이었는데, 그들이 런던에 머무는 동안
그레이트브리튼 왕국과 프랑스 간의 전쟁이 발발하여 이동이 불가

능해졌다.

한편 퀴비에는 1806년 파리에서 출판한 한 논문에서 드디어 이 동물에 마스토돈mastodonte이라는 이름을 붙였다. 이 유별난 이름은 "유방 (모양의) 이빨"이라는 그리스어에서 왔다. 이 동물 어금니의 튀어나온 돌기가 그에게 젖꼭지를 연상시킨 모양이었다. (이 즈음에 한 독일 박물학자에 의해 학명도 부여받았는데, 안타깝게도 그 이름ー마무트 아메리카눔ー은 마스토돈과 매머드의 혼동을 영속화했다.)

영국과 프랑스 사이의 적대 관계가 지속되었지만 퀴비에는 필의 아들이 런던에 가지고 온 뼈의 세밀화를 구할 수 있었고, 덕분에 이 동물의 해부학적 구조를 훨씬 더 잘 파악하게 되었다. 그는 마스토돈과 현대의 코끼리의 차이가 매머드와 코끼리의 차이보다도 훨씬 크다는 사실을 깨닫고, 새로운 속으로 지정했다. (현재 마스토돈은 별개의 속일 뿐 아니라 별개의 과로 분류된다.) 퀴비에는 아메리카마스토돈 외에 4종의 마스토돈을 더 확인했다. "모두 오늘날 지구상에서 볼 수 없는" 동물이었다. 필은 1809년이 되어서야 퀴비에의 작명을 알게 되었고, 그 사실을 듣자마자 달려들었다. 그는 제퍼슨에게 편지를 써서 필라델피아 박물관에 있는 마스토돈 뼈의 "명명식"을 거행하자고 제안했다.[16] 제퍼슨은 퀴비에가 지은 이름도 "썩 나쁘지는 않다"며 미적지근한 반응을 보이고, 명명식이라는 아이디어에도 별다른 반응을 보이지 않았다.[17]

1812년, 퀴비에는 그의 화석 동물 연구를 네 권으로 된《네발 동물의 뼈 화석에 관한 연구Recherches sur les ossemens fossiles de quadrupèdes》

로 엮어 출판했다. 그가 이 "연구"를 시작하기 전까지 하나도 없거나 기껏해야 하나뿐이라고 생각되었던 멸종된 척추동물은 이제 49개로 늘어났다. 이러한 발견의 대부분이 퀴비에의 공적이었다.

퀴비에의 절멸종 목록이 길어질수록 그의 명성도 높아졌다. 대부분의 박물학자는 감히 퀴비에의 검증을 거치지 않고 자신의 발견을 대중에게 발표하지 못했다. 오노레 드 발자크는 "퀴비에가 이 시대의 가장 위대한 시인이 아닐까?"라고 물었으며 "이 불멸의 박물학자는 하얗게 변한 뼈 하나로 세계를 재구성하고, 카드모스(그리스 신화에서 테베를 건국한 영웅.-옮긴이)처럼 이빨 하나로 도시를 재건했다"라고 칭송했다.[18] 퀴비에는 나폴레옹으로부터 기사 작위를 받았고, 나폴레옹 전쟁이 끝나자 영국의 초청을 받아 국왕을 알현하기도 했다.

영국인들은 퀴비에게 금세 매료되었다. 19세기 초에는 화석 수집이 상류 계급 사이에서 크게 유행하면서 새로운 직업도 출현했다. 화석 표본을 확보하여 부유한 후원자에게 가져다주는 일로 먹고 사는 '화석 수집가fossilist'라는 직업이었다. 퀴비에가 《네발 동물의 뼈 화석에 관한 연구》를 출간한 해에 매우 기묘한 표본 하나를 발견한 메리 애닝이라는 젊은 여성도 화석 수집가였다. 그 표본은 영국 남서부 도싯 지방의 석회암 절벽에서 발견된 어떤 생물의 두개골로 길이가 1.2m에 육박했고 턱은 롱 노즈 플라이어처럼 길고 뾰족했으며 유난히 큰 눈구멍은 골판으로 덮여 있었다.

이 화석은 런던의 이집트홀로 옮겨졌다. 필의 박물관처럼 이집

최초로 발견된 익티오사우루스 화석은 런던의 이집트홀에서 전시되었다.

트홀 역시 개인 소유 박물관이었다. 처음에는 어류로, 그다음에는 오리너구리의 친척으로 소개되었으나 이후에 신종 파충류로 확인 되어 익티오사우루스ichthyosaur, 즉 어룡으로 불리게 되었다. 익티 오사우루스는 그리스어로 물고기 도마뱀이라는 뜻이다. 몇 년 후, 애닝이 수집한 다른 표본들에서 또 다른 종, 심지어 더 신기한 동 물이 발견되었고, 거의 도마뱀에 가깝다는 뜻인 플레시오사우루 스plesiosaur, 즉 수장룡이라는 이름으로 불렸다. 옥스퍼드 대학교 최 초의 지질학 교수인 윌리엄 버클랜드 목사는 플레시오사우루스를 "도마뱀의 머리"가 "뱀의 몸을 닮은" 목에 붙어 있고 "카멜레온의 갈비뼈와 고래의 지느러미"를 지닌 동물이라고 묘사했다. 이 소식 을 들은 퀴비에는 플레시오사우루스에 대한 설명이 너무 터무니없 어서 표본의 조작을 의심했다. 그러나 애닝이 거의 완전한 형태의 플레시오사우루스 화석 또 하나를 발굴했을 때 퀴비에는 그가 틀

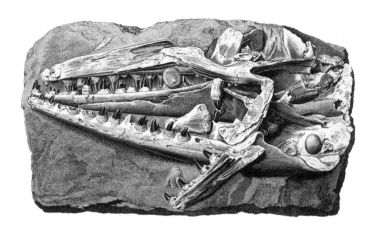

마스트리히트 동물의 화석은 여전히 반환되지 않고 파리에 전시되어 있다.

렸음을 인정해야만 했다. 그는 영국의 지인에게 보낸 편지에 "이보다 더 기괴한 화석은 앞으로도 나타나지 않을 것"이라고 썼다.[19] 퀴비에는 영국을 방문했을 때 옥스퍼드에 들렀는데, 거기서 버클랜드가 또 하나의 놀라운 화석을 보여주었다. 그것은 커다란 턱뼈였는데, 언월도처럼 휘어진 이빨 하나가 튀어나와 있었다. 퀴비에는 이 동물 역시 도마뱀의 일종이라고 판단했다. 수십 년 후, 공룡의 한 종류임이 밝혀지게 될 턱뼈였다.

　층서학(層序學)(지층과 그 안의 화석을 다루는 학문.-옮긴이) 연구는 아직 초기 단계에 있었지만 시기에 따라 서로 다른 암석층이 형성된다는 사실은 이미 알려져 있었다. 플레시오사우루스와 익티오사우루스, 아직 이름이 정해지지 않은 버클랜드의 공룡은 모두 중생대—

당시에는 제2기라고 불렸다—의 석회암 퇴적층에서 발견되었다. 프테로닥틸루스와 마스트리히트 동물도 마찬가지였다. 이 사실은 퀴비에를 또 다른 통찰로 이끌었다. 그것은 생명의 역사에 일정한 방향성이 있다는 것이었다. 마스토돈이나 동굴곰처럼 지표면 가까이에서 유해를 발견할 수 있는 종은 그 종 자체는 멸종되었더라도 현생 생물 중 같은 목에 속한 동물이 존재한다. 그보다 깊은 지층에서는 몽마르트르 동물처럼 지금 확실히 그 후예라고 볼 만한 동물을 찾아볼 수 없는 종이 나타난다. 계속해서 더 깊이 파들어 가면 화석에서 포유류가 완전히 사라진다. 그리하여 결국 그저 우리 이전의 세계가 아니라 그보다 더 앞선, 거대 파충류가 지배하는 세계에 도달하게 된다.

✛

생명의 역사가 길고 변화무쌍하며, 지금은 존재하지 않는 환상 속의 동물로 가득한 때가 있었다는 퀴비에의 주장을 들으면 그가 당연히 진화론자일 것이라고 생각하기 쉽다. 그러나 퀴비에는 진화라는 개념—당시 파리에서는 생물 변이설transformisme이라고 불렸다—에 반대했을 뿐만 아니라 그 이론을 발전시킨 동료들을 깔아뭉개려고 했고 그 시도는 대개 성공적이었다. 공교롭게도, 그가 진화를 공중 부양만큼이나 가당찮은 아이디어라고 생각한 근거는 그가 멸종을 발견하게 만든 바로 그 논리에 있었다.

퀴비에는 스스로 자주 밝혔듯이 해부학을 믿었다. 해부학은 매머드와 코끼리의 뼈를 구별할 수 있게 해주었고, 다른 사람들이 다 인간이라고 하던 뼈가 도룡뇽의 것임을 알아볼 수 있었던 것도 해부학 덕분이었다. 퀴비에가 보기에 해부학의 핵심에는 "부분들의 상호 연관성"이라는 개념이 있었다. 이것은 한 동물을 이루는 모든 구성 요소가 서로 잘 어울리고 특정 생존 방식에 최적화되어 있다는 것을 의미했다. 예를 들어, 육식 동물에게는 고기를 소화시키기에 알맞은 위장이 있을 것이고, 그와 동시에 "먹잇감을 삼키기 좋은 턱, 잡아 찢기 좋은 발톱, 살점을 자르고 쪼개기 좋은 이빨, 쫓아가서 잡기 좋은 운동 기관, 멀리서부터 먹잇감을 감지하는 감각 기관" 등 다른 모든 부분이 그에 상응하는 기능을 할 것이다.[20]

반면, 발굽이 있는 동물은 초식 동물일 수밖에 없다. "먹잇감을 붙잡을 도구가 없기 때문"이다. 초식 동물은 "씨앗이나 풀을 갈기 좋은 평평한 치아 윗면"과 수평으로 움직일 수 있는 턱을 지닐 것이다. 부분들 중 어느 하나라도 변화하면, 전체의 기능적 완전성이 파괴된다. 예컨대, 부모와 다른 이빨이나 감각 기관을 갖고 태어난 새끼는 생존할 수 없다. 하물며 부모와 완전히 다른 종류의 자손이 태어나 생존한다는 것은 있을 수 없는 일이다.

퀴비에 시대의 가장 저명한 생물 변이설 지지자는 자연사박물관에서 퀴비에의 선임으로 함께 일했던 장바티스트 라마르크였다. 라마르크는 생명체들을 점점 복잡하게 만드는 "생명의 힘"이라는 것이 존재한다고 주장했다. 동식물들은 종종 이와 동시에 변화하는 환경에도 대처해야 한다. 그 대처 방법은 습성을 바꾸는 것인데, 이렇게 형성된 새로운 습성은 물리적인 변형을 일으키고, 이 변형은 자손에게 유전된다는 것이 라마르크의 설명이었다. 예를 들어, 호수에서 먹이를 찾는 새들은 물을 찰 때 발가락을 벌리게 되는데, 그러다 보니 결국 물갈퀴가 발달하여 오리가 되었다는 것이다. 지하로 들어간 두더지는 시각을 사용하지 않게 되었고 세대가 거듭될수록 시력은 점점 나빠지고 눈의 크기도 작아졌다. 라마르크는 멸종이라는 퀴비에의 아이디어에 단호하게 반대하는 입장이었다. 그로서는 어떤 종을 완전히 없애버리는 요인이 있다고 상상할 수 없었다. (흥미롭게도 라마르크는 단 하나의 예외를 인정했는데, 그것은 바로 인류였다. 그는 인간이라면 크고 번식이 느린 특정 동물을 몰살하는 일이 가능할 것이라고 보았다.) 퀴비에가 "사라진 종espèces perdues"이라고 해석한 사례를 라마르크는 완전히 변형된 동물일 뿐이라고 보았다.

퀴비에에게는 동물이 편의대로 몸을 변화시킬 수 있다는 생각이 터무니없게 들렸다. 그는 라마르크의 주장을 이렇게 비꼬았다. "오리가 다이빙을 하면 강꼬치고기(호수나 강에 사는 대형 물고기.-옮긴이)가 되고, 강꼬치고기가 육지로 올라오면 오리가 되었답니다.[21] 발을 적시지 않으려고 애쓰며 물가에서 먹이를 찾던 암탉은 다리가 점점 길어져서 왜가리나 황새가 되었고요." 그는 이집트의 미라에서 생물 변이설을 반박할 결정적인―적어도 퀴비에 자신은 그렇게 생각했다―증거를 발견했다.

나폴레옹이 이집트를 침공했을 때 프랑스군은 여느 때처럼 관심이 가는 것이라면 무엇이든 탈취했다. 파리로 가져온 전리품 상자에는 고양이 미라도 한 구 있었다.[22] 퀴비에는 그 미라에서 변형의 징후를 찾아보려고 했지만 찾아내지 못했다. 해부학적으로 말하자면, 고대 이집트 고양이와 파리 길고양이 사이에는 구별되는 점이 없었다. 퀴비에가 보기에 이것은 어떤 종이 가진 특성들이 고정되어 있다는 증거였다. 라마르크는 이집트 고양이가 미라가 된 후경과한 수천 년이라는 시간이 태초로부터의 영겁의 시간에 비하면 "한없이 짧은 기간"이라며 반박했다.[23]

퀴비에는 "펜대 하나로 수천 세기라는 시간을 만들어내고 그 말한 마디로 많은 것을 설명하려는 박물학자들이 있다"며 일축했다.[24] 퀴비에는 훗날 라마르크에 대한 추도사를 요청받았을 때 고인을 칭송하기는커녕 매장하는 글을 남기기까지 했다. 퀴비에가 보기에 라마르크는 몽상가였다. 그는 라마르크의 이론이 "옛이야기에 나오는 마법에 걸린 궁전"처럼 "상상으로 만든 기초" 위에 세워졌으므로, "시인의 상상력을 즐겁게 해줄 수는 있을지언정 (…) 손이나 내장, 아니 깃털 하나라도 해부해 본 사람이 검증한다면 한순간에 무너져 내릴 것"이라고 격하했다.[25]

생물 변이설을 기각하면서 구멍이 생겼다. 퀴비에는 새로운 종이 어떻게 출현하는지, 어떻게 해서 시대에 따라 다른 동물 종들이 이 세상을 채우게 되었는지를 설명하지 못했다. 그러나 그는 개의치 않았다. 그의 최대 관심사는 종의 기원이 아니라 종의 소멸이었다.

✦

퀴비에는 이 주제를 처음 다루었을 때부터 멸종의 정확한 메커니즘까지는 아니더라도 그 이면의 동력이 무엇인지 알고 있는 듯했다. "현재 존재하거나 화석에 남아 있는 코끼리 종들"에 관한 강연에서 그는 마스토돈, 매머드, 메가테리움이 "어떤 재앙에 의해" 몰살됐다고 주장했다. 퀴비에는 "이 질문들이 열어 놓는 드넓은 추측의 장을 헤맬 필요는 없습니다"라며 그 재앙의 정체에 대한 구체적인 추측을 주저하면서도 단 하나의 재앙으로 그 모든 일이 야기되었다는 점을 암시했다.

퀴비에는 절멸종의 목록이 늘어나면서 이 입장을 바꾸었다. 다음의 서술에서 볼 수 있듯이, 여러 번의 대격변이 있었다고 판단한 것이다. "지구에 사는 생명체들은 종종 끔찍한 사건으로 혼란에 빠진다. (…) 수많은 생명체들이 그러한 재앙에 희생되었다."[26]

생물 변이설에 반대하는 입장이 그랬던 것처럼 대격변 이론도 해부학에 대한 퀴비에의 확신에 부합하는 주장이었으며, 사실 해부학에서 나온 이론이라고 말할 수도 있을 것이다. 동물은 기능적으로 환경에 최적화된 존재이므로 정상적인 상황에서라면 멸종할 이유가 없다. 화산 폭발이나 산불처럼 당대에 생각할 수 있는 가장 파괴적인 사건조차도 멸종을 설명하기에는 불충분했다. 그런 사건이 일어나도 동물들은 단지 서식지만 옮김으로써 살아남았다.[27] 따라서 멸종이 일어나려면 훨씬 더 큰 변화, 동물들이 대처하지 못할 만큼 큰 변화가 일어났어야 한다. 퀴비에를 비롯하여 그 어떤 박물학자도 그런 극단적인 변화를 본 적이 없다는 사실은 자연의 가변성을 보여주는 또 다른 증거였다. 과거의 자연은 현재의 자연과는 다르게, 훨씬 더 격렬하고 잔인하게 작동했던 것이다.

퀴비에는 이렇게 썼다. "자연의 작동 원리를 잇는 실이 끊어졌다. 자연은 궤도를 변경했으므로, 지금 자연의 힘을 행사하는 어떤 행위자도 과거에 자연이 했던 일을 다시 할 수는 없다." 퀴비에는 몇 해에 걸쳐 파리 주변의 암반 성상을 연구했는데―한 친구와 함께 한 이 작업의 결과물로 나온 것이 최초의 파리 분지의 층서도(層序圖)stratigraphic map였다―여기서도 대격변의 징후를 볼 수 있었다. 암석에서 그 지역이 물에 잠겨 있었음을 보여주는 여러 특징이 나타났던 것이다. 한 환경에서 다른 환경으로―바다에서 육지로, 또는 바다에서 강으로―의 변화는 "결코 오랜 기간 천천히 이루어진 것이 아니었"으며, 갑자기 "지표면의 혁명"이 일어난 것으로 보였다. 어떤 혁명은 그 흔적이 여전히 여기저기에 남아 있는 것으로 보아 상당히 최근에 일어났음을 알 수 있었다. 퀴비에는 역사 시대 바로 직전에 가장 최근의 혁명이 일어났다고 보았다. 구약성서를 포함하며 고대의 여러 신화와 문헌이 현재의 질서가 만들어지기 전에 대홍수 같은 위기가 있었음을 암시하고 있었기 때문이다.

주기적인 대격변으로 전 지구적인 위기가 일어났다는 퀴비에의 아이디어는 멸종의 발견 못지않은 영향력을 나타냈다. 이 주제에 관한 그의 주요 논문은 1812년 프랑스에서 발표되자마자 영어로 번역되어 미국에서도 출판되었으며 독일어, 스웨덴어, 이탈리아어, 러시아어, 체코어로도 번역되었다. 그러나 번역 과정에서 많은 부분이 누락되거나 잘못 해석되었다. 일례로, 퀴비에의 논문은 명백히 세속적이었다. 성경을 인용하기는 했지만, 힌두교 경전인 베다나 중국의 유교 경전인 《서경》과 함께 여러 오래된 (전적으로 믿을 수 없는) 문헌 중 하나로 다루었을 뿐이다. 이런 식의 에큐메니칼리즘ecumenicalism(원 뜻은 세계교회주의. 여기서는 종교 초월적 관점을 뜻한다.-옮긴이)이 옥스퍼드 대학교 등의 교수진을 구성하고 있던 성공회 성직자들에게 받아들여질 리 만무했고, 이 때문에 영어로 번역되었을 때 버클랜드 등은 노아의 홍수에 대한 증거를 제시하는 대목으로 해석했다.

퀴비에 이론의 경험적 근거는 그 후 대부분 논박되었다. 그로 하여금 역사 시대 직전에 "혁명"이 있었다고 확신하게 만든—영국인들은 대홍수의 증거라고 해석한—물리적 증거는 사실 마지막 빙하기의 잔해였다. 파리 분지의 지층 구조는 갑작스러운 물의 "침입"이 아니라 해수면의 점진적 변화와 판 구조plate tectonics의 영향에 의한 것이다. 이제 우리는 이 모든 점에서 퀴비에가 틀렸음을 안다.

그러나 이와 동시에 가장 무모하게 들렸던 퀴비에의 주장 중 몇 가지는 놀라울 정도로 정확했던 것으로 밝혀졌다. 지구상의 생명체들은 실제로 "끔찍한 사건들" 때문에 혼란에 빠지고, "수많은 생명체들"이 그 희생양이 되었다. 그런 사건들을 현재 작동하고 있는 힘, 퀴비에가 말한 "행위자"로 설명한다는 것은 불가능하다. 자연은 때때로 "궤도를 변경"하며, 그 순간 "작동 원리를 잇는 실"이 끊어진 듯한 일이 벌어진다.

또한 아메리카마스토돈에 관한 퀴비에의 설명은 불가사의할 정도로 정확했다. 그는 이 동물이 5000~6000년 전에 멸종했으며, 매머드, 메가테리움도 그 "혁명"에 의해 동시에 몰살됐다고 주장했다. 실제로 아메리카마스토돈은 약 1만 3000년 전에 사라졌고, 그것은 거대 동물megafauna 멸종이라는 사건의 한 부분이었다. 그 시기는 현생 인류가 확산한 시점과 일치하며, 그 결과로 멸종이 일어났으리라는 해석에 점점 힘이 실리고 있다. 그런 의미에서, 퀴비에가 역사 시대 직전에 일어났다고 본 위기는 바로 우리, 인간이었다.

CHAPTER 3

원조 펭귄

큰바다쇠오리
(핑귀누스 임펜니스*Pinguinus impennis*)

격변설자catastrophist라는 단어는 1832년, 런던지질학회 초대 회장 중 한 명이었던 윌리엄 휴얼— '양극anode', '음극cathode', '이온ion', '과학자scientist' 등의 단어도 그의 유산이다—에 의해 만들어졌다. 이 용어가 나중에는 경멸적인 함의를 갖게 되고 그런 뉘앙스가 진드기처럼 들러붙어 버렸지만, 휴얼의 의도는 아니었다. 그는 처음 그 용어를 제안할 때 자신이 "격변설자"라고 생각하며, 자신이 아는 과학자가 거의 다 격변설자라는 점을 분명히 밝혔다.[1] 그는 자신이 아는 과학자 중에서 이 칭호가 어울리지 않는 사람이 단 한 명, 떠오르는 젊은 지질학자 찰스 라이엘밖에 없다고 보았다. 휴얼은 라이엘을 지칭하기 위해 '동일 과정설자uniformitarian'라는 새로운 용어도 만들었다.

라이엘은 영국 남부, 제인 오스틴의 소설에 나올 법한 환경에서 성장했다.[2] 그는 옥스퍼드 대학교에 들어가 변호사가 되기 위해 공부했으나 좋지 않은 시력 때문에 법조인이 되기 힘들어 자연 과학으로 전향했다. 라이엘은 젊은 시절 유럽을 몇 차례 여행하면서 퀴비에와 친해져 그의 집에서 자주 저녁을 함께 먹었다. 퀴비에는 라이엘이 몇 가지 유명한 화석의 주형을 떠서 영국에 가져갈 수 있게 해줄 만큼 "매우 친절한 사람"이었지만 지구의 역사를 바라보는 그의 관점만큼은 라이엘에게 전혀 설득력이 없어 보였다.[3]

라이엘은 영국 시골의 암석 노두, 파리 분지 지층, 나폴리 인근 화산섬에서 대격변의 증거를 찾지 못했다. 시력 탓만은 아니었던 것 같다. 사실 그는 과거에 지금과 다른 이유, 다른 속도로 세계에 변화가 일어났다고 상상하는 것이 비과학적(그의 표현대로라면 "비철학적")이라고 생각했기 때문이다. 라이엘에 따르면, 지형의 모든 특징은 퇴적, 침식, 화산 활동처럼 기나긴 세월에 걸쳐 일어나며 지금도 쉽게 관찰 가능한 점진적 과정의 산물이다. 그 후 지질학도들은 라이엘의 주장을 "현재가 과거의 열쇠다"라는 명제로 요약했다.

라이엘이 보기에는 멸종 역시 매우 느린 속도로 일어나는 현상이므로, 특정 시기, 특정 장소에서 감지되지 않는 것은 놀랄 일이 아니다. 여러 지점에서 대량으로 종들이 사라졌음을 보여주는 화석이 라이엘에게는 오히려 그 기록을 신뢰할 수 없음을 나타내는 증거였다. 생명의 역사에 파충류에서 포유류로 향하는 하나의 방향성이 있다는 해석도 부적절한 데이터에 기인하는 잘못된 추론이라는 것이다. 모든 생물 종은 모든 시대에 존재했으며 영원히 사라진 것으로 보이는 종도 적절한 상황이 되면 다시 나타날 수 있다고 보는 라이엘의 관점에서는 "거대한 이구아노돈이 숲에서, 익티오사우루스가 바다에서 다시 나타나고, 프테로닥틸루스가 그늘진 나무고사리 숲 사이를 날아다니는 날이 올 수 있다."[4] 그는 "동식물 세계의 연속적인 발전 과정에 관한 이론이 널리 받아들여지고 있지만, 여기에는 아무런 지질학적 근거가 없다"라고 주장했다.[5]

라이엘은 자신의 학설을 세 권짜리 두꺼운 책으로 펴냈다. 그 제목은《지질학 원리: 현재 작동하는 원인에 의거하여 과거의 지표면 변화를 설명하려는 한 시도Principles of Geology: Being an Attempt to Explain the Former Changes of the Earth's Surface by Reference to Causes Now in Operation》였다. 이 책은 일반인 독자를 대상으로 쓰였으며, 열광적인 반응을 이끌었다. 1쇄 4500부가 순식간에 다 팔렸고, 추가 주문량도 9000부에 달했다. (라이엘은 약혼녀에게 보낸 편지에서 이전까지 가장 많이 팔린 영국 지질학자의 책보다 "최소한 열 배"가 팔린 것이라고 자랑했다.[6]) 라이엘은 당대의 스티븐 핑커(캐나다의 심리학자로《우리 본성의 선한 천사》등을 쓴 베스트셀러 대중 과학서 저술가.-옮긴이)라고 할 만한 유명 인사가 되었으며, 보스턴에서 열린 그의 강연에는 4000명이 넘는 사람들이 몰려왔다.[7]

라이엘은 논지를 선명하게 전달하기 위해 (그리고 아마도 잘 읽히게 하기 위해) 그와 반대되는 주장을 희화화하고 실제보다 더 "비철학적"으로 보이게 만들었다. 상대편도 가만히 있지 않았다. 그림 솜씨

Man found only in a fossil state ——— Reappearance of Ichthyosauri!
"A change came o'er the spirit of my dream". Byron

A Lecture.— "You will at once perceive, continued Professor Ichthyosaurus,"that the skull before us belonged to some of the lower order of animals the teeth are very insignificant the power of the jaws trifling, and altogether it seems wonderful how the creature could have procured food".

헨리 드 라 베쉬가 풍자한 라이엘의 강연.

가 좋았던 영국 지질학자 헨리 드 라 베쉬는 라이엘이 주장하는 영원 회귀를 만평으로 풍자했다.[8] 그림 속의 라이엘은 두꺼운 안경을 쓴 익티오사우루스의 모습을 하고 인간의 두개골을 가리키며 강의하고 있고, 수강생은 거대 파충류들이었다.

익티오사우루스 교수는 제자들에게 이렇게 말한다. "이 두개골을 보면 하등 동물의 것이라는 점을 바로 알 수 있을 것입니다. 이빨은 있으나 마나 하고 턱의 힘도 보잘것없어서 이 생물이 어떻게 먹고 살았는지 놀라울 정도입니다." 드 라 베쉬가 붙인 이 그림의 제목은 "끔찍한 변화"였다.

✦

찰스 다윈도 《지질학 원리》에 열광한 독자 중 한 명이었다. 케임브리지 대학교를 갓 졸업한 22세 청년이었던 다윈은 로버트 피츠로이 함장의 '말벗' 자격으로 왕립 해군 군함인 비글호에 탑승했다. 이 배는 해안을 조사하고 항해를 방해하는 각종 해도(海圖) 오류를 바로잡기 위해 남미로 향했다. (당시는 영국이 포클랜드 제도를 점령한 지 얼마 안 되는 때였으므로, 해군은 포클랜드 제도에 접근하는 최적 항로를 찾는 데 특히 관심이 있었다.) 비글호는 플리머스를 출항해 몬테비데오, 마젤란 해협을 통과하여 갈라파고스 제도로 향했고, 남태평양을 건너 타히티섬, 뉴질랜드, 호주, 태즈메이니아, 또다시 인도양을 건너 모리셔스 제도를 거쳤으며, 희망봉을 둘러 다시 남미로 돌아왔다. 이 항해는 다윈이 27세가 되어서야 끝났다. 사람들은 대개 다윈이 이 항해

동안 초대형 거북, 바다 도마뱀, 상상할 수 있는 모든 모양과 크기의 부리를 지닌 핀치새를 보면서 자연 선택을 발견했다고 알고 있다. 그러나 사실 다윈이 자연 선택론을 발전시킨 것은 영국으로 돌아와서 다른 박물학자들이 그가 뒤죽박죽인 상태로 가지고 온 표본을 정리해준 이후였다.[9]

더 정확하게 말하자면, 비글호 항해에서 다윈이 발견한 것은 자연 선택이 아니라 라이엘이었다. 비글호 출항 직전, 피츠로이는 다윈에게 《지질학 원리》 1권을 선물했다. 그는 항해의 첫 번째 구간에서 (이후에도 여러 번 그랬듯) 심한 뱃멀미로 고생했지만, 배가 남쪽을 향하면서부터는 책에 집중할 수 있었다. 비글호가 첫 번째 기항지인 케이프베르데 제도 생자고섬—현재의 산티아고섬—에 도착하자 다윈은 새로 얻은 지식을 활용하고자 하는 열망으로 절벽에서 화석을 수집하며 몇 날 며칠을 보냈다. 라이엘의 핵심 주장 중 하나는 지구상에 점차 융기하고 있는 지역과 점차 침강하고 있는 지역이 있다는 것이었다. (라이엘은 더 나아가 이 현상이 언제나 균형을 이루며, 이 때문에 "육지와 바다의 일반적인 관계가 동일하게 유지된다"라고 주장했다.[10]) 생자고섬은 이를 입증하는 것 같았다. 생자고는 분명 화산으로 인해 생긴 섬이었는데, 어두운 색의 절벽 중간에서 흰 석회암 띠가 발견되는 등 몇 가지 의아한 점이 있었다. 다윈은 의문을 해소할 유일한 방법을 땅의 융기에서 찾았다. 다윈은 훗날 이 첫 번째 체류지에서의 "지질학적 조사를 통해 라이엘의 무한한 우월성을 확신하게 되었다"라고 회상한다. 이처럼 《지질학 원리》 1권에 매혹된

다윈은 2권을 주문해 몬테비데오에서 받았고, 포클랜드를 지날 즈음에는 이후에 출간된 3권도 받아볼 수 있었다.[11]

비글호가 남미 서쪽 해안을 따라 항해하는 몇 달 동안 다윈은 칠레를 탐험했다. 어느 날 오후, 그가 발디비아 인근에서 하이킹을 하다 쉬고 있을 때 발밑의 땅이 젤리처럼 흔들거리기 시작했다. 다윈은 당시의 느낌을 이렇게 기록했다. "단 1초 만에 낯선 불안감이 들었다. 그것은 오랜 성찰에 의해 갖게 되는 불안감과는 전혀 다른 느낌이었다." 지진이 일어난 지 며칠 후 도착한 콘셉시온이라는 도시는 완전히 폐허가 되어 있었다. 다윈에 따르면 "거주할 수 있는 집이 단연코 한 채도 남아 있지 않았다." 그 장면은 지금껏 그가 본 "가장 끔찍하면서도 흥미로운 광경"이었다. 피츠로이의 콘셉시온 항구 주변 측량 결과는 이 지진으로 해안의 땅이 2.5m 가까이 솟았음을 보여주었다. 이번에도 라이엘의 《지질학 원리》가 멋지게 증명된 것으로 보였다. 충분한 시간만 주어진다면 지진이 반복되면서 수천 미터 높이의 산맥 전체를 들어 올릴 수도 있다는 것이 라이엘의 주장이었다.

다윈의 탐험이 계속될수록 세상은 점점 더 라이엘의 이론에 딱 맞아떨어져 보였다. 발파라이소 항구 근처에서는 해수면보다 훨씬 높은 지대에서 바다에 사는 조개껍데기 퇴적물이 발견되었다. 다윈은 이것을 콘셉시온에서 목격한 것과 같은 융기가 셀 수 없이 반복된 결과라고 보았다. 다윈은 《지질학 원리》의 위대한 덕목은 독자의 사고방식 자체를 완전히 바꾸어놓는다는 점"이라고 칭송했다.

(다윈은 칠레에 머무는 동안 상당히 독특한 신종 개구리도 한 가지를 발견했다. 이 개구리는 이후 칠레다윈개구리라는 이름으로 불리게 된다. 이 종의 수컷은 울음주머니에 올챙이를 품고 다닌다. 최근에는 이 개구리가 목격된 바 없어 멸종한 것으로 추정되고 있다.[12])

비글호의 항해가 끝나갈 때쯤 다윈은 산호초와 마주친다. 산호초는 다윈에게 최초의 큰 성과를 가져다주었고, 그 놀라운 아이디어 덕분에 런던 과학계 입성이 수월했다. 다윈은 산호초 이해의 열쇠가 생물학과 지질학의 접점에 있다고 보았다. 산호초가 서서히 침강하는 섬 주위 또는 대륙 가장자리에 형성되면, 산호는 점차 위로 자라면서 해수면에 대한 상대적인 위치를 유지한다. 점점 육지가 가라앉으면 보초(堡礁)barrier reef가 형성되며, 만일 육지가 완전히 가라앉으면 환초(環礁)atoll가 만들어진다.

다윈의 설명은 라이엘을 넘어섰을 뿐 아니라 산호초가 물에 잠긴 화산 가장자리에서 자라난다고 보았던 라이엘의 가설을 반박했다. 그러나 근본적으로 라이엘의 이론과 같은 노선을 따랐던 다윈은 영국으로 돌아오자마자 라이엘을 찾아가 자신의 아이디어를 제시했고, 라이엘도 기뻐했다.[13] 과학사가 마틴 러드윅에 따르면 라이엘도 "다윈이 자신을 능가했음을 알았다."[14]

한 전기 작가는 라이엘이 다윈에게 미친 영향을 이렇게 요약했다. "라이엘이 없었다면 다윈도 없었다."[15] 다윈 자신도 비글호 항해의 기록과 산호초에 관한 연구를 출판한 후, "나는 늘 내 책들의 절반은 라이엘의 머리에서 나왔다고 생각하고 있다"라고 언급한 바 있다.

✦

이 세상의 모든 장소에서 늘 변화가 일어나고 있다고 보았던 라이엘이지만 생명에 관해서는 선을 그었다. 한 종의 식물이나 동물이 시간이 흐름에 따라 새로운 종을 낳을 수 있다는 것은 상상할수 없었던 그는《지질학 원리》2권 대부분을 이 아이디어를 공격하는 데 할애했으며 반론의 증거로 퀴비에의 고양이 미라 실험도 인용했다.

생물 변이설에 대한 라이엘의 강경한 반대는 퀴비에의 반대만큼이나 의아했다. 라이엘은 화석에서 새로운 종이 빈번하게 출현한다는 사실을 알았지만 어떻게 해서 없던 종이 생기는지에 대해서는 거의 다룬 적이 없고, 다만 "한 쌍 혹은 (하나로도 번식이 가능하다면) 하나의 개체로부터 시작되어 점차 증식, 확산되었을 것"이라고만 언급했다.[16] 이것은 마치 신 또는 적어도 초자연적인 힘의 개입을 말하는 듯했고, 그렇다면 명백히 그가 말한 지질학의 원리에 위배되는 것이었다. 후대의 어느 학자는 라이엘이 말한 대로 새로운 종이 탄생하려면 그가 그렇게도 거부했던 "바로 그 기적"이 필요해 보인다는 논평을 남기기도 했다.[17]

다윈은 자연 선택에 관한 이론으로 또 한 번 라이엘을 뛰어넘는다. 다윈은 삼각주, 계곡, 산맥 같은 무생물계의 여러 현상이 점진적인 변화의 산물이듯이, 생물계도 그와 비슷하게 지속적 변화를 겪는다는 사실을 인식했다. 익티오사우루스와 플레시오사우루스, 조류와 어류, 가장 문제인 인간에 이르기까지, 이 모두는 셀 수 없이 많은 세대에 걸쳐 일어난 변형의 결과로 이 세상에 등장했다. 다윈에 따르면 이러한 변형은 지금도 알아차릴 수 없을 만큼 느린 속도로 진행 중이다. 지질학에서처럼 생물학에서도 현재는 과거를 여는 열쇠였다. 다음은 《종의 기원》에서 가장 자주 인용되는 문구 중 하나다.

> 자연 선택은 매일 그리고 매 시간 전 세계 구석구석의 모든 변이들을, 심지어 아주 미세한 것이라 하더라도 세심히 살피면서 나쁜 것은 버리고 좋은 것은 보존하고 있다고 할 수 있다. 그것은 어디건 어느 때건 기회만 주어지면, 소리 없이 눈에 띄지 않을 정도로 서서히 (⋯) 개량하는 일에 힘쓰고 있다.[18]

자연 선택이 작동하는 한, 종의 창조를 위해 그 어떤 종류의 기적도 필요하지 않다. "모든 변이들을, 심지어 아주 미세한 것이라 하더라도" 축적할 충분한 시간만 주어진다면, 기존의 종에서 새로운 종이 출현할 수 있다. 이번에는 라이엘이 후학의 성과에 지난번처럼 금방 박수를 보낼 수 없었다. 그는 "변화를 동반한 계승descent with modification"(다윈이 《종의 기원》 초판에서 '진화'라는 용어 대신 사용한 표현.-옮긴이)이라는 다윈의 이론을 마지못해 받아들였으며, 이러한 라이엘의 태도로 인해 결국 둘 사이의 우정에도 금이 간 것으로 보인다.

종의 기원에 관한 다윈의 이론은 종의 소멸에 관한 이론이기도 했다. 다윈에게 멸종과 진화는 생명이라는 직물의 날실과 씨실, 혹은 동전의 양면이었다. "새로운 형태의 출현과 낡은 형태의 소멸은 한데 엮여 있다."[19] 더 적합한 형태를 취하고 덜 적합한 것을 제거하는 "생존 투쟁"이 두 현상 모두의 추진 동력이다.

> 자연 선택 이론은 결국 새로운 종이 될 모든 새로운 변종들이, 그것과 경쟁하는 다른 것들보다 약간의 이점을 가지는 것에 의해 탄생하고 유지된다는 믿음을 바탕으로 한다. 그 결과로 인해 일어나는 덜 유리한 형태들의 멸절은 거의 불가피하게 뒤따르는 현상이다.[20]

다윈은 이 현상을 가축에 비유했다. 더 튼튼하고 번식력이 좋은 품종이 도입되면, 그것이 기존의 품종을 빠르게 대체하기 마련이다. 예를 들어, 요크셔에서 "예전에 살았던 검은 소가 긴 뿔을 가진 소로 인해 사라졌고" 긴 뿔을 가진 소는 "마치 무시무시한 전염병에 걸린 것처럼" 짧은 뿔을 가진 소에 의해 "몰살되었다."

다윈은 자신의 설명 방식이 지닌 단순성을 강조했다. 그가 보기에 자연 선택은 다른 어떤 요인도 필요하지 않을 정도로 강력한 힘이었다. 새로운 종을 만들어내는 기적도, 세계를 뒤집어 놓는 격변도 필요하지 않게 되었다. "종의 멸절이라는 주제는 불필요한 수수께끼에 둘러싸여 있었다"라는 다윈의 진술에는 퀴비에에 대한 암묵적인 조롱이 섞여 있었다.

다윈의 전제를 받아들인다면, 중요한 예측 한 가지가 가능해진다. 멸종이 자연 선택에 의해 이루어진 것이라면, 그리고 **오직 자연 선택에 의해서만** 이루어질 수 있는 것이라면, 두 과정은 비슷한 속도로 진행되어야 할 것이다. 혹여 속도가 다르다면, 멸종이 오히려 더 점진적으로 일어나야 앞뒤가 맞는다. 다윈 자신도 이렇게 썼다. "종이 완전히 멸절하는 과정이 그 종이 만들어지는 과정보다 일반적으로 더 느리다고 믿을 만한 이유가 있다."[21]

새로운 종의 탄생을 목격한 사람은 아무도 없으며, 다윈에 따르면 그런 일은 불가능하다. 종 분화는 너무나 오랜 기간에 걸쳐 이루어지는 과정이어서 사실상 관찰 불가능하다. 다윈은 "그 과정에서 일어나는 그토록 느린 변화를 볼 수 없다"라고 단언했다. 그렇다면 멸종은 훨씬 더 목격하기 어려워야 마땅하다. 그런데 그렇지 않았다. 실제로 다윈이 다운 하우스(다윈이 결혼 후 1842년부터 사망할 때까지 살았던 런던 교외의 주택.-옮긴이)에 몇 해 동안 은거하며 진화론을 발전시키는 사이에 유럽에서 가장 유명한 종 중 하나였던 큰바다쇠오리great auk, *Pinguinus impennis*의 마지막 개체가 사라졌다. 게다가 이 사건은 영국 조류학자들에 의해 꼼꼼히 기록되었다. 다윈의 이론이 실제와 직접적으로 충돌한 이 일에는 깊은 함의가 들어 있다.

✤

아이슬란드 자연사연구소는 레이캬비크 외곽의 언덕배기에 홀로 우뚝 서 있는 신축 건물이다. 경사진 지붕과 유리벽으로 이루어진 이 건물은 일면 대형 선박의 뱃머리처럼 보인다. 일반인이 들어올 수 없는 연구 시설로 설계되었으므로 이 연구소에서 소장하고 있는 표본을 보려면 특별 예약이 필요하다. 나 역시 예약을 하고 이곳의 소장품을 관람할 수 있었다. 그중에는 호랑이, 캥거루 박제도 있었고, 극락조 박제는 진열장 하나를 가득 채우고 있었다.

내가 이 연구소를 방문하기로 한 것은 큰바다쇠오리를 보기 위해서였다. 아이슬란드는 이 새의 마지막 서식지였다는 불명예스러운 이름을 얻었으며, 내가 보러 간 표본은 1821년 여름 이 나라 어딘가—정확한 장소는 아무도 모른다—에서 죽임을 당했다. 그 사체는 덴마크 백작 프레데리크 크리스티안 라벤에게 팔렸다. 그는 자신의 컬렉션을 위해 큰바다쇠오리를 구하러 아이슬란드에 와 있었으며, 큰바다쇠오리를 사냥하다가 물에 빠져 죽을 뻔할 만큼 열심이었다. 라벤은 이 표본을 자신의 성에 가져갔고, 계속 개인 소장품으로 남아 있다가 1971년 런던 경매에 나타났다. 아이슬란드 자연사 연구소는 국민들에게 기부를 호소했고, 사흘 만에 1만 파운드에 상응하는 기부금이 모여 큰바다쇠오리를 되찾아올 수 있었다. (내가 만난 한 사람은 당시에 열 살이었던 자신도 돼지 저금통을 깼다고 회상했다.) 아이슬란드항공은 큰바다쇠오리의 귀국을 위해 좌석 두 개를 무상 제공했다.[22] 하나는 연구소장, 다른 하나는 상자에 든 큰바다쇠오리를 위한 자리였다.

나에게 큰바다쇠오리를 보여준 사람은 이 연구소의 부소장인 그뷔드뮌뒤르 그뷔드뮌손이었다. 그는 유공충(有孔蟲)foraminifera—'외각(外殼)test'이라는 복잡한 모양의 껍데기를 형성하는 작은 해양 생물—전문가다. 새를 보러 가기 전에 들른 그의 사무실은 작은 유리관이 들어 있는 상자로 가득했다. 유리관마다 외각 표본이 담겨 있었는데, 집어들자 컵케이크 위에 뿌리는 스프링클처럼 달그락거렸다. 그뷔드뮌손은 여가 시간에 번역을 하고 있다고 했다. 몇 해 전 《종의 기원》을 처음으로 아이슬란드어로 번역한 사람이 바로 그였다. 그뷔드뮌손은 다윈 특유의 문체—그는 "문장 안에 문장이, 그 안에 또 문장이 들어 있다"고 표현했다—때문에 힘들었고 번역서가 잘 팔리지도 않았다고 했다. 판매량이 적었던 것은 아마 아이슬란드 사람들이 영어에 능통하기 때문이었을 것이다.

우리는 연구소의 수장고로 향했다. 비닐에 싸인 박제 호랑이는 금방이라도 박제 캥거루를 향해 덤벼들 것 같았다. 큰바다쇠오리는 특수 제작 아크릴 진열장 안에 홀로 서 있었다. 가짜 바위 위의 큰바다쇠오리 옆에는 가짜 알도 놓여 있었다.

그 이름에서 알 수 있듯이 큰바다쇠오리는 대형 조류다. 다 자라면 키가 80cm가 넘는다. 북반구에서 몇 안 되는 날지 못하는 새 중 하나인 큰바다쇠오리의 뭉툭한 날개는 몸집에 비해 너무 작아서 우스꽝스러울 정도다. 진열장 속의 큰바다쇠오리는 등쪽이 빛바랜 갈색 깃털로 덮여 있는데, 아마 살아 있을 때는 검은색이었을 것이다. "자외선이 문제입니다." 그뷔드뮌손이 침울한 목소리로 말했다. "깃털을 망가뜨리거든요." 가슴 쪽 깃털은 흰색이며, 양 눈 바로 밑에 흰 점이 있었다. 이 새의 가장 큰 특징인 복잡하게 홈이 파인 큰

부리는 살짝 위를 향해 있었는데, 그래서인지 어딘가 슬퍼 보였다.

그뷔드뮌손이 설명하기로, 이 박제는 레이캬비크에 전시되어 있다가 아이슬란드 정부가 연구소 건물을 다시 지으면서 이곳으로 옮겨졌다. 그 시점에 다른 기관에 이 새를 위한 장소가 마련될 예정이었으나 아이슬란드의 금융 위기를 비롯하여 여러 문제가 겹치면서 계획이 무산되었고, 그래서 결국 이 수장고 한구석의 가짜 바위 위에 자리잡게 된 것이다. 바위에는 아이슬란드어로 뭔가가 쓰여 있었고, 그뷔드뮌손이 다음과 같이 번역해 주었다. "이 새는 1821년 죽임을 당했다. 이것은 현재 볼 수 있는 몇 안 되는 큰바다쇠오리 중 하나다."

✛

큰바다쇠오리의 전성기, 다시 말해 인간이 그 보금자리를 찾아내기 전에 이 종은 노르웨이에서 뉴펀들랜드, 이탈리아, 플로리다에 이르기까지 넓게 분포했으며, 개체 수는 수백만 마리에 달했을 것으로 추정된다. 스칸디나비아에서 온 아이슬란드 최초의 정착민들이 저녁 식탁에 자주 올릴 만큼 흔했고, 큰바다쇠오리 뼈는 10세기의 가정에서 나오는 쓰레기에서 발견되었다. 나는 레이캬비크에 머무는 동안 한 박물관을 방문했다. 그 박물관은 아이슬란드에서 가장 오래된 건축물 중 하나로 여겨지는 터프하우스—단열을 위해 지붕에 잔디를 덮은 아이슬란드 전통 가옥—의 잔해 위에 지어졌다. 그곳에는 두 구의 큰바다쇠오리 뼈가 전시되어 있고, 큰바다쇠오리가 중세의 아이슬란드 사람들에게 "손쉬운 사냥감"이었다는 설명이 붙어 있다. 오래전 인간과 이 새가 마주치는 장면을 재현한 영상도 볼 수 있다. 나는 영상을 재생했다. 한 인물의 그림자가 바위로 이루어진 해변을 따라 큰바다쇠오리의 그림자에 살금살금 접근한다. 거리가 충분히 가까워지자 그 인물은 몽둥이를 꺼내어 새를 내리찍는다. 큰바다쇠오리는 울음도 아니고 신음도 아닌 소리를 내질렀다. 이 영상은 음산하지만 눈을 뗄 수 없게 만들었고, 나는 대여섯 번이나 다시 돌려 보았다. 다가가기, 후려치기, 비명. 그리고 다시 반복.

큰바다쇠오리는 펭귄만큼 많았던 것으로 추정된다. 사실 큰바다쇠오리는 '원조 펭귄'이라고 할 수 있다. 북대서양에서 이 새를 발견한 유럽 뱃사람들이 '펭귄'이라는 이름을 붙였으며, 그 어원은 확실치 않지만, 라틴어로 "뚱뚱하다"는 뜻의 핑귀스pinguis에서 온 것으로 보기도 한다. 후대의 선원들은 남반구에서 깃털 색도 비슷하고 역시 날지 못하는 새를 마주쳤을 때 그 새에 동일한 이름을 붙였고, 그로 인해 큰 혼란이 야기되기는 했지만, 큰바다쇠오리와 펭귄은 전혀 다른 종류다. (펭귄은 따로 한 과(科)로 분류되며, 큰바다쇠오리는 코뿔바다오리, 바다오리와 함께 바다쇠오리과에 속한다. 유전자 분석에 따르면 큰부리바다오리가 현존하는 새 중에서 큰바다쇠오리와 가장 가까운 종이다.[23])

펭귄처럼 큰바다쇠오리도 수영 솜씨가 뛰어났으며—이 새의 "놀라운 속력"을 목격했다는 기록도 남아 있다[24]—생애의 대부분을 바다에서 보냈다. 그러나 번식기인 5~6월이 되면 엄청난 수의 큰바다쇠오리들이 뒤뚱뒤뚱 해안으로 나와 취약성을 노출하게 된다. 캐나다에서는 한 무덤에서 100개가 넘는 큰바다쇠오리 부리가 발견되었다. 북미 원주민이 큰바다쇠오리를 사냥했다는 증거다. 구석기 시대의 유럽인들도 마찬가지였다. 덴마크, 스웨덴, 스페인, 이탈리아, 지브롤터 등 여러 유적지에서 큰바다쇠오리 뼈가 발견되었다.[25] 최초의 정착민이 아이슬란드로 건너왔을 때에는 이미 뱃사람들의 큰바다쇠오리 약탈이 상당한 정도로 진행되어 번식지 범위가 현격히 줄어든 상태였을 것이다. 그리고 대량 학살이 시작되었다.

16세기에는 뉴펀들랜드의 풍족한 대구 어장을 발견한 유럽인들의 정기적인 항해가 시작되었다. 그들은 이 항해의 도중에 파도 위로 드러나는 한 섬을 발견했다. 분홍빛이 도는 화강암이 약 20만㎡에 걸쳐 넓게 펼쳐져 있는 섬이었다. 봄이 되면 이 화강암이 새떼로 빼곡이 뒤덮였다. 가넷과 바다오리, 그리고 큰바다쇠오리였다. 뉴펀들랜드의 북동해안에서 약 65km 떨어져 있는 이 섬은 새들의 섬이나 펭귄섬이라는 이름으로 불렸으며, 현재의 이름은 펑크섬이다. 대서양을 건너는 긴 항해가 끝나감에 따라 식량이 바닥나고 신선한 고기가 귀한 시점에, 선원들은 큰바다쇠오리를 쉽게 잡을 수 있다는 사실에 눈이 번쩍 뜨였다. 1534년에 프랑스 탐험가 자크 카르티에는 새들의 섬에 사는 "거위만큼 큰 새"에 관해 다음과 같은 기록을 남기기도 했다.

이 새들은 늘 물속에 있으며, 하늘을 날 수 없다. 그 작은 날개로 (…)

다른 새들이 공중을 나는 것만큼 빠르게 물에서 이동한다. 그리고 이 새들은 놀랄 만큼 뚱뚱하다. 우리는 30분도 채 안 되어 보트 두 척을 가득 채웠다. 마치 돌을 싣는 것 같았다. 바로 신선하게 먹을 분량을 빼놓고 나머지는 소금을 뿌려 두었는데, 술통으로 대여섯 통 가득이었다.[26]

몇 년 후 영국의 한 원정대도 이 섬이 "거대한 새로 가득하다"는 기록을 남겼다. 그들은 "엄청난 수의 새"를 몰아 배에 실었고, 그 결과 "매우 맛있고 영양가 있는 고기"를 먹을 수 있었다. 1622년에 리처드 휘트번이라는 선장은 큰바다쇠오리가 "한 번에 수백 마리씩" 배에 실리는 모습을 "신이 인간에게 훌륭한 생존 수단을 선사하기 위해 이 불쌍한 피조물을 그렇게 순수하게 만들기라도 한 것 같다"라고 묘사했다.[27]

그 후 수십 년 동안 사람들은 큰바다쇠오리의 또 다른 용도를 발견했다. 한 역사가는 이렇게 썼다. "사람들은 상상할 수 있는 모든 방법으로 펑크섬의 큰바다쇠오리를 이용했다."[28] 큰바다쇠오리는 낚시 미끼, 매트리스 충전재, 연료가 되었다. 사람들은 펑크섬에 돌로 우리를 만들어—지금도 그 흔적이 남아 있다—새들을 가두어 놓았다가 필요할 때 도축했다. 보스턴호를 타고 뉴펀들랜드로 항해했던 영국 선원 에런 토머스는 다음과 같이 기록했다.

깃털이 필요하다면 이 새를 죽이느라고 애쓸 필요가 없다. 그냥 펭귄을 잡아 가장 좋은 깃털을 뽑고, 불쌍한 펭귄은 놓아주면 된다. 깃털이 반쯤 뽑히고 살점이 찢긴 펭귄은 제가 알아서 죽을 것이다.[29]

펭크섬에는 나무가 한 그루도 없어서 땔감으로 쓸 만한 것이 없다. 그로 인해 생긴 또 다른 관행을 토머스는 다음과 같이 기록했다.

들통에 펭귄 한두 마리를 넣고 불에 올린다. 그 불 자체도 순전히 운 나쁜 펭귄으로 만들어진 것이다. 이 새는 몸에 기름기가 많아서 금방 불꽃이 일어난다.

유럽인들이 처음 펭크섬에 닻을 내렸을 때 그곳에는 10만 개에 달하는 알과, 그 알을 품은 10만 쌍의 큰바다쇠오리가 있었다고 추정된다.[30] (큰바다쇠오리는 1년에 단 하나의 알을 낳았다고 전해진다. 알의 크기는 길이 12cm 정도이며, 마치 잭슨 폴록의 그림처럼 검은색과 갈색 물감을 뿌려놓은 듯한 무늬가 있었다.) 두 세기 동안의 약탈에도 살아남을 만큼 넓은 집단번식지였지만, 17세기 후반에는 이 섬의 큰바다쇠오리 개체 수가 현격히 줄어들어 있었다. 깃털은 수익성이 아주 좋은 교역 상품이었으므로 여러 무리의 사람들이 여름 내내 펭크섬에 머무르며 새들을 뜨거운 물에 넣고(깃털을 뽑기 좋은 상태로 만들기 위해 뜨거운 물에 담그는 탕침 과정을 가리킨다.-옮긴이) 깃털을 뽑았다. 1785년, 영국의 무역상이자 탐험가였던 조지 카트라이트는 "이들이 자행한 파괴는 믿을 수 없을 정도"임을 고발하고, 얼른 중단시키지 않으면 큰바다

쇠오리가 곧 "거의 남지 않게 될 것"이라고 예견했다.[31]

깃털 상인들이 이 섬의 마지막 한 마리까지 죽인 것인지, 아니면 그 학살 때문에 개체군 규모가 줄어들어 다른 위협 요인에 취약해진 것인지는—개체군 밀도가 낮아지면 남아 있는 개체의 생존률도 줄어드는 이 현상을 앨리 효과Allee effect라고 한다—불분명하다. 어쨌든, 북미의 큰바다쇠오리는 1800년에 사라진 것으로 알려져 있다. 약 30년 후, 《북미의 새The Birds of America》에 실을 그림을 작업하던 존 제임스 오듀본은 살아 있는 큰바다쇠오리를 보러 뉴펀들랜드로 갔지만 한 마리도 볼 수 없었다. 결국 그는 런던의 중개상이 아이슬란드에서 사 온 박제를 가지고 작업할 수밖에 없었다. 오듀본은 큰바다쇠오리에 대한 설명에서 이렇게 썼다. "뉴펀들랜드 연안의 퇴(堆)(대륙붕의 얕은 부분.-옮긴이)에서 이따금 우연히 볼 수 있다.[32] 섬의 바위에서 번식한다고 알려져 있다." 번식지에 "우연히" 나타나는 새라니, 기이한 모순이다.

✤

펑크섬의 새들이 소금에 절여지고 깃털을 뽑히고 튀김 요리가 되어 이 세상에서 사라지고 나니, 큰바다쇠오리의 대규모 군락지는 단 한 곳밖에 남지 않게 되었다. 그곳은 아이슬란드 레이캬네스반도에서 남서쪽으로 약 50km 떨어져 있는 게이르퓌글라스케르—큰바다쇠오리의 섬이라는 뜻—라는 섬이었다. 그런데 1830년, 큰바다쇠오리에게 불운이 닥쳤다. 화산 폭발로 이 섬이 파괴된 것이

오듀본이 그린 큰바다쇠오리.

다. 이제 이 새들에게 남은 피난처는 엘데이라는 섬뿐이었다. 게다가 큰바다쇠오리의 희소성은 또 다른 위협이 되었다. 큰바다쇠오리를 자신의 수집품 목록에 넣고 싶어 했던 라벤 백작처럼, 상류 계급 사이에서 이 새의 가죽과 알을 찾는 사람들이 더 많아진 것이다. 1844년, 엘데이섬에서 마지막 한 쌍의 큰바다쇠오리를 죽게 만든 것은 바로 그런 수집가들의 열광이었다.

　나는 아이슬란드로 출발하기 전부터 큰바다쇠오리의 마지막 저항 현장을 보러 가는 일정을 염두에 두고 있었다. 엘데이는 레이캬비크 바로 남쪽의 레이캬네스반도에서 16km밖에 떨어져 있지 않았다. 그러나 그곳에 가는 일은 생각만큼 쉽지 않았다. 아이슬란드에서 내가 만난 모든 사람이 아무도 거기에 가본 적이 없다고 말했다. 결국 아이슬란드 출신인 한 친구가 레이캬비크의 공직자인 아버지를 통해 레이캬네스반도의 산드게르디라는 작은 마을에서 자연 센터를 운영하는 레이니르 스베인손에게 연락해 주었고, 스베인손이 연결해 준 하들도르 아우르만손이라는 어부가 나를 태워주겠다고 했다. 단, 날씨가 좋아야 한다는 전제가 있었다. 만일 비가 오거나 바람이 많이 불면 너무 위험하고 뱃멀미도 심하게 날 것이므로 계획을 접어야 했다.

다행히 우리가 섬에 가기로 한 날은 날씨가 화창했다. 나는 스베인손을 만나러 자연센터로 갔다. 그곳에서는 프랑스 탐험가 장바티스트 샤르코에 관한 전시를 하고 있었다. 샤르코는 1936년 산드게르디 인근의 바다에서 그의 배가 침몰하면서 사망했는데 공교롭게도 그 배의 이름은 "푸르쿠아파Pourquoi-Pas"(왜 안 되(겠)는가?)였다. 항구로 나가니 스텔라호에 상자를 싣고 있는 아우르만손이 보였다. 상자에는 여분의 구명 뗏목이 들어 있다고 했다. 그는 어깨를 으쓱하며, "규정 때문에요"라고 덧붙였다. 낚시 파트너인 듯한 반려견과 아이스박스도 실었다. 아이스박스에는 음료수와 쿠키가 들어 있었다. 아우르만손은 모처럼 대구잡이와 관계없이 바다로 나가게 되어 즐거운 모양이었다.

스텔라호는 우리를 태우고 항구를 빠져나와 레이캬네스반도를 둘러 남쪽을 향했다. 약 100km 거리에 있는 스나이펠스예퀴들의 눈 덮인 정상도 보일 만큼 청명한 날씨였다. (스나이펠스예퀴들은 쥘 베른의 《지구 속 여행》에서 주인공이 지구 속으로 들어가는 터널을 발견한 곳이다.)

지도상의 엘데이섬은 스나이펠스예퀴들보다 훨씬 가까웠지만 아직 보이지 않았다. 스베인손은 엘데이가 '불의 섬'이라는 뜻이라고 알려주었다. 그는 평생 이 지역에 살았지만 한 번도 엘데이섬에 가보지 못했다면서 가지고 온 폼 나는 카메라로 연신 사진을 찍었다.

스베인손이 사진에 빠져 있는 동안 나는 스텔라호의 작은 선실에서 아우르만손과 담소를 나누었다. 나는 완전히 다른 아우르만손의 두 눈 색에 눈길이 갔다. 한쪽은 파란색, 다른 한쪽은 옅은 갈색이었다. 그는 보통 1만 2000개의 낚싯바늘이 달린 10km의 긴 줄을 사용하여 대구를 잡는다고 했다. 바늘에 미끼를 꿰는 일은 그의 아버지가 맡았는데, 거의 이틀이 꼬박 걸린다고 한다. 어획량이 좋을 때는 7톤이 넘게 잡힌다. 아우르만손은 선상에서 밤을 보낼 때도 많아서 배에 전자레인지와 간이침대 두 개도 갖추어져 있었다.

잠시 후 엘데이섬이 수평선상에 모습을 드러냈다. 이 섬은 마치 거대한 기둥의 기단부, 혹은 거대한 동상을 세우기 위한 받침대처럼 생겼다. 1.5km 정도로 가까워지니 멀리서 볼 때는 평평해 보였던 섬 정상이 실제로는 10°정도 경사진 땅임을 알 수 있었다. 우리는 높이가 낮은 쪽으로 접근했으므로 경사면 전체가 눈에 들어왔다. 흰 바탕에 물결무늬가 있는 것 같아 보였다. 가까이 다가가니, 그 물결무늬의 정체가 밝혀졌다. 그것은 섬 전체를 뒤덮고 있는 새들이었다. 더 가까이 가니 긴 목과 크림색 머리, 뾰족한 부리를 지닌 가넷의 우아한 자태가 보였다. 스베인손은 엘데이가 세계 최대

세계 최대의 북방가넷 군락지 중 하나인 엘데이섬.

의 북방가넷 군락지 중 하나로 약 3만 쌍이 서식한다고 설명했다. 그는 섬 꼭대기에 있는 피라미드 모양의 구조물을 가리켰다. 아이슬란드 환경청이 탐조 활동가들에게 실시간 영상을 제공할 목적으로 설치한 웹캠 플랫폼인데 계획대로 되지 않았다고 했다. "새들이 그 위로 가서 똥을 싸는 바람에요. 카메라가 새들 마음에 안 들었나 봅니다." 이 섬을 바닐라 케이크처럼 보이게 만든 것도 가넷 3만 쌍의 배설물이 만든 구아노guano(바닷새의 배설물이 축적되어 만들어진 광물질.-옮긴이)였다.

가넷의 보호를 위해, 그리고 아마도 이 섬에서 과거에 일어난 비극 때문에 이 섬에 발을 들여놓으려면 특별 허가가 요구되며 허가를 쉽게 내주지도 않는다. 처음에는 이 사실을 알고 실망했지만, 이 섬에 가까이 가서 절벽에 부딪히는 파도를 보니 다행이라는 생각이 들었다.

✦

살아 있는 큰바다쇠오리를 마지막으로 본 사람들은 노를 저어 엘데이섬에 간 10여 명의 아이슬란드인이었다. 그들은 1844년 6월 어느 날 저녁 출발해서 밤새도록 노를 저어 이튿날 아침 엘데이섬에 도착했다. 그들은 우여곡절 끝에 이 섬에서 유일하게 상륙이 가능한 지점인 낮은 바위 지대를 찾아냈고, 세 사람—원래는 네 사람이 함께 가기로 했지만, 그중 한 사람은 너무 위험하다는 이유로 막판에 마음을 바꾸었다—이 해안으로 기어 올라갔다. 당시에 이 섬에 남아 있는 큰바다쇠오리는 단 한 쌍과 단 하나의 알이 전부였던 것으로 보인다. 새들은 사람을 보고 도망치려고 했지만 걸음이 너무 느렸다. 아이슬란드인들은 몇 분도 안 되어 새들을 포획해 목을 졸랐다. 그들이 발견했을 때 알은 이미 금이 가 있었으므로—아마도 추격전을 벌이는 사이에 그렇게 되었을 것이다—내버려 두었다. 두 사람은 뛰어서 배로 올 수 있었고, 나머지 한 사람은 밧줄에 매달려 파도를 헤치며 승선해야 했다.

큰바다쇠오리의 마지막 순간과 그 새들을 죽인 세 사람의 이름—시귀르뒤르 이슬레이프손, 케틸 케틸손, 욘 브란손—이 알려진 것은 14년이 지난 1858년에 큰바다쇠오리를 찾아 아이슬란드를 여행한 두 명의 영국 박물학자에 의해서였다. 존 월리는 의사이자 알 수집 마니아였고, 앨프리드 뉴턴은 케임브리지 대학교 연구원이자 이후에 이 대학교 최초의 동물학 교수가 될 사람이었다. 이두 사람은 레이캬네스반도—현재의 아이슬란드 국제공항에서 멀지 않은 곳—에서 몇 주를 보내며 큰바다쇠오리를 본 적이 있는 사람, 심지어 이 새에 관해 들어 본 적이 있는 사람까지 모조리 만났던 것으로 보인다. 그중에는 1844년에 엘데이섬에 갔던 선원들도 포함되어 있었고, 그들로부터 그 사냥에 희생된 한 쌍의 큰바다쇠오리가 중개상에게 약 9파운드에 팔렸다는 사실을 듣게 되었다. 새의 내장이 코펜하겐 왕립박물관으로 보내졌다는 것도 들었지만, 가죽이 어떻게 되었는지는 아무도 알지 못했다. (이후 추적 끝에 암컷의 가죽은 로스앤젤레스 자연사박물관에 전시되어 있는 큰바다쇠오리 박제에 사용된 것으로 확인되었다.[33])

월리와 뉴턴은 엘데이섬에 직접 가보고 싶었으나 악천후가 그들을 가로막았다. 뉴턴은 당시를 이렇게 회고했다. "선박과 선원도 섭외했고 가져갈 물품도 준비했지만, 단 한 번의 기회도 주어지지 않았다. 그렇게 여름이 끝나가는 것을 바라만 보고 있자니 마음이 무거워졌다."[34]

아이슬란드에서 겪은 일은 뉴턴—월리는 영국으로 돌아온 지 얼마 안 되어 사망했다—의 인생을 바꾸어 놓았다. 그는 큰바다쇠오리가 사라졌다는 결론—"사실상 큰바다쇠오리는 과거의 종이 되었다고 말할 수 있다"—에 이르렀고, 이를 기점으로 (한 전기 작가의 표

큰바다쇠오리는 1년에 단 하나의
알을 낳았다.

^현에 따르면) "멸종했거나 사라져가는 동물에 대한 독특한 관심"이
생겼다.[35] 뉴턴은 영국의 긴 해안에서 번식하는 새들도 위험에 처해
있다는 사실을 알게 되었다. 스포츠라는 명목으로 이루어지는 수렵
행위에 의해 수많은 새들이 죽어가고 있었던 것이다.

뉴턴은 영국 과학진흥협회 연설에서 이렇게 말했다. "총에 맞은
새는 부모입니다. 우리는 그들의 가장 신성한 본능을 이용하여 그
앞길을 가로막고, 부모의 생명을 빼앗음으로써 힘없는 아기 새들을
아사라는 가장 비참한 죽음으로 몰아넣습니다. 이것을 잔학하다고
하지 않는다면 달리 무엇을 잔학하다고 할 수 있겠습니까?" 뉴턴은
번식기의 사냥을 금지해야 한다고 주장했고, 결국 최초의 야생 동

물 보호법인 '바닷새보호를위한법률Act for the Preservation of Sea Birds' 제정을 이루어냈다.

✦

때마침 뉴턴이 아이슬란드에서 돌아온 바로 그 즈음에 자연 선택에 관한 다윈의 첫 번째 논문이 발표되었다. 〈린네 학회보〉에 실은 그 논문은 젊은 박물학자 앨프리드 러셀 월리스가 자신과 유사한 발상을 했다는 사실을 안 다윈이 라이엘의 도움을 받아 서둘러 출판한 것이었다. (이 학회지의 같은 호에 월리스의 논문도 실렸다.) 뉴턴은 다윈의 논문이 나오자마자 입수하여 밤이 늦도록 다 읽었고 곧바로 다윈의 지지자가 되었다. 그는 훗날 이렇게 회고했다. "그것은 마치 초월적 힘이 내려주는 직접적인 계시처럼 나에게 다가왔다.[36] 그리고 이튿날 아침 '자연 선택'이라는 단 한 마디 말로 모든 수수께끼가 풀렸다는 각성과 함께 잠에서 깼다." 그가 한 친구에게 보낸 편지에서 쓴 표현을 빌리자면, 뉴턴은 "순수하고 철저한 다윈주의"에 빠졌다.[37] 몇 년 후, 뉴턴은 다윈과 서신을 교환하게 되었고—다윈이 흥미 있어 할 것이라고 생각하여 병으로 죽은 자고새의 발을 보내기도 했다—결국 서로 방문하는 사이가 되었다.

큰바다쇠오리가 두 사람의 대화에 등장했는지는 알려져 있지 않다. 현재 남아 있는 그들의 서한에는 언급된 적이 없고, 다윈의 그 어떤 저작에서도 이 새의 이름이나 그 최근의 죽음에 관한 언급을 찾아볼 수 없다.[38] 그러나 다윈은 인간이 초래한 멸종에 관해 틀림없이 알았을 것이다. 실제로 그는 갈라파고스 제도에서 정확히 멸종은 아닐지라도 그에 매우 근접한 상황을 실제로 직접 목격했다.

비글호를 탄 지 4년이 다 되어가던 1835년 가을, 다윈은 갈라파고스 제도에 도착했다. 그는 찰스섬—현재의 플로레아나섬—에서 니컬러스 로슨이라는 영국인을 만났다. 로슨은 갈라파고스 제도 총독 대행이자 작고 비참한 죄수 유배지 관리인이었다. 로슨은 유용한 정보통이었다. 다윈의 관심을 끈 정보 중 하나는 갈라파고스 제도에 서식하는 거북의 등딱지 모양이 섬마다 다르다는 사실이었다. 로슨은 "거북을 보면 그것이 어느 섬에서 온 것인지 구별할 수 있다"고 장담했다.[39] 그는 거북의 멸종이 머지않았다는 말도 했다. 갈라파고스 제도의 거대 동물을 식량으로 삼기 위해 포획해가곤 하는 포경선 때문이었다. 불과 몇 년 전에도 소형 범선 한 척이 찰스섬에 기착하여 거북 200마리를 싣고 떠났다. 다윈은 항해 일지에 "그 숫자가 현격히 줄고 있다"고 기록했다. 비글호가 찰스섬을 방문했을 때는 이미 거북이 거의 남지 않아서 다윈은 한 마리도 보지 못했던 것 같다. 로슨은 찰스섬의 거북—이후 붙여진 학명은 켈로노이디스 엘레판토푸스*Chelonoidis elephantopus*다—이 20년 안에 완전히 사라질 것이라고 예언했다. 그리고 실제로 절멸에 이른 기간은 10년도 안 되었던 것으로 보인다.[40] (켈로노이디스 엘레판토푸스를 단일 종으로 볼 것인지 아종으로 볼 것인지에 대해서는 아직 논란의 여지가 있다.)

다윈이 인간에 의한 멸종에 관해 알고 있었다는 것은《종의 기원》에서도 분명히 드러난다. 격변설자들을 경멸하는 여러 대목 중 하나에서 그는 어떤 동물이 멸종에 이르기 전에 반드시 희소해지는 단계를 거치며, "우리는 국지적으로나 전체적으로나, 인간의 개입 때문에 멸절된 동물들이 이런 과정을 겪었다는 사실을 알고 있다"라고 썼다. 짧은 언급이지만 그래서 더 시사적이다. 다윈은 이 문장에서 독자들이 그런 "사실"을 이미 알고 있고, 익숙해져 있다고 전제한다. 그 자신은 이 사실이 그다지 주목할 만하거나 문제될 것이 없다고 생각했던 것 같다. 그러나 인간에 의한 멸종은 여러 이유에서 당연히 문제가 되며 다윈 자신의 이론에도 문제를 일으키는 변수이므로, 그렇게 예리하고 스스로에게 엄격했던 그가 그 점을 알아채지 못했다는 사실은 의아할 따름이다.

《종의 기원》에서 다윈은 인간과 다른 생물을 구별하지 않았다. 그와 그의 동시대인들도 이 동등성이 다윈의 이론이 가진 가장 급진적인 측면임을 알고 있었다. 인간도 다른 종들과 똑같이 오래전에 살았던 선조의 변형된 후손이다. 언어, 지혜, 옳고 그름에 대한 판단력처럼 인간을 차별화하는 듯한 특징도 더 긴 부리나 더 날카로운 앞니 같은 다른 적응적 형질과 동일한 방식으로 진화했다. 어느 다윈 전기 작가가 말했듯이, 다윈 이론의 핵심에는 "인간의 특권적 지위에 대한 부정"이 존재한다.[41]

또한 진화에 해당되는 사실은 멸종에도 똑같이 해당된다. 다윈에 따르면 멸종은 진화의 부작용에 불과하기 때문이다. 따라서 종들의 탄생과 마찬가지로 "지금도 존재하는 원인들이 서서히 작용함으로써 탄생하고 멸절하는 것"이다. 즉 경쟁과 자연 선택의 산물이다. 다윈에게 있어서 다른 어떤 메커니즘을 소환하는 것은 현상을 신비화할 뿐이다. 그러나 큰바다쇠오리나 찰스섬의 거북, 더 나아가 도도, 스텔러바다소 같은 사례는 어떻게 설명할 수 있단 말인가? 이 동물들을 사라지게 한 것은 점진적인 진화로 경쟁 우위를 갖게 된 경쟁 종이 분명히 아니었다. 그들은 동일한 종에 의해 매우 갑작스럽게—큰바다쇠오리와 찰스섬거북은 다윈 자신이 살아 있는 동안—죽임을 당했다. 이를 설명하려면 인간이 야기하는 멸종이라는 것을 하나의 현상으로 인정하거나 자연의 질서에 격변으로 인한 공백이 있었다고 보아야 할 것이다. 전자라면 사람들에게 자연의 바깥에 존재하는 종이라는 "특별한 지위"가 부여되는 셈이고, 후자라면 곤혹스럽게도 퀴비에가 옳았던 것이다.

CHAPTER 4

암모나이트의 운명

뉴저지암모나이트
(디스코스카피테스 예르세이엔시스*Discoscaphites jerseyensis*)

로마에서 북쪽으로 160km쯤 가면 언덕배기에 세워진 구비오라는 소도시가 나온다. 이곳은 도시 전체가 화석이라고 해도 과언이 아니다. 도로가 너무 좁아 가장 작은 피아트 차량도 진입하기 힘든 길이 많고 회색 돌바닥의 광장들은 단테가 살던 시대 그대로인 것 같다. (실제로 1302년 단테의 추방을 획책한 피렌체 행정관이 바로 구비오의 세력가였다.) 나처럼 겨울에 구비오를 방문한 사람은 마치 마법에 걸려 깨어나기만을 기다리는 도시 같다고 느낄 것이다. 그 많던 관광객들이 사라지고 호텔도 문을 닫으며 그림 같은 궁전도 텅 비기 때문이다.

도시를 벗어나면 북동쪽으로 좁은 협곡이 뻗어 있다. 골라 델 보타초네라고 불리는 이 협곡의 암벽은 사선으로 줄무늬가 있는 석회암 띠로 이루어져 있다. 이 지역에 사람들이 정착하기 오래 전—정확히 말하자면, 인류가 등장하기 오래 전—구비오는 맑고 푸른 바다의 밑바닥이었다. 이곳에 비처럼 쏟아져 내린 작은 해양 생물들의 잔해는 해가 거듭되고, 세기가 거듭되고, 수만 년이 흐르는 동안 쌓이고 또 쌓였다. 이 땅이 융기하여 아펜니노산맥을 형성할 때, 석회암층이 45° 각도로 기울어져 올라왔다. 따라서 오늘날 이 협곡을 걷는다는 것은 켜켜이 쌓인 시간을 여행하는 일이다. 단 몇백 미터만 걸으면 거의 1억 년의 시간을 여행할 수 있다.

골라 델 보타초네는 많은 관광객들에게도 인기가 있지만, 이곳을 찾는 사람 중에는 더 특별한 목적을 가진 경우가 많다. 1970년대 후반, 아펜니노산맥의 기원을 연구하러 이 계곡을 찾아왔던 지질학자 월터 앨버레즈는 의도치 않게 생명의 역사를 다시 쓰게 된다. 그는 여기서 백악기를 종식시키고 지구 역사상 최악의 날을 만든 거대 소행성 충돌의 최초 흔적을 발견했다. 그 먼지가 내려앉자, 지구상의 모든 종 중 4분의 3이 절멸했다.

소행성 충돌의 증거는 협곡의 중간쯤에 있는 얇은 점토층에 있다. 인근의 샛길에 주차를 하고 차에서 내리자 작은 키오스크가 보였다. 이 지층의 의미에 관한 설명이 나왔지만, 아쉽게도 이탈리아어밖에 지원되지 않았다. 점토층은 쉽게 찾을 수 있었다. 순례자들의 키스로 닳고 닳은 로마의 성 베드로 청동상 발가락처럼, 수백 개의 손가락에 의해 움푹 패여 있었기 때문이다. 바람까지 부는 흐린

구비오의 점토층. 사탕으로 표시한 곳이 해당 지점이다.

날이어서 그랬는지, 나 혼자밖에 없었다. 나는 왜 사람들이 손가락을 가져다댔는지 궁금했다. 그저 호기심 때문이었을까? 손끝으로 지질학적 관심을 표현한 것일까? 아니면 좀 더 감성적인 이유, 이를테면 잃어버린 세계와 그렇게라도 접촉하고 싶은 욕망 때문이었을까? 나도 손을 대 보지 않을 수 없었다. 그리고 홈을 훑어서 조약돌 크기의 점토를 긁어냈다. 오래된 벽돌 같은 색에, 굳기는 마른 진흙 정도였다. 나는 그것을 오래된 사탕 포장지로 싸서 주머니에 넣었다. 지구 재앙의 한 파편이 내 수중에 들어온 것이다.

월터 앨버레즈는 긴 계보를 자랑하는 과학자 집안 출신이다. 그의 증조부와 조부는 저명한 의사였고, 아버지인 루이스 앨버레즈는 UC버클리의 물리학 교수였다. 그러나 월터를 버클리힐스로 데려가 지질학에 관심을 갖게 만든 사람은 뜻밖에도 어머니였다. 그는 프린스턴 대학교 대학원에서 지질학을 공부하고 졸업 후 석유 회사에 다녔다. (그는 무아마르 카다피가 집권한 1969년에 리비아에서 근무했다.) 몇 년 후, 그는 컬럼비아 대학교 러몬트-도허티 지구관측소의 연구직으로 자리를 옮겼다. 당시는 이른바 '판 구조론 혁명'이 지질학계를 휩쓸고 있던 때였고, 지구관측소도 예외가 아니었다.

앨버레즈는 판 구조론에 입각하여 이탈리아반도의 형성 과정을 파악해 보기로 했다. 이 프로젝트의 열쇠는 **스칼리아 로사**scaglia rossa라는 분홍색 석회암에 있었고, 이 암석을 관찰할 수 있는 지점 중 하나가 바로 골라 델 보타초네였다. 이 프로젝트는 잘 진척되는 듯하다가 도중에 걸림돌을 만나 방향을 전환해야 했다. 앨버레즈는 "과학에서는 때로 영리함보다 행운이 필요하다"라고 당시의 상황을 회고했다.[1] 그는 구비오에서 이탈리아 지질학자 이사벨라 프레몰리 실바의 도움을 받게 되었다. 실바는 유공충 전문가였다.

유공충은 탄산 칼슘 성분의 외각을 지닌 초소형 해양 생물로, 죽은 후에 그 껍데기는 해저에 가라앉는다. 외각은 생김새가 독특하며, 종마다 상이하다. 어떤 종의 외각은 (확대해보면) 벌집 모양이고, 종에 따라 땋은 머리, 비누 거품, 포도송이 모양을 띤 것도 있다. 유공충은 폭넓게 분포하고 화석이 풍부하게 발견되므로 표준 화석으로 매우 유용하다. 그 말인즉, 실바 같은 전문가가 보면 어느 종의 유공충이 발견되는가에 따라 암석층의 연대를 추정할 수 있다는 뜻이다. 앨버레즈와 함께 보타초네 협곡을 답사하던 실바는 지층 배열의 이상한 점을 지적했다. 백악기 말의 석회암층에서는 다양한 유공충이 풍부하게 발견되었고 크기도 비교적 커서 다수가 모래알만 한 크기였는데, 약 1.3cm 두께의 바로 그 위 점토층에는 유공충 화석이 전혀 없었던 것이다. 점토층 위의 석회암층에서는 다시 유공충이 많아졌지만 종의 수는 몇 가지가 안 되었고 모두 매우 작았으며, 아래의 석회암층에서 전혀 나타나지 않았던 종들이었다.

앨버레즈는 스스로의 표현대로 "엄격한 동일 과정설uniformitarianism"의 세례를 받은 세대였으므로, 라이엘이나 다윈처럼 어떤 생물 종의 소멸이란 점진적인 과정이어야 하며, 한 종이 서서히 사라진 후 그다음 종, 또 그다음 종이 순차적으로 사라지게 된다고 믿었다.[2] 그러나 구비오의 석회암층에 나타난 화석들의 배열은 그의 믿음과 달랐다. 더 밑에 있는 석회암층의 여러 유공충 종들이 거의 동시에 갑자기 자취를 감춘 것처럼 보였다. 앨버리즈는 나중에 이 모든 과정이 "매우 급작스럽게 보였다"고 회고했다. 또한 그 일이 일어난 시점에도 특이한 점이 있었다. 대형 유공충들이 사라진 시점은 지구상에서 마지막 공룡이 죽었다고 알려진 바로 그 즈음 같았다. 단순한 우연 같지 않았다. 앨버레즈는 1.3cm 두께의 점토층이 가리키는 시점을 정확히 알아내면 흥미로운 사실이 드러나리라고

유공충의 모양은 독특하고 때로는 희한하기까지 하다.

생각했다.

  1977년, 앨버레즈는 UC버클리에 부임했고, 구비오에서 채취한 화석도 캘리포니아로 가져왔다. 그의 아버지도 여전히 이 학교에 재직 중이었다. 월터가 판 구조론을 공부하고 있을 때, 아버지 루이스는 노벨상을 수상했다. 루이스 앨버레즈는 최초의 선형 양성자 가속기를 개발했고, 신형 거품 상자를 발명했으며, 혁신적인 레이더 시스템 몇 가지도 설계했다. 그는 삼중 수소의 공동 발견자이기도 했다. UC버클리에서 루이스는 "엉뚱한 아이디어맨"으로 유명했다. 그는 이집트에서 두 번째로 피라미드 안에 보물로 가득 찬 방이 있는지를 둘러싼 논쟁에 흥미를 느껴 사막에 뮤 입자 탐지기를 설치하여 검증하는 방법을 설계하기도 했다. (찾아낼 비밀의 방은 애초에 없었으므로 이 검증에서 밝혀진 것은 피라미드가 단단한 암석이라는 것뿐이었다.) 존 F. 케네디 암살 사건에 관심이 생겨서 멜론을 박스 테이프로 칭칭 감은 다음 소총으로 쏘는 실험을 한 적도 있었다. (이 실험은 케네디 대통령 피격 후 그의 고개가 총을 쏜 사람 쪽으로 젖혀진 것이 세간의 의심과 달리 과학적으로 가능한 일이며, 따라서 워런위원회의 조사 결과에 문제가 없음을 입증했다.) 이런 루이스였으므로 월터가 전해온 구비오의 미스터리에 매료되지 않을 수 없었고, 그 점토층의 형성 기간을 파악하는 데 이리듐 원소를 이용한다는 엉뚱한 아이디어를 낸 사람이 바로 루이스였다.

지구의 표층에는 이리듐이 극히 희소하지만, 운석에서는 훨씬 흔하다. 운석의 파편들은 우주먼지라는 미세한 알갱이 형태로 끊임없이 지구에 떨어진다. 루이스는 점토층이 축적되는 데 걸린 시간이 길수록 더 많은 우주먼지가 축적되어 더 많은 이리듐을 함유할 것이라고 추론했다. 그는 버클리의 동료 프랭크 아사로에게 연락했다. 아사로의 실험실이 바로 이러한 종류의 분석에 적합한 장비를 갖춘 몇 안 되는 실험실 중 하나였기 때문이다. 아사로는 표본을 분석해보기는 하겠지만 어떤 결과가 나올지 심히 의심스럽다고 했다. 월터는 점토층의 표본과 그 위아래의 석회암층 표본을 아사로에게 전달하고 분석 결과를 기다렸다. 9개월 후, 전화가 왔다. 점토층 표본에 심각한 문제가 있다는 것이었다. 이리듐 함량이 비정상적으로 높았다.[3]

아무도 이 일을 어떻게 이해해야 할지 알지 못했다. 그저 이상 현상일 뿐일까? 뭔가 더 중요한 의미가 있는 것일까? 월터는 덴마크로 날아갔다. 스테운스클린트라는 석회암 절벽에서 백악기 후기 퇴적물을 채취하기 위해서였다. 스테운스클린트가 보여주는 백악기의 종말은 칠흑 같이 검고 죽은 물고기 냄새가 나는 점토층이다. 악취를 풍기는 이곳의 표본을 분석하자, 또 다시 천문학적 수준의 이리듐 함량이 나타났다. 뉴질랜드 남섬에서 얻은 세 번째 표본에서도 정확히 백악기 말에 이리듐 함량이 치솟았다.

한 동료의 표현에 따르면, 이 소식을 들은 루이스는 "피 냄새를 맡은 상어처럼" 대발견의 기회를 감지했다.[4] 앨버레즈 부자는 여러 이론을 검토해보았지만 모두 데이터에 부합하지 않거나 추가적인 검증에서 살아남지 못했다. 그러면서 거의 1년이 지나고 막다른 길에 몰린 시점에 그들은 마침내 충돌 가설impact hypothesis에 도달했다. 6500만 년 전 어느 날, 지름 10km 크기의 소행성이 지구와 충돌했다. 충돌하는 순간 일어난 폭발은 1억 메가톤급의 TNT나 이제까지 개발된 가장 강력한 수소 폭탄 100만 기 이상의 에너지를 방출했다. 이리듐이 포함된 소행성의 잔해는 지구 전체에 퍼졌다. 낮이 밤처럼 깜깜해지고, 온도도 급격히 떨어졌다. 이것은 대량 멸종으로 이어졌다.

앨버레즈 부자는 구비오와 스테운스클린트 표본 분석 결과와 그들이 추정하고 있는 가설을 정리한 논문을 〈사이언스〉에 투고했다. 내가 월터를 만났을 때, 그는 이렇게 회상했다. "가능한 한 견고한 논문을 쓰려고 애썼던 기억이 납니다."

✚

앨버레즈 부자의 논문 "백악기-제3기 멸종의 지구 외적 원인"
은 1980년에 출판되었다. 이 논문은 고생물학의 경계를 넘어 광범
위한 학계의 큰 반향을 일으켰다. 임상 심리학에서 파충류학에 이
르기까지 여러 학문 분과의 학술지가 앨버레즈 부자의 발견을 보
고했고, 이내 〈타임〉, 〈뉴스위크〉 같은 대중 잡지에서도 소행성 충
돌설을 다루기에 이르렀다. 한 논평가는 "흥미롭기는 하지만 굼뜨
기 짝이 없는 공룡을 거대한 우주적 사건과 연결하다니, 영리한 출
판업자가 판매고를 올리려고 지어낼 만한 이야기"라고 비판했다.[5]
칼 세이건이 이끄는 한 천체 물리학자 그룹은 충돌 가설에서 영감
을 받아 핵전쟁이 초래할 결과를 모델링했고, 여기서 나온 '핵 겨울
nuclear winter' 개념이 다시 매체의 뜨거운 주목을 받게 된다.

그러나 고생물학자들 사이에서 앨버레즈 부자의 아이디어는 힐
난의 대상이었다. 한 고생물학자는 《뉴욕타임스》와의 인터뷰에서
"대량 멸종으로 보이는 현상은 분류학적 몰이해와 통계의 산물"이
라고 논박했다.

다른 고생물학자는 "그 사람들의 오만함은 믿어지지 않을 정도"
라며 비난을 쏟아냈다. "그들은 실제로 동물들이 어떻게 진화하고
살아가고 멸종에 이르는지에 관해 거의 아무것도 모른다. 그 지구
화학자들은 자기들의 무지함도 모르고 값비싼 장비를 돌리기만 하

면 과학에 혁명을 일으킬 수 있는 줄 안다."

"보이지 않는 바다에 보이지 않는 운석이 떨어졌다는 식의 설명은 내 취향이 아니다"라고 잘라 말한 사람도 있었다.

《뉴욕타임스》의 기사에서 고생물학자들은 "백악기 멸종은 점진적으로 일어났고 대격변 이론은 틀렸다"고 주장하면서, "단순한 이론들은 앞으로도 소수의 과학자들을 현혹하고 대중 잡지 표지를 장식할 것"이라고 탄식했다.[6] 이 논쟁에 《뉴욕타임스》 편집실까지 나선 것은 다소 의외였다. 그들은 사설에서 "지구상에서 일어난 사건의 원인을 별에서 찾는 일은 점성술사의 몫으로 남겨두"라고 질책했다.[7]

이 극렬한 반응의 기원을 더 잘 이해하려면 라이엘로 거슬러 올라갈 필요가 있다. 화석 기록은 대량 멸종을 너무나 분명하게 보여주고 있었으므로, 지구의 역사를 기술하는 용어도 바로 그 화석에서 파생되었다. 1841년, 라이엘과 동시대인이며 라이엘의 뒤를 이어 런던지질학회 회장직을 맡은 존 필립스는 생명의 연대기를 세 장(章)으로 나누었다. 그리고 첫 번째 시대에 '오래된 생물'이라는 그리스어를 따서 팔레오조이크paleozoic(고생대), 두 번째 시대에 '중간의 생물'을 뜻하는 메소조이크mesozoic(중생대), 세 번째 시대에 '새로운 생물'을 뜻하는 세노조이크cenozoic(신생대)라는 이름을 붙였다. 필립스가 고생대와 중생대, 중생대와 신생대를 구분한 기준은 대량 멸종—현재 전자는 페름기 말 대멸종, 후자는 백악기 말 대멸종이라고 불린다—이었다. (지질학 용어로 고생대, 중생대, 신생대와 같은 '대(代)

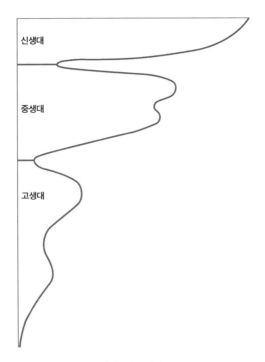

신생대

중생대

고생대

생물다양성의 확대와 축소를 보여주는 존 필립스의 스케치.

era'는 몇 개의 '기(紀)period'로 구성된다. 예를 들어, 중생대에는 트라이아스기, 쥐라기, 백악기가 포함된다.) 신의 창조가 새롭게 일어난 것이 아닐까 생각될 정도로 각 대의 화석이 보여주는 차이는 매우 컸다.

라이엘은 화석 기록에서 나타나는 이러한 단절에 관해 잘 알고 있었다. 그는 《지질학 원리》 3권에서 후기 백악기의 암석층과 바로 그 위의 제3기가 시작하는 시점(정확히는 제3기의 전반기인 고(古)제

3기)의 암석층에서 볼 수 있는 동식물 간에 일종의 '캐즘chasm'(땅이나 얼음의 깊은 틈을 일컫는 지질학 용어.-옮긴이)이 있다고 언급했다.[8] 예를 들어, 후기 백악기 퇴적물에서는 여러 종의 벨렘나이트—오징어와 유사한 동물로, 총알 모양의 화석을 남겼다—가 살았던 흔적을 볼 수 있지만 그 이후의 퇴적물에서는 벨렘나이트 화석이 나온 적이 없다. 동일한 양상이 암모나이트나 루디스트이매패류—거대한 암초를 형성했던 연체동물로, 산호인 척하는 굴이라고 불리기도 한다[9]—에서도 나타났다. 라이엘에게 이 '캐즘'이 갑자기 극적인 전 지구적 변화가 일어났음을 뜻한다는 것은 상상할 수도 없는 일이었다. 라이엘식으로 말하자면, 그런 설명 방식은 "비철학적"이었다. 그래서 라이엘이 찾은 답은 동물군의 간극이 단지 화석 기록의 간극일 뿐이라는, 상당히 순환 논법적인 주장이었다. 라이엘은 단절된 것으로 보이는 시점 전후의 생물들을 비교한 후 설명되지 않은 그 사이의 간격이 기록이 재개된 후의 총 경과 시간과 맞먹는다는 결론에 이르렀다. 이 추정에 오늘날의 연대 측정 방법을 적용하자면, 6500만 년이 공백으로 남는 셈이다.

다윈도 백악기 말의 불연속에 관해 익히 알고 있었다. 그는 《종의 기원》에서 암모나이트가 "놀랍도록 급작스럽게" 사라진 것 같다고 썼다. 그리고 라이엘과 마찬가지로, 암모나이트가 말해주고 있는 사실을 무시했다. 다윈은 자신의 입장을 다음과 같이 피력했다.

나는 지질학적 기록이란 것은 마치 변화하는 방언으로 저술되었으며 불완전하게 남겨진 세계사와 같다고 생각한다. 이 역사에 대해서 우리는 겨우 두세 세기만을 다루는 마지막 책 한 권만을 가지고 있을 따름이다. 그리고 이 마지막 책 한 권조차도 여기저기에 짧은 장만이 남아 있을 뿐이며, 매 쪽마다 겨우 여기저기 몇 줄만이 남아 있다.[10]

지질학적 기록이 본질적으로 단편적이라는 것은 그 기록에서 갑작스러운 변화로 보이는 현상이 나타나더라도 그것을 있는 그대로 해석하면 안 된다는 뜻이다. 다윈이 보기에 "한 과나 목 전체가 갑자기 멸절하는 것처럼 보이는 것과 관련해서" 잊지 말아야 할 점은 "무척이나 길었을 시간"이 그 사이에 설명되지 않은 채 남아 있을 가능성이 있다. 즉, 그 사이의 증거가 누락되지 않았다면, "서서히 멸절했을지도 모른다." 이와 같이 다윈은 지질학적 증거에 반격하는 라이엘의 노선을 그대로 따랐다. 다윈은 이렇게 주장한다. "우리는 너무나도 무지하고 억측에 빠져 있기 때문에 어떤 유기적 존재의 멸절에 대한 이야기를 듣고 경탄해 마지않는다. 그리고 그 원인을 모르기 때문에 세계를 싹 쓸어간 대홍수를 끌어들이거나 생명체의 수명에 대한 법칙들을 발명해내고는 한다!"[11]

다윈의 후계자들은 "서서히 멸절"했다는 관점을 이어받았다. 동일 과정설은 갑작스럽거나 전면적인 변화가 일어났을 그 어떠한 가능성도 배제했다. 그러나 화석 기록에 관해 더 많이 알게 될수록 수천만 년에 걸친 한 시대 전체가 기록에서 누락되었다는 입장을 유지하기가 점점 더 어려워졌다. 이론과 증거 사이의 모순이 커지면서 더 궁색한 설명이 보태졌다. 어쩌면 백악기 말에 모종의 '위기'가 있었을 수도 있지만, 그렇다고 해도 매우 느리게 진행되는 위기였을 것이다. 또한 그로 인해 '대량 멸종'이 일어났을지 모르지만, 이를 '대격변'과 혼동해서는 안 된다. 〈사이언스〉에 앨버레즈 부자의 논문이 실린 바로 그해에, 당대에 세계에서 가장 영향력 있는 고생물학자였던 조지 게일로드 심프슨은 자신의 저서에서 백악기 말의 "전환"을 "길고 본질적으로 연속적인 어떤 과정"의 일환으로 보아야 한다는 주장을 폈다.[12]

'엄격한 동일 과정설'의 입장에서 보자면 충돌 가설은 단순히 틀린 것이 아니라 유해했다. 그들이 보기에 앨버레즈 부자는 일어나지 않았을 뿐 아니라 일어났을 수도 없는 사건을 설명하겠다고 자처한 것이다. 마치 있지도 않은 병을 치료한다면서 가짜 약을 파는 것과 같았다. 앨버레즈 부자가 가설을 발표한 몇 년 후, 척추고생물학회의 한 회의에서 비공식적인 조사를 실시했는데, 응답자 대부분이 모종의 우주 충돌이 일어났을 수 있다고 대답했다. 그러나 그 충돌이 공룡의 멸종과 관련된다고 생각하는 사람은 20명 중 한 명에 불과했다. 그 회의에 참석했던 한 고생물학자는 앨버레즈의 가설을 "헛소리"라고 일축했다.[13]

✦

그러는 사이에 이 가설의 증거는 계속 축적되었다.

최초의 독립적 증거는 작은 암석 입자 형태의 '충격 석영shocked

quartz'이었다. 이 입자를 고배율로 확대해보면 긁힌 흠집처럼 보이는 자국이 나타나는데, 이것은 고압 폭발이 결정 구조를 변형시킨 결과다. 충격 석영이 처음 발견된 곳은 핵 실험장이었으며, 이후 충돌구impact crater(운석 등 천체가 충돌하여 생긴 구덩이.-옮긴이)에 인접한 곳에서도 발견되었다. 1984년, 미국 몬태나주 동부의 백악기-제3기 Cretaceous-Tertiary(이하 K-T) 경계(백악기의 약자로 K를 쓰는 것은 석탄기의 C와 구별하기 위해서다. 오늘날의 공식 명칭은 백악기-팔레오기(고제3기, 이하 K-Pg) 경계다) 점토층에서 충격 석영이 발견되었다.[14]

다음 단서는 텍사스주 남부에서 나타났다. 그곳의 독특한 백악기 말 사암층은 거대한 쓰나미에 의해 생성된 것으로 보였다. 월터 앨버레즈는 만일 천체 충돌에 의해 초대형 쓰나미가 일어났다면 해안선을 휩쓸면서 퇴적물의 기록에 특유의 지문을 남겼을 것이라고 생각했다. 그는 해저에서 시추한 수천 개의 퇴적물 코어 시료를 검토했고, 멕시코만의 표본에서 그러한 지문 하나를 발견했다. 그리고 마침내, 유카탄반도 아래에서 180km 너비의 충돌구가 발견되었다. 정확히는 재발견되었다고 해야 할 것이다. 약 800m 아래에 묻혀 있던 이 구덩이의 존재는 1950년대에 멕시코 국영 석유 회사가 실시한 중력 탐사(중력을 측정해 지하의 밀도를 추정하고 이를 통해 지질 구조나 광상, 원유 위치를 파악하는 조사.-옮긴이)에서 확인된 바 있기 때문이다. 석유 회사의 지질학자들은 그것을 수중 화산의 흔적으로 해석했고 화산이 있는 곳에서는 석유가 나오지 않으므로 곧 잊어버렸다. 앨버레즈 부자가 시추 표본을 구하기 위해 그 석유 회사를 방

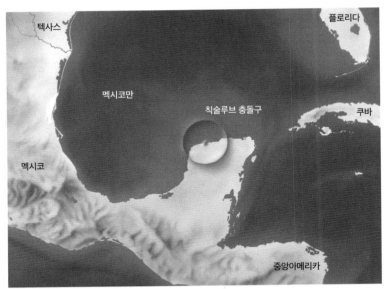

텍사스
플로리다
멕시코만
칙술루브 충돌구
쿠바
멕시코
중앙아메리카

칙술루브 충돌구는 유카탄반도의 800m 깊이 퇴적층 아래 묻혀 있었다.

묻혔지만 돌아온 답은 화재로 소실되었다는 소식이었다. 그러나 실상은 어디에 두었는지 몰랐을 뿐이었고 1991년에 마침내 세상에 드러났다. 이 코어 시료의 K-T 경계에는 암석이 용융되었다가 급속하게 냉각되면서 만들어진 유리층이 포함되어 있었다. 앨버레즈 진영에게 이것은 많은 과학자들을 충돌 가설 쪽으로 전향시키기에 충분한 결정타였다. 《뉴욕타임스》도 "충돌구가 멸종 이론을 지지하고 있다"라고 공표했다. 루이스 앨버레즈는 식도암 합병증으로 세상을 떠나 이 장면을 보지 못했다. 월터 앨버레즈가 "종말의 구덩이"라고 부른 이 충돌구는 인근의 지명을 따 '칙술루브 충돌구'라는 이름으로 불리게 되었다.

월터는 당시를 이렇게 회상했다. "그 11년이 당시에는 길게 느껴졌지만 돌아보면 아주 짧은 시간이었습니다. 한번 생각해보세요. 라이엘 이래로 모든 지질학자, 고생물학자가 그들의 교수가 그랬고, 교수의 교수가 그랬던 것처럼 한결같이 동일 과정설에 입각한 교육을 받은 세상에서 그 학설에 도전하는 상황입니다. 그런데 사람들이 드디어 증거를 보게 된 거죠. 결국 그들이 점차 생각을 바꾸었고요."

✛

앨버레즈 부자는 그들의 가설을 발표했을 때 이리듐층이 노출된 장소를 세 곳—월터가 유럽에서 방문한 두 곳과 표본을 보내 준 뉴질랜드의 한 곳—밖에 알지 못했다. 그 후 몇 십 년에 걸쳐 비아리츠(프랑스 남서부의 휴양지.-옮긴이) 누드 해변 인근, 튀니지 사막, 뉴저지 교외 등 10여 곳이 더 확인되었다. 암모나이트 전문가인 고생물학자 닐 랜드먼은 종종 뉴저지의 지층을 답사한다. 어느 따스한 가을날에는 나도 따라나섰다. 우리는 뉴욕 맨해튼의 미국 자연사박물관—센트럴 파크가 내려다보이는 박물관 꼭대기 층에 그의 사무실이 있다—앞에서 만나 링컨 터널을 지나 남쪽을 향했다. 두 명의 대학원생도 함께였다.

뉴저지 북부를 통과하며 우리는 몇 킬로미터마다 도미노처럼 반복되는 쇼핑몰과 자동차 매장 행렬을 지나쳤다. 그리고 마침내 프린스턴 부근의 어느 야구장 옆 주차장에 도착했다. (랜드먼은 내가 정확한 위치를 노출하지 않기를 바랐다. 화석 수집가들이 모여드는 사태가 일어날 것을 우려해서였다.) 주차장에서 브루클린 칼리지 교수인 지질학자 맷 가브가 합류했다. 가브, 랜드먼, 대학원생 둘이 장비를 짊어졌다. 우리는 학생들이 모두 수업을 듣는 시간이라 텅 비어 있는 야구장을 뼁 돌아 덤불을 헤치며 이동했다. 곧 얕은 개울이 나타났다. 물가는 적갈색 점액성 물질로 덮여 있고, 물 위에는 비닐봉지, 신문지 조각, 오래된 캔 맥주 포장재 등이 낡은 현수막처럼 펄럭였다. 랜드먼은 "그래도 구비오까지 가지 않아도 되니 다행"이라고 했다.

랜드먼이 백악기 후기에는 야구장과 개울 바닥을 포함하여 인근 수 킬로미터 범위의 모든 것이 물속에 있었다고 설명해 주었다. 그때는 지구가 매우 따뜻해 북극에도 숲이 우거지고 해수면이 지금보다 높았다. 뉴저지의 대부분은 현재의 북미 동부에 해당하는 대륙붕의 일부에 속해 있었고, 당시에는 대서양이 지금보다 훨씬 좁았으므로 현재의 유럽에 상당히 가까웠다. 랜드먼은 물에서 대략 10cm 정도 떨어져 있는 바닥의 한 지점을 가리키며 이리듐층이라고 했다. 육안으로는 구별이 가지 않았지만, 랜드먼은 몇 년 전에 그 배열을 분석한 적이 있으므로 위치를 알고 있었다. 땅딸막한 체구의 랜드먼은 넓은 얼굴에 회색 수염을 기르고 있었고 카키색 반바지와 낡은 운동화 차림이었다. 다른 사람들은 이미 곡괭이질을 하고 있었고 랜드먼도 개울로 들어가 합류했다. 얼마 안 되어 누군가가 상어 이빨 화석을 발견했다. 또 다른 사람은 암모나이

트 조각을 캐냈다. 암모나이트는 딸기만 한 크기였고 작은 돌기 같
은 것들로 덮여 있었다. 랜드먼은 그것이 디스코스카피테스 이리스
*Discoscaphites iris*라는 종이라고 했다.

✦

암모나이트는 3억 년 넘게 전 세계의 얕은 바다를 떠다녔으므로
그 화석도 전 세계에서 발견된다. 폼페이를 땅에 파묻히게 한 화산
폭발 때 사망한 대(大) 플리니우스도 암모나이트에 관해 알고 있었
다. 다만, 그는 암모나이트가 보석이라고 생각했다. (그는 《박물지》에
서 암모나이트가 예지몽을 꾸게 해준다고 썼다.) 중세 영국에서는 암모나이
트를 "뱀의 돌"이라고 불렀으며, 독일에서는 병든 소를 치료하는 데
사용했다. 인도에서는 암모나이트를 힌두교 3대 신 중 하나인 비슈
누의 현현으로 숭앙했고 이 전통은 지금까지도 일부 유지되고 있다.

암모나이트는 현존하는 먼 친척인 앵무조개처럼 여러 개의 방
으로 나뉜 나선형 껍데기를 갖고 있다. 이 동물 자체는 맨 끝의 가
장 큰 방만 차지하며, 나머지 방은 공기로 채워져 있다. 펜트하우스
에만 입주자가 있는 아파트라고 보면 된다. 격벽이라고 불리는 방
사이의 벽은 무척 정교하며 눈 결정의 가장자리처럼 복잡한 모양
으로 주름이 잡혀 있다. (이 주름의 패턴으로 종을 식별할 수 있다.) 이렇게
진화한 덕분에 암모나이트는 그 가벼우면서도 견고한 껍데기로 대
기압보다 몇 배나 높은 수압을 견딜 수 있었다. 암모나이트의 크기
는 대개 손으로 쥘 수 있는 정도지만 일부는 유아용 풀장만큼 크다.

19세기에 제작된 암모나이트 화석 동판화.

암모나이트의 이빨 수가 아홉 개이므로 현존하는 가장 가까운 친척은 문어라고 알려져 있다. 그러나 암모나이트의 연조직이 남아 있지 않아서 정확히 이 동물의 생김새와 생활 방식에 관해서는 대체로 추정에 의존할 수밖에 없다. 확실치 않지만, 암모나이트는 물줄기를 내뿜어 이를 추진력으로 삼아 이동했을 것으로 보인다. 따라서 뒤로만 움직일 수 있었을 것이다.

랜드먼은 고생물학에 관해 처음 접했던 어린 시절을 떠올렸다. "선생님은 익룡이 날 수 있다고 했습니다. 저는 곧바로 궁금해졌죠. 얼마나 높이 날 수 있었을까? 하지만 그 수치를 알아내기란 어려운 일입니다." 그리고 이렇게 덧붙였다. "40년 동안 연구했지만 아직도 암모나이트가 뭘 좋아하는지 정확히 알지 못합니다. 수심 20~40m 정도를 좋아했을 것 같기는 해요. 헤엄을 칠 줄은 알지만 수영 솜씨가 썩 훌륭하지 않았으니까요. 조용한 삶을 살지 않았을까 생각합니다." 암모나이트를 그린 그림은 보통 달팽이 껍데기에 든 오징어처럼 묘사한다. 그러나 랜드먼은 이런 그림을 탐탁지 않아 했다. 그림 속의 암모나이트는 대개 흐느적거리는 여러 개의 촉수를 가진 것으로 묘사되지만, 랜드먼은 암모나이트에게 촉수가 없다고 추정한다. 그는 최근 학술지 〈지오바이오스Geobios〉에 논문을 투고하면서 암모나이트를 덩어리의 형태로 묘사한 그림을 첨부했다. 덩어리에 짤막한 팔처럼 돌출된 조직이 원형으로 연결되어 있는 모습이다.[15] 수컷은 그 팔 중 하나가 더 길게 튀어나와 있어서 두족류 버전의 생식기를 형성한다.

랜드먼은 1970년대에 예일 대학교를 다녔다. 앨버레즈의 가설이 발표되기 전이어서 그는 암모나이트가 백악기 내내 점차 감소했으므로 결국 사라지게 된 것은 자연스러운 일이었다고 배웠다. 그는 "암모나이트라는 종이 서서히 죽어가고 있었다는 뜻"이었다고 회상했다. 그러나 이후 랜드먼이 직접 발굴한 여러 화석은 암모나이트가 잘 살고 있었음을 보여주었다.

"이곳에만 해도 여러 종이 있고, 우리는 지난 몇 년 동안 수천 개의 표본을 수집했습니다." 주변에서는 여전히 곡괭이질 소리가 들렸다. 랜드먼은 실제로 최근에 이 개울 바닥에서 지금껏 보지 못한 암모나이트 두 종을 새로 발견했다. 하나는 동료의 이름을 따서 디스코스카피테스 미나르디 *Discoscaphites minardi*(미나드의 암모나이트라는 뜻으로 지질학자 제임스 피어슨 미나드의 이름을 땄다.-옮긴이), 다른 하나는 화석이 발견된 곳의 지명을 따서 디스코스카피테스 예르세이엔시스 *Discoscaphites jerseyensis*((뉴)저지 지역의 암모나이트라는 뜻.-옮긴이)라고 명명했다. 랜드먼은 디스코스카피테스 예르세이엔시스의 껍데기에 작은 가시가 나 있어서 실제보다 더 크고 위협적으로 보이는 효과가 있었을 것으로 추측한다.

✦

앨버레즈 부자는 최초로 충돌 가설을 제안한 논문에서 K-T 멸종의 주된 원인이 충돌 자체나 즉각적인 여파가 아닐 것이라고 주장했다. 그들이 보기에 소행성—더 포괄적인 용어로 말하자면 화구

(火球) bolide—로 말미암은 진정한 재앙은 먼지였다. 이 가설은 수십 년에 걸쳐 다듬어졌다. (충돌의 시기도 6600만 년 전으로 앞당겨졌다.) 여러 세부 사항들에 관해 과학자들이 여전히 열띤 논쟁을 벌이고 있지만, 대략적인 줄거리는 다음과 같다.

화구는 남동쪽으로부터 낮은 각도로, 즉 위에서 떨어진다기보다는 고도를 낮추는 비행기처럼 사선으로 지구에 접근했다. 유카탄반도에 충돌했을 때는 거의 시속 7만km였으며, 날아온 방향으로 인해 북미 지역이 특히 심한 타격을 입었다. 달아오른 증기로 이루어진 거대한 구름과 잔해는 대륙을 질주하며 확산되었고, 그 경로에 있는 모든 것을 태워버렸다. 한 지질학자는 "간단히 말해서, 앨버타(캐나다 중서부의 주.-옮긴이)의 트리케라톱스도 2분 만에 기화되어 버렸다는 뜻"이라고 설명했다.[16]

소행성은 떨어진 자리에 초대형 구덩이를 만들면서 자체 질량의 50배가 넘는 암석 파편을 공중에 흩뿌렸다. 그 분출물이 대기를 통과하여 다시 떨어질 때는 하얗게 달아오른 입자들이 바로 머리 위에서 하늘 전체를 밝히고 지구 표면을 다 태울 만큼 뜨거운 열기를 내뿜었다. 한편, 유카탄반도의 지질 조성 때문에 이 먼지에는 유황이 다량 함유되어 있었다. 황산염 에어로졸은 태양광을 차단하는 효과가 특히 커서 크라카타우(1883년 기록적인 규모의 폭발을 일으킨 인도네시아의 화산.-옮긴이)에서와 같이 단 한 번의 화산 폭발로 수 년 동안 지구 전체의 기온을 떨어뜨릴 수 있다. 이 소행성 충돌은 세이건이 말한 "핵 겨울" 같은 현상을 초래했고, 이 때문에 처음의 열파

heat pulse가 휩쓸고 간 후 전 세계에 찾아온 것은 긴 '충돌 겨울impact winter'이었다. 삼림은 파괴되었다. 오래된 포자와 꽃가루를 연구하는 화분 화석학자들에 의하면 다양한 식물군이 있던 자리가 빠르게 퍼져나가는 양치식물로 완전히 뒤덮였다. (이른바 '양치류 스파이크fern spike'라는 현상이다.) 해양 생태계는 급속도로 붕괴되었고 최소 50만 년, 아마도 수백만 년 동안 지속되었을 것이다. (충돌 후의 적막한 바다를 가리켜 '스트레인지러브 오션Strangelove ocean'이라고 부른다.)

K-T 경계에서 여러 종, 속, 과가 자취를 감추었으며 심지어 목 전체가 사라진 경우도 있었다. 전부 나열하는 일은 불가능에 가깝다. 육지에서는 고양이보다 큰 모든 동물이 죽은 것으로 보인다. 이 사건의 가장 유명한 희생자인 공룡—더 정확히 말하자면 비조류(非鳥類) 공룡(오늘날의 새를 살아 있는 공룡이라고 보는 관점에서 우리가 익히 아는 과거의 공룡을 일컫는 말.-옮긴이)—은 한 마리도 남지 않았다. 백악기가 끝나기 직전까지만 해도 하드로사우루스, 안킬로사우루스, 티라노사우루스, 트리케라톱스 등 우리가 박물관 기념품점에서 흔히 볼 수 있는 종들이 살아 있었다. (멸종을 다룬 월터 앨버레즈의 책《티렉스와 종말의 구덩이T. Rex and the Crater of Doom》표지에는 충돌의 참상에 화가 잔뜩 나 보이는 티라노사우루스 그림이 있다.) 익룡도 예외가 아니었다. 조류도 심각한 타격을 입었다.[17] 조류에 속하는 과의 4분의 3 이상이 절멸했다. 이빨 등 조상의 흔적이 아직 남아 있던 에난티오르니테스, 수생 조류로 대체로 날지 못했던 헤스페르오르니스도 사라졌다. 도마뱀과 뱀도 종의 약 5분의 4가 희생되었다.[18] 포유류는 백악기 말에

살던 과 중에서 3분의 2를 잃어버렸다.[19]

바다에서는 플레시오사우루스—퀴비에가 믿지 않다가 나중에 "기괴하다"고 했던 동물—가 생을 다했다. 모사사우루스, 벨렘나이트, 그리고 암모나이트도 물론 같은 운명이었다. 오늘날의 홍합이나 굴에 해당하는 이매패류도 큰 피해를 입었고, 조개처럼 생겼지만 해부학적으로는 완전히 다른 동물인 완족류, 산호와 비슷해 보이지만 아무 관련이 없는 이끼벌레류도 큰 타격을 입었다. 멸종 직전까지 간 해양 미생물도 많았다. 절멸한 종의 약 95%는 부유성 유공충planktonic foraminifera—부유성 유공충은 해수면 근처에, 저서성 유공충은 해저에 산다—이었으며 구비오의 백악기의 마지막 석회암 층에 그 자취를 남긴 아바톰팔루스 마이아로인시스Abathomphalus mayaroensis도 그중 하나였다.

K-T 경계에 관해 더 많이 알게 될수록 라이엘의 화석 기록 해석이 틀렸다는 증거가 속속 드러났다. 문제는 점진적인 멸종이 갑자기 일어난 것처럼 보인다는 점이 아니라 오히려 실제로 갑작스럽게 일어난 멸종이 마치 장기간에 걸쳐 일어난 것처럼 보인다는 사실이었다.

다음 쪽의 그림을 보자. 모든 생물 종에는 저마다의 '보존 퍼텐셜preservation potential'—그 종에 속한 개체가 화석화될 가능성—이 있으며 이는 얼마나 흔한지, 어디에 사는지, 어떤 성분으로 이루어져 있는지 등에 따라 결정된다. (예를 들어, 두꺼운 껍데기를 지닌 해양 생물은 뼈의 속이 비어 있는 새에 비해 화석으로 보존될 확률이 훨씬 높다.)

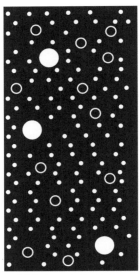

도식화한 시그노어-립스 효과.

　그림에서 흰색의 큰 원은 화석화가 드물게 일어나는 종을 뜻하며, 중간 크기의 원은 화석화가 더 빈번한 종, 작은 흰 점은 그보다 더 높은 빈도로 화석이 되는 종을 나타낸다. 이 모든 종이 정확히 동시에 절멸했다고 하더라도 큰 원에 해당하는 종은 흔적이 희박하게 발견되므로 훨씬 더 일찍 사라진 것처럼 보일 것이다. 최초로 발견한 학자의 이름을 따서 시그노어-립스 효과라고 부르는 이 현상은 갑작스러운 멸종의 흔적을 뿌옇게 흐려 놓음으로써 오랜 기간에 걸쳐 일어난 사건처럼 보이게 만든다.

　K-T 멸종 이후 이전 수준의 생물다양성을 회복하는 데에는 수

백만 년이 걸렸다. 그사이에 생존한 많은 종들의 크기가 줄어든 것으로 보인다. 구비오의 이리듐층 다음 지층에서 초소형 유공충만 나타났던 것이 바로 그 예로, 이 현상은 릴리펏 효과(《걸리버 여행기》의 소인국 이름에서 따온 명칭.-옮긴이)라고 불린다.

✦

랜드먼, 가브, 대학원생들은 오전 내내 개울 바닥을 파고 또 팠다. 우리는 미국에서 가장 인구 밀도가 높은 주 한가운데에 있었지만, 우리가 무엇을 하고 있는지 궁금해하는 사람은 아무도 없었다. 날이 덥고 습해지니 (불그스름하고 끈끈한 물질이 꺼림칙하기는 했지만) 발목까지 물에 담그고 있는 것이 상쾌했다. 누군가가 빈 종이 상자를 가져왔고, 곡괭이가 없는 나는 다른 사람들이 찾은 화석들을 모아서 상자에 차곡차곡 담는 일을 도왔다. 디스코스카피테스 이리스도 몇 개 더 있었고, 나선형이 아닌 길고 가는 창 모양의 화석도 여러 개가 있었는데 이 역시 또 다른 암모나이트 종인 에우바쿨리테스 카리나투스 *Eubaculites carinatus*라고 했다. (20세기 초에 성행했던 암모나이트 멸종에 관한 한 학설은 에우바쿨리테스 카리나투스처럼 일자형인 껍데기가 이 집단이 실질적인 효용의 추구를 떠나 레이디 가가 같은 퇴폐미의 단계에 들어갔음을 뜻한다고 주장하기도 했다.)

갑자기 가브가 상기된 얼굴로 달려왔다. 그의 손에는 주먹만 한 흙덩이가 들려 있었다. 그가 가리킨 한쪽 가장자리에 조그마한 손톱 같은 것이 있었다. 가브는 그것이 암모나이트의 턱이라고 했다. 껍데기가 아닌 다른 부위의 화석이 나와서 그렇게 흥분한 것이었다. 다른 신체 부위보다는 자주 발견되지만, 그래도 희귀한 화석이다.

가브는 환호성을 질렀다. "오늘 답사 온 보람이 있네요!"

충돌로 인한 열, 어둠, 그다음에 찾아온 추위, 물의 화학적 변화 중 어떤 측면이 암모나이트에게 치명적이었는지는 불분명하다. 암모나이트의 친척에 해당하는 일부 두족류 동물들이 어떻게 살아남을 수 있었는지도 완전히 밝혀지지 않았다. 예를 들어, 앵무조개는 암모나이트와 달리 멸종의 위기를 유유히 빠져나갔다. 백악기 말에 탄생한 것으로 알려진 대부분의 종은 제3기에 무사히 진입했다.

이 차이를 설명하는 한 학설은 알에서 근거를 찾는다. 암모나이트의 알은 지름이 4분의 1mm밖에 안 될 정도로 매우 작다. 그 알에서 태어난 유생(幼生), 즉 암모니텔라ammonitella는 운동 기관이 없어서 수면 근처에서 물결을 따라 떠다니기만 했다. 반면에 앵무조개의 알은 지름이 거의 2.5cm로, 무척추동물의 알 중 가장 크다. 산란 후 1년이 다 되어 세상에 나오는 앵무조개 유생은 몸집만 작은 성체와 다름없으므로 태어나자마자 먹이를 찾아 심해까지 헤엄쳐 갈 수 있다. 아마도 소행성 충돌의 여파로 해수면의 환경은 암모니텔라가 생존할 수 없을 정도로 악화되었지만 깊은 물속은 그렇게 심각한 상황이 아니었을 것이고, 그 덕분에 새끼 앵무조개들이 살아남을 수 있었을 것이다.

이유가 무엇이었든, 두 집단의 상반된 운명에는 중요한 시사점이 있다. 오늘날 살아 있는 모든 종은 충돌에서 살아남은 종의 후예라는 것이다. 그렇다고 해서 우리를 포함한 현생 동물이 더 적응을 잘한 종이라고 할 수는 없다. 극도의 스트레스 상황에서는 (적어도 다윈이 말한) 적합도라는 개념이 의미가 없다. 진화의 역사에서 한 번도 마주친 적 없는 환경에 적응한다는 것 자체가 말이 안 되기 때문이다. 런던 자연사박물관 소속 고생물학자 폴 테일러는 그러한 순간에 "생존 게임의 규칙"이 갑자기 변한다고 설명한다.[20] 그러한 순간에는 (수백만 년이 흐른 후에 어떤 형질이 그 순간 치명적으로 작용했는지를 알아내기는 힘들지만) 수백만 년 동안 이점으로 작용했던 형질이 졸지에 치명적인 약점이 된다. 암모나이트와 앵무조개처럼 벨렘나이트와 오징어, 플레시오사우루스와 거북, 공룡과 포유류도 그렇게 운명이 갈렸다. 이 책이 비늘 있는 동물이 아니라 털 난 두 발 동물에 의해 쓰여질 수 있었던 것은 포유류가 특별히 잘나서라기보다는 공룡이 불운했던 덕분이라고도 할 수 있다.

랜드먼은 마지막 화석을 상자에 넣고 뉴욕으로 돌아갈 채비를 하며 이렇게 말했다. "암모나이트에게는 잘못이 없었습니다. 플랑크톤처럼 떠다니는 암모나이트 유생은 그것이 존재하는 동안 훌륭하게 살아갔을 것입니다. 이리저리 돌아다니면서 종을 확산시키는 데 그보다 더 좋은 방법이 있었을까요? 그러나 결국 그 때문에 스스로 파멸에 이르렀지요."

CHAPTER 5

인류세에 오신 것을 환영합니다

V자형 필석
(디크라노그랍투스 지크자크*Dicranograptus ziczac*)

1949년, 하버드 대학교의 두 심리학자가 지각(知覺)에 관한 실험을 위해 대학생 20여 명을 모집했다. 학생들에게 카드를 한 장씩 보여준 다음 어떤 카드였는지 말하게 하는 간단한 실험이었다. 대부분의 카드는 아주 평범했지만 빨간색 스페이드 6, 검은색 하트 4 등 변조된 카드 몇 장이 섞여 있었다. 카드가 금방 지나가면 학생들은 부조화를 모르고 지나쳤다. 예를 들면, 빨간색 스페이드 6를 하트 6이라고 주장하거나 검은색 하트 4를 스페이드 4라고 기억하는 식이었다. 카드를 더 오래 보여주자 학생들은 빨간색 스페이드를 보고 "보라색"이나 "갈색", "녹슨 듯한 검은색"이라고 했다. 자신이 본 것을 이해하는 데 어려움을 겪은

듯했다. 완전히 혼란에 빠진 학생들도 있었다.[1]

"그림이 뒤집어졌든가, 아무튼 뭔가 이상했어요."

"무슨 모양이었는지 모르겠습니다."

"무슨 색이었는지 기억이 안 나요. 스페이드인지 하트인지도 모르겠고요. 이제는 스페이드가 어떻게 생겼는지도 모르겠어요! 맙소사My God!"

실험을 주관한 두 심리학자는 이 실험 결과를 '부조화의 지각에 관하여: 전형적인 한 사례On the Perception of Incongruity: A Paradigm'라는 논문으로 발표했다. 이 논문에 흥미를 느낀 사람 중 하나가 바로 토머스 쿤이었다. 20세기의 가장 영향력 있는 과학사가인 쿤은 이 실험에서 패러다임의 전환을 보았다. 카드 실험은 사람들이 파괴적 정보를 처리하는 방식을 보여주었다. 사람들은 우선 익숙한 틀—빨간색 하트, 검은색 스페이드 등—에 꿰맞추고 싶다는 충동을 느낀다. 그래서 가능한 한 불일치를 무시한다. 그래서 빨간색 스페이드를 보고도 갈색이나 녹슨 색이라고 말하는 것이다. 변칙성이 너무 두드러지는 시점이 오면 위기가 발생한다. 이것을 심리학자들은 "'마이 갓!' 반응"이라고 부른다.

쿤은 그의 기념비적 저서 《과학 혁명의 구조》에서 이것이 매우 기본적인 패턴이므로 개인의 지각뿐 아니라 학계 전체에도 영향을 미친다고 주장했다. 어떤 학문 분과에서 일반적으로 받아들여지고 있는 전제에 일치하지 않는 데이터가 나타나면 가능한 한 무시하거나 애써 이유를 찾아 얼버무린다. 모순된 데이터가 점차 축적되면 더 이상의 합리화가 힘들어진다. 쿤에 따르면, "카드 실험에서처럼 과학에서도 새로움의 출현은 늘 어려움을 동반한다."[2] 그러나 결국에는 빨간색으로 변형된 스페이드를 빨간색 스페이드라고 부르려는 사람이 나타난다. 위기가 통찰로 바뀌면 낡은 프레임워크가 새로운 프레임워크에 자리를 내준다. 이것이 바로 위대한 과학적 발견, 쿤의 유명한 표현에 따르면 "패러다임 전환paradigm shift"이 이루어지는 방식이다.

멸종을 설명하려는 시도의 역사도 패러다임 전환으로 이해할 수 있다. 18세기 말까지는 멸종이라는 범주 자체가 존재하지 않았다. 매머드, 메가테리움, 모사사우루스 같은 낯선 뼈가 발굴될 때마다 박물학자들은 기존의 프레임워크에 꿰맞추기 위해 눈을 더 가늘게 뜨고 세심히 들여다보아야 했다. 그렇게 해서 거대한 뼈들의 정체는 북쪽으로 휩쓸려간 코끼리나 서쪽으로 떠돌아다니던 하마, 사악하게 웃음 짓는 고래로 둔갑했다. 파리에 입성한 퀴비에는 마스토돈의 어금니가 기존의 프레임워크에 맞지 않음을 알아보았다. 그것은 그로 하여금 완전히 새로운 관점을 제안하게 만든 '마이 갓'의 순간이었다. 퀴비에는 생명에 역사가 있음을 깨달았다. 역사가 있다는 것은 상실이 있다는 뜻이어서, 인간이 상상하기에는 너무나 끔찍한 사건으로 인해 중단되었던 때가 있었다. 그리고 쿤이 말한 대로, "패러다임이 변한다고 해서 세상이 변하는 것은 아니지만, 과학자는 새로운 세계에서 연구하게 된다."

퀴비에는 《네발 동물의 뼈 화석에 관한 연구》에서 수십 개의 "사라진 종"을 열거했으며, 아직 발견되지 않았을 뿐 더 많은 종이 사라졌을 것이라고 확신했다. 그 후 수십 년 만에 퀴비에의 프레임워크조차 균열을 일으킬 만큼 많은 절멸종이 확인되었다. 점점 더 많아지는 그 화석 기록을 설명하려면 더 많은 재앙을 가정해야 했다. 라이엘은 "얼마나 많은 격변이 필요했는지는 신만이 알 것"이라며 조롱했다.[3] 라이엘의 해법은 격변 자체를 부정하는 것이었다. 라이엘, 그리고 후대의 다윈에게 멸종은 각각의 개별 사건이었다. 사라진 각 종은 "생존 투쟁"과 그 자체의 결함, 즉 "덜 개선된 형태" 때문에 희생된 것이었다.

멸종에 관한 동일 과정설적 설명은 한 세기 넘게 입지를 유지했다. 그러다 학계에 또 한 번의 위기가 찾아왔다. 이리듐층이 발견되었기 때문이다. (한 역사가에 따르면 앨버레즈 부자의 연구는 "소행성 충돌이 지구에 발휘한 폭발력만큼의 충격을 과학계에 일으켰다."[4]) 충돌 가설은 백악기 말에 찾아온 끔찍하고 공포스러운 최악의 날, 그 단 한 순간을 다룬다. 그러나 그 한 순간은 라이엘과 다윈의 프레임워크를 깨뜨리기에 충분했다. 즉, **격변은 실재했다.**

이로써 오늘날 대체로 표준 지질학으로 간주되는―이따금 신격변설neocatastrophism이라고 부르는 사람도 있지만―이론이 지배적인 패러다임으로 확립되었다. 이 관점에서 지구 환경은 매우 느리게 변화하되 예외적인 상황이 존재한다. 즉, 퀴비에나 다윈 어느 한 편에 서는 것이 아니라 "길고 지루한 기간과 이따금 찾아와 그 지루함을 중단시키는 공황 상태"를 상정함으로써 둘의 핵심 요소를 결합한다. 공황의 순간은 드물게 나타나지만 절대적으로 중요하다. 그러한 순간이 멸종의 패턴, 따라서 생명의 패턴을 결정하기 때문이다.

✦

길은 언덕을 올라 개울을 건너고 또 건너 이어진다. 도로에 죽은 양 한 마리가 있는데, 사체라기보다는 바람 빠진 풍선 같은 모습이다. 언덕은 푸르지만 나무는 한 그루도 없다. 아마도 죽은 양의 가족과 친척과 조상들 때문에 그 어떤 식물도 높이 자라지 못했을 것이다. 비가 내린다. 내 기준에서는 비였다. 그러나 나와 동행한 지질학자의 말에 의하면, 스코틀랜드 남부 고원 지대에서 이런 안개비는 비가 아니라 스머smirr라고 한다.

우리의 목적지는 악마가 도브라는 독실한 목동 때문에 벼랑에서 떨어졌다는 노래가 전해 내려오는 도브스린이라는 절벽이다. 절벽에 다가서자 더욱 자욱해진 스머 사이에서 협곡으로 떨어지는 폭포가 나타난다. 몇 미터 위에는 삐죽삐죽 솟아 있는 암석 노두에는 미식축구 심판 복장 같은 세로 줄무늬가 있다. 레스터 대학교 충서학자 얀 잘라시에비치가 축축한 땅바닥에 배낭을 내려놓고 빨간 우비를 고쳐 입는다. 그가 밝은 색 줄무늬 하나를 가리키며 말한다. "바로 이때 문제의 사건이 일어났습니다."

우리가 보고 있는 바위의 연대는 4억 4500만 년 전, 오르도비스기 말로 거슬러 올라간다. 당시에는 현재의 아프리카, 남미, 호주,

도브스린의 폭포.

남극 대륙 등 대부분의 육지가 곤드와나라는 한 덩어리였으며, 이
초대륙이 위도 90° 이상에 걸쳐 있었다. 영국은 (지금은 존재하지 않는)
아발로니아 대륙에 속해 있었고, 도브스린은 남반구의 이아페투스
대양 해저에 있었다.

  오르도비스기 바로 전인 캄브리아기에 새로운 생물 형태가 '폭
발적'으로 증가했다는 것은 지질학을 조금이라도 접해본 사람이라
면 모두 알 것이다. 오르도비스기도 생물이 새로운 방향으로 힘차
게 도약—이른바 오르도비스기 방산Ordovician radiation—하는 시기였
지만, 아직은 대부분 물을 벗어나지 못했다. 오르도비스기 동안 해
양 생물의 과(科) 수는 세 배로 증가했고, 바닷속은 우리가 아는 불

가사리, 성게, 고둥, 앵무조개의 조상들과 우리가 알지 못하는 수많은 생물(뱀장어를 닮은 코노돈트, 투구게를 닮은 삼엽충, 악몽에서나 볼 수 있을 자이언트바다전갈 등)로 가득했다. 최초의 산호초가 나타났고, 조개의 조상이 처음으로 조개 모양을 띠게 되었다. 오르도비스기 중기가 되면서는 식물이 육지로 올라오기 시작했다. 최초의 육상 식물은 원시적인 형태의 솔이끼류moss 및 우산이끼류liverwort로 새로운 환경에 겁을 먹기라도 한 듯 땅바닥에 바짝 달라붙어 살았다.

오르도비스기가 말엽에 접어든 약 4억 4400만 년 전, 대양은 텅 빈다. 해양에 서식하는 종의 약 85%가 절멸했기 때문이다.[5] 이 사건은 오랫동안 가짜 격변, 따라서 화석 기록이 얼마나 믿을 수 없는 자료인지를 보여주는 증거로 여겨졌다. 그러나 지금은 5대 멸종 중 첫 번째 멸종으로 간주되며, 두 번의 짧지만 치명적인 파동pulse이 일어났다고 알려져 있다. 백악기 말에 자취를 감춘 생물들만큼 카리스마 있는 종들은 전혀 아니었지만, 오르도비스기 말의 희생자들도 생명의 역사에서 일대의 전환점을 가져왔다. 다시 말해 게임의 규칙이 갑자기 뒤집어지는 순간이었으며, 그 결과의 영향력은 영원하다고 보아도 무방하다.

영국 고생물학자 리처드 포티는 오르도비스기 멸종에서 살아남은 동식물이 "현대의 세계를 만들었다"라고 말한다. "생존자 명단이 조금이라도 달랐다면 오늘날의 세계도 달라졌을 것"이라는 뜻이다.[6]

＋

도브스런 답사를 이끄는 잘라시에비치는 호리호리한 체구에 머리는 덥수룩하고 옅은 푸른빛 눈을 가진 깍듯한 매너의 소유자다. 그는 필석(筆石)graptolite 전문가다. 필석류는 한때 매우 방대하고 다양한 개체군을 이루었던 해양 생물로, 오르도비스기에 전성기를 누리다가 문제의 멸종 사태 때 거의 사라졌다. 맨눈으로 보면 필석류 화석은 뭔가에 긁힌 자국, 때로는 작은 상형 문자처럼 보인다. (graptolite라는 단어는 "글씨가 쓰인 바위"라는 뜻의 그리스어에서 유래했다. 그런데 정작 이 단어를 만든 린네는 동물의 잔해처럼 보이는 광물이라고 일축했다.) 확대경으로 보아야 비로소 깃털이나 리라(고대 그리스 등에서 사용된 현악기.-옮긴이), 혹은 고사리 잎 등을 연상시키는 예쁜 모양이 드러날 때가 많다. 필석은 군체 동물로, 개충(個蟲)zooid이라고 불리는 각 개체는 작은 관 모양의 보호벽인 피각(被殼)theca을 형성하는데, 이것이 다른 개체에 부착되어 연립 주택 같은 구조를 이룬다. 따라서 한 개의 필석 화석은 함께 떠다니거나 헤엄치며—후자였을 가능성이 더 높다—훨씬 더 작은 플랑크톤을 먹고 사는 한 집단 전체다. 암모나이트에서와 마찬가지로 연조직은 보존 가능성이 희박하므로 개체의 생김새를 정확히 아는 사람은 없지만, 지금까지 알려진 바에 의하면 필석은 익새류pterobranch—파리지옥을 닮은 소형 해양 생물로 현존하지만 희귀하다—의 근연종이다.

필석류는 층서학자에게 사랑받을 만한 습성을 가졌다. 짧은 시간 안에 종 분화, 확산, 소멸이 이루어진다는 점이다. 잘라시에비치는

오르도비스기 초기의 필석 화석.

필석을 《전쟁과 평화》의 상냥한 여주인공인 나타샤에 비유했다. 잘
라시에비치에 따르면 필석은 "섬세하고 신경질적이며 주변의 모든
것에 무척 민감했다." 이 때문에 연대에 따라 상이한 종이 나타나므
로 암석층의 연대 식별에 쓰이는 표준 화석이 되었다.

도브스린에서는 아마추어 초보 수집가도 쉽게 필석 화석을 찾을
수 있다. 삐죽삐죽한 노두의 검은색 돌은 셰일shale(입자가 작은 진흙이
퇴적되어 형성된 퇴적암의 일종.-옮긴이)이어서 망치 끝으로 살짝만 치면
한 덩어리가 떨어져 나오고, 다시 한 번 툭 치면 가로로 갈라진다.
마치 책을 들면 늘 보던 페이지가 바로 펼쳐지는 느낌이다. 돌의 표
면에 아무것도 없을 때도 있지만, 열이면 다섯은 희미한 과거의 흔

적, 과거로부터의 메시지가 하나 이상 남아 있다. 보기 드물게 선명한 필석 하나가 눈에 띄었다. 인조 속눈썹 같은 모양인데 아주 작다. 바비 인형의 속눈썹 정도라고 보면 된다. 잘라시에비치는 "박물관에 소장할 만한 표본"이라고—물론 과장이다—했다. 나는 그것을 주머니에 넣었다.

잘라시에비치로부터 무엇을 찾아야 하는지 듣고 나니 나도 멸종의 흔적을 알아볼 수 있게 되었다. 필석은 어두운 색의 셰일에서 다양하고 풍부하게 나타난다. 금방 주머니가 축 늘어질 정도로 많은 화석을 찾았다. 두 팔을 뻗고 있는 것 같은 V자 모양을 기본으로, 조금씩 변형된 V자, 즉 반쯤 열린 지퍼라든가 닭의 가슴뼈 같은 것도 있다. 어떤 것은 나뭇가지처럼 두 팔에서 또 다시 작은 팔이 뻗어 있다.

반면 밝은색 돌은 불모지다. 거기에는 필석이 거의 없다. 필석이 많은 검은색 층에서 필석이 거의 없는 회색 층으로의 이행은 갑자기 일어난 것처럼 보인다. 잘라시에비치에게 물으니 실제로 그랬다고 한다.

"검은색에서 회색으로 변하는 지점은 해저가 거주 가능한 환경에서 그렇지 못한 환경으로 변하는 일종의 티핑 포인트라고 볼 수 있습니다. 그 변화는 인간의 수명보다 짧은 기간 동안 일어났지요." 그는 이 이행이 확실히 퀴에가 말한 격변에 해당한다고 했다.

도브스린 답사에는 영국 지질조사국의 댄 콘던과 이언 밀라도 동행했다. 이들은 동위 원소 화학 전문가로 이곳 노두의 줄무늬 각

각의 표본을 채취하러 왔다. 콘던과 밀라는 이 표본에서 작은 지르
콘zircon 결정을 찾아낼 수 있기를 기대하고 있었다. 그들은 실험실
로 돌아가 그 결정을 녹인 다음 질량 분석기에 통과시킬 것이다. 그
러면 각 층이 언제 형성되었는지를 오차 50만 년 내외의 정확도로
알 수 있다. 스코틀랜드 출신인 밀라는 이 정도 스머는 문제없다고
큰소리를 쳤지만, 결국 그조차도 스머가 아니라 폭우임을 인정할
수밖에 없을 만큼 기상이 악화되었다.

　바위 위로 계속 흘러내려오는 진흙 때문에 깨끗한 표본을 얻을
수 없었다. 우리는 내일을 기약하기로 했다. 각자의 장비를 챙긴 다
음 차를 세워둔 곳까지 질척거리는 땅을 달렸다. 잘라시에비치가
예약한 숙소는 모팻이라는 인근 마을의 민박집이었다. 모팻은 세계
에서 건물 폭이 가장 좁은 호텔과 청동으로 만든 양 동상으로 유명
하다고 한다.

　모두 젖은 옷을 갈아입고 숙소 거실에 모여 티타임을 갖기로 했
다. 잘라시에비치는 최근에 자신이 발표한 필석에 관한 연구 논문
들을 가져왔다. 콘던과 밀라는 의자에 몸을 기대고 지루하다는 눈
빛을 보냈지만, 잘라시에비치는 개의치 않고 나에게 자신의 최근
논문 주제인 "영국 층서학에서의 필석류"가 가진 의미에 관해 열심
히 설명한다. 66쪽을 빽빽하게 채운 그 논문에는 650종이 넘는 필
석의 자세한 삽화가 들어 있었다. 빗속의 절벽에서 본 것만큼 생
생하지는 않지만, 논문으로 보니 멸종이 어떠한 결과로 이어졌는
지 더 체계적으로 알 수 있었다. 오르도비스기 말까지는 작은 컵

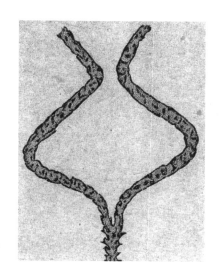

필석류의 일종인 디크라노그랍투스 지크자크.
실제보다 몇 배 확대한 그림이다.

들이 이어져 있는 모양의 두 팔이 코끼리 상아처럼 바깥쪽으로 휘
어졌다가 다시 서로에게 가까워지는 디크라노그랍투스 지크자크
Dicranograptus ziczac, 두 개의 큰 팔에 엄지손가락 모양으로 작은 팔들
이 튀어나와 있는 아델로그랍투스 디베르겐스*Adelograptus divergens* 등
V자 형태 필석이 우세했다. 그러다 멸종의 위기가 찾아왔고, 이때
살아남은 종은 소수에 불과했지만 결국에는 다시 다양한 종이 실
루리아기의 지층을 채우게 된다. 그러나 실루리아기의 필석들은 가
지처럼 갈라져 있던 이전 시대의 필석과 달리 막대기에 가까웠고,
유선형의 생김새를 갖게 되었다. V자 형태는 사라져 다시 나타나지
않았다. 한때 매우 번성했으나 멸종에 내몰리고 만 공룡인 모사사

우루스나 암모나이트의 운명을 아주 작은 축소판으로 보는 듯했다.

✦

4억 4400만 년 전에 무슨 일이 일어났기에 코노돈트, 완족류, 극피동물, 삼엽충을 몰아내고 필석류까지 거의 멸종시킨 것일까?

앨버레즈의 가설이 발표된 직후 몇 년 동안, 적어도 그 가설이 "헛소리"는 아니라고 생각했던 사람들 사이에서는 대량 멸종에 대한 단일 이론이 확립될 날이 머지않았다는 데 의견이 모아졌다. 소행성 충돌이 화석 기록에 '캐즘'을 만든 것이 사실이라면, 그 충돌이 모든 일의 원인일 가능성이 높다. 이러한 발상은 1984년 시카고 대학교 고생물학자 두 명이 해양 화석 기록을 포괄적으로 분석한 한 논문에 의해 더욱 힘을 받았다. 그들은 다섯 번의 대멸종 외에 그보다 규모가 작은 대량 멸종이 여러 차례 있었음을 밝혔다. 크고 작은 멸종을 두루 고려하니 한 가지 규칙이 나타났다. 대량 멸종이 대략 2600만 년의 간격으로 발생한 것이다. 즉, 마치 매미가 주기적으로 땅속에서 기어 나오듯, 멸종도 일정한 간격을 두고 폭발적으로 발생했다. 그 두 사람, 데이비드 라우프와 잭 셉코스키는 이 폭발적 멸종이 일어난 원인이 무엇인지 확실히 알지 못했지만 "태양계가 우리은하의 나선형 팔을 통과함에 따른" 어떤 "천문학적, 천체물리학적 주기"와 관련되었을 것이라고 추측했다.[7] 이 추측은 한 천체물리학자 그룹—그들은 우연찮게도 앨버레즈 부자의 버클리 동료였다—에 의해 한 걸음 더 진전된다. 그들은 태양과 쌍을 이루는 한 작은 "동반성companion star"으로 이 주기성을 이해할 수 있다고 주장했다. 이 별이 2600만 년마다 오르트 구름Oort cloud을 통과할 때 혜성 소나기comet shower가 발생하여 지구에 파괴적인 위력을 발휘했을 것이라는 설명이었다. 실제로 이 별을 본 사람이 아무도 없다는 것—라우프와 셉코스키가 이 별에 붙인 공포 영화 느낌의 이름, "네메시스Nemesis"에 걸맞게—이 문제였지만, 극복할 수 없는 문제는 아니었다. 아직 우리가 찾아내지 못한 작은 별은 무수히 많으니까.

대중 매체들은 앨버레즈의 소행성 충돌설이 나왔을 때만큼 이 "네메시스 사건" 가설에 흥분했다. (한 기자는 이 이야기에 섹스와 영국 왕실 스캔들 말고는 모든 것이 들어 있다고 썼다.[8]) 〈타임〉은 커버스토리로 다루었고, 뒤이어 《뉴욕타임스》는 탐탁지 않은 논조의 사설을 실었다.[9] (이 사설은 소설 같은 "죽음의 별 미스터리"에 콧방귀를 뀌었다.) 이번에는 《뉴욕타임스》 쪽이 제대로 짚은 것 같았다. 버클리의 연구진은 이듬해 내내 네메시스를 찾아 온 하늘을 뒤졌지만, "죽음의 별"은 그림자도 안 보였다. 게다가 멸종의 흔적을 더 깊이 분석하자 주기성의 증거가 허물어지기 시작했다. 세월이 지난 후 만난 데이비드 라우프는 "우리가 보았던 증거가 통계적 요행의 산물이라는 모종의 합의가 이루어졌다"고 당시를 회상했다.

한편, 지구 밖으로부터의 충돌을 증명해줄 이리듐층이나 다른 흔적을 찾으려는 시도 역시 어려움을 겪고 있었다. 이 탐색에는 루이스 앨버레즈 자신도 열심이었다. 중국 과학자들과의 협업 사례가 거의 전무했던 그 시절에 루이스는 중국 남부의 페름기와 트라이아스기 경계 암석 표본을 구했다. 페름기 말 대멸종—페름기-트라이아스기 대멸종이라고도 한다—은 5대 멸종 시리즈 중 가장 규모가 큰 대작으로, 다세포 생물을 거의 전멸시켰다. 따라서 루이스 앨버레즈는 중국 남부에 구비오에서처럼 두 암석층 사이에 긴 점토층이 있다는 것을 알고 흥분했다. 그는 "그 점토층에서 다량의 이리듐이 검출될 것이라고 확신했다"고 당시를 회고했다.[10] 하지만 그 중국 점토층은 화학적으로 특별할 것이 없었다. 이리듐 함량은 너무 낮아서 측정하기도 힘들 정도였다. 그 후 도브스린 등의 오르도비스기 말 암석층에서 정상보다 높은 이리듐 함량이 측정되었지만, 충격 석영 같은 충돌의 다른 징후가 전혀 나타나지 않았으므로 그저 변덕스러운 퇴적 작용의 결과물로 보는 편이 (극적인 결말이 아니어서 아쉽지만) 더 타당했다.

현재의 정설은 오르도비스 말 멸종이 빙하 형성glaciation에 의해 야기되었다는 것이다. 오르도비스기에는 온실 효과의 영향으로 거의 내내 대기 중 이산화탄소 농도가 높아지고 해수면과 수온이 올라가 있었는데, 필석류에 크게 피해를 입힌 멸종의 첫 번째 파동 즈음에 이산화탄소 농도가 뚝 떨어졌다. 기온이 급강하하고 곤드와나는 얼어붙었다. 오르도비스기 빙하 형성의 증거는 사우디아라비아, 요르단, 브라질 등지에 광범위하게 남아 있는 초대륙의 흔적에서 찾아볼 수 있다. 해수면은 빠르게 내려갔고, 많은 해양 생물 서식지가 사라졌다. 이 과정에서 당연히 해양 생물들이 죽어갔을 것이다. 해수의 화학적 특성도 변했다. 무엇보다, 수온이 떨어지면 용존 산소의 양이 늘어난다. 필석류를 죽게 만든 범인이 온도 변화인지 여러 요인의 연쇄 반응인지는 아무도 모른다. 잘라시에비치는 "서재에서 시체 한 구가 발견되어 집사 여럿이 어쩔 줄 몰라 하며 서성이고 있는 꼴"이라고 표현했다. 또한 그 변화가 왜 시작되었는지도 아무도 모른다. 하나의 가설은 이끼류가 육지에서 서식지를 넓혀가면서 공기 중의 이산화탄소를 흡수한 데서 빙하 형성의 원인을 찾는다.[11] 그 말이 맞는다면 식물이 최초의 동물 대멸종을 일으킨 셈이다.

페름기 말 대멸종도 기후 변화에 의해 촉발된 것으로 보인다. 다만 그 변화의 방향은 반대였다. 멸종이 일어난 2억 5200만 년 전즈음에 대기 중에 탄소가 대량으로 방출되었다. 너무나 엄청난 규모여서 지질학자들이 그 모든 탄소가 어디에서 나왔는지를 생각해내는 데만 해도 한참 걸렸다. 온도가 급상승하여 바닷물이 $10°C$나 따뜻해졌고, 제어가 안 되는 수족관처럼 그 화학적 조성도 엉망이 되었다.[12] 해수는 산성화되고, 많은 생물의 사인을 질식사로 보아도 좋을 만큼 용존 산소량이 현격히 떨어졌다. 산호초도 파괴되었다. 페름기 말 멸종은 (인간의 시간이 아닌 지질학적 시간 개념으로 보자면) 거의 순식간에 일어났다. 중국과 미국 과학자들의 최근 연구에 따르면 이 두 번째 대멸종은 20만 년밖에 걸리지 않았으며, 어쩌면 10만 년 안에 모두 끝났을지도 모른다.[13] 그리고 그 시간이 모두 지났을 때는 지구상의 생물 종 중 90% 정도가 사라졌다. 강력한 지구 온난화와 해양 산성화만으로는 그 압도적인 규모를 설명하기에 불

충분해 학자들은 또 다른 메커니즘을 탐색하고 있다. 한 가지 가설은 해수의 가열로 황화수소를 발생시키는 박테리아에게 유리한 환경이 되었는데, 그 황화수소가 대부분의 다른 생물에게 유독했다는 것이다.[14] 이 시나리오에 따르면 황화수소는 우선 물속에 축적되어 해양 생물들을 죽이고, 그다음에는 대기 중으로 유출되어 물 밖의 생물들까지 죽였을 것이다. 이 황산염환원균sulfate-reducing bacteria은 바다의 색을, 황화수소는 하늘의 색을 바꾸었다. 과학 저술가 칼 짐머는 페름기 말의 세계를 "자줏빛 바다에서 엷은 녹색 하늘을 향해 독성 거품이 뿜어져 나오는 그로테스크하기 짝이 없는 장소"라고 묘사했다.[15]

25년 전에는 모든 대량 멸종이 결국 동일한 원인에서 비롯되었다고 여겨졌지만 지금은 정 반대다. 톨스토이의 표현을 빌리자면 《안나 카레니나》 첫 문장을 가리킨다.-옮긴이), 모든 멸종 사건은 제각기 저마다의 이유로 불행했던—게다가 치명적으로 불행했던—것으로 보인다. 사실 이 멸종이 그렇게 예기치 않게 일어났다는 바로 그 점이 파괴력을 증폭시켰을 수도 있다. 생물들은 하루아침에 진화적으로 전혀 준비가 되어 있지 않은 환경에 맞닥뜨리게 되었다.

월터 앨버레즈는 이렇게 술회했다. "나는 백악기 말 소행성 충돌의 증거가 꽤 강력해진 후 연구진들은 다른 멸종을 일으킨 충돌의 증거도 곧 찾을 수 있을 것이라는 순진한 기대를 하고 있었습니다. 그러나 문제는 예상보다 훨씬 복잡했지요. 우리는 바로 지금 인간이 대량 멸종을 일으킬 수 있다는 사실을 목도하고 있습니다. 적어도 모든 대량 멸종을 아우르는 일반론이 없다는 것만큼은 분명합니다."

✦

모팻에서 묵은 그날 저녁, 우리는 차와 필석 이야기를 만끽한 후 세계에서 가장 좁은 호텔 1층에 있는 펍으로 갔다. 맥주를 한두 잔 마셨을 때 화제는 잘라시에비치가 좋아하는 또 다른 주제, 초대형 쥐 이야기로 흘러갔다. 쥐는 지구 구석구석까지 인간을 따라다녔으며, 언젠가 쥐들이 지구를 점령하리라는 것이 잘라시에비치의 전문적 소견이다.

"일부는 우리가 아는 쥐의 크기와 생김새를 유지하겠지만, 더 작거나 큰 쥐도 나타날 겁니다. 특히 감염병으로 멸종이 일어나 생태공간ecospace이 열리면 쥐가 그 자리를 차지할 가능성이 높아요. 쥐의 크기 변화는 상당히 빠르게 일어날 수 있습니다." 잘라시에비치가 이렇게 말할 때, 나는 뉴욕 어퍼웨스트사이드의 한 지하철역에서 피자 테두리를 입에 물고 선로를 따라 지나가던 쥐가 떠올랐다. 그리고 도베르만만큼 큰 쥐가 뒤뚱거리며 컴컴한 터널로 들어가는 장면을 상상했다.

갑자기 왜 쥐 이야기를 하는지 의아할 수도 있겠지만, 초대형 쥐에 대한 잘라시에비치의 관심은 필석에 대한 관심의 논리적 연장선상에서 나왔다. 그는 인간 이전의 세계만큼이나 인간이 떠난 후의 세계에 매료되었고, 그 관심은 점점 더 커졌다. 과거의 세계는 미래 세계에 관해 많은 것을 알려준다. 잘라시에비치는 오르도비스기를 연구할 때 화석, 탄소 동위 원소, 퇴적암을 구성하는 층 등 남아 있는 단편적인 단서를 기초로 먼 과거를 재구성한다. 그는 미래를 추측할 때도 현재의 세계가 화석, 탄소 동위 원소, 퇴적암 층 등의 단편들이 될 때 무엇이 남아 있게 될지를 상상해보려고 한다. 잘라시에비치는 1억 년이 흘러 우리가 인류의 위대한 작품이라고 여기는 조각상, 도서관, 기념물, 박물관, 도시, 공장 등 이 모든 것들이 담배 마는 종이만큼 얇은 퇴적층으로 압축된다고 해도, 미래의 층서학자가—그리 특출난 학자가 아니어도—우리의 현재에 해당하는 때에 뭔가 비정상적인 일이 일어났음을 밝힐 수 있을 것이라고 확신한다.[16] "우리는 이미 지워지지 않는 기록을 남겼다"는 것이다.[17]

그 비정상성에는 우리의 한시도 가만히 있지 못하는 성미도 한몫을 했을 것이다. 인류는 아시아에서 아메리카로, 아메리카에서 유럽으로, 유럽에서 오세아니아로 동식물을 옮겨놓았다. 때로는 의도적으로, 또 때로는 부지불식간에 지구의 생물상(生物相)biota(특정 지역에 서식하는 모든 생물종.-옮긴이)을 재배치한 것이다. 이 이동의 선두에는 늘 쥐들이 있었으며 그 쥐들은 그 모든 곳에, 인간이 정착할 엄두조차 내지 않는 외딴 섬에도 뼈를 남겼다. 동남아시아가 원산지인 태평양쥐Rattus exulans는 폴리네시아 선원들을 따라 하와이, 피지, 타히티, 통가, 사모아, 이스터섬, 뉴질랜드 등지로 퍼져나갔다. 포식자와 마주칠 일이 거의 없었던 태평양쥐의 거침없는 증식을 두고 뉴질랜드 고생물학자 리처드 홀더웨이는 "회색 쥐의 물결"이 "먹을 수 있는 모든 것을 쥐 단백질로 전환했다"라고 묘사했다.[18] (이스터섬의 꽃가루 및 동물 화석에 관한 최근의 한 연구에 따르면 이 섬의 숲을 파괴한 범인은 인간이 아니라 인간을 따라 들어와 걷잡을 수 없이 늘어난 쥐였다.[19] 이스터섬의 야자수들은 쥐들의 식성을 따라잡을 만큼 씨앗을 생산하지 못했다.) 유럽인들이 아메리카 대륙을 거쳐 폴리네시아인들이 정착해 있던 섬에 도착했을 때 그들은 훨씬 더 적응력이 뛰어난 집쥐*Rattus norvegicus*— 노르웨이쥐라고도 불리지만 실제로는 중국이 원산지이다—를 데리고 왔다. 집쥐는 많은 곳에서 이전의 침입종, 즉 태평양쥐를 압도했고, 그러면서 태평양쥐가 놓친 조류 및 파충류 개체군을 파괴했다. 말하자면 쥐들은 자손들이 지배적인 위치를 차지하기 좋은 '생태 공간'을 스스로 창출한 것이다. 잘라시에비치에 따르면 미래의 쥐들은 태평양쥐와 집쥐가 남겨 놓은 틈새를 메우며 퍼져나갈 것이다. 그는 쥐들이 지금과는 다른 모양과 크기로 진화하는 날이 오리라고 상상한다. 땃쥐shrew(성체 무게가 15~25g 정도로 포유류 중 가장 작다.-옮긴이)보다 작거나 코끼리만큼 큰 쥐도 나타날 것이다. 잘라시에비치는 저서에서 이렇게 덧붙였다. "동굴에 살면서 돌을 깎아 원시적인 도구를 만들고 그들이 죽이거나 잡아먹은 다른 포유동물의 가죽을 입고 사는 털 없는 거대 설치류 한두 종이 나타나지 말란 법도 없다."[20]

한편, 쥐 때문에 일어난 멸종은 고유의 표식을 남길 것이다. 도브스린의 이암이나 구비오의 점토층에 기록된 것만큼 급격하지는 않더라도 전환점이 있었다는 점은 어떻게든 드러날 것이다. 멸종의 또 다른 원인인 기후 변화는 물론이고, 방사능 낙진, 하천 유역 변경, 단작 농업, 해양 산성화도 저마다의 지질학적 자취를 남길 것이다.

잘라시에비치는 이 모든 요인 때문에 우리가 지구 역사상 유례가 없는 새로운 시대로 진입하고 있다고 본다. 그의 말에 따르면, "지질학적으로 놀라운 사건"이 벌어지고 있는 것이다.

✤

그동안 인간이 초래한 새로운 시대를 일컫는 이름에 대한 여러 제안이 있었다. 저명한 보전 생물학자 마이클 술레는 우리가 사는 이 시대를 신생대가 아닌 '격변대Catastrophozoic'라고 불러야 할 것이라고 주장했다. 남아프리카공화국 스텔렌보스 대학교의 곤충학자 마이클 샘웨이즈는 '호모제노세Homogenocene'(지구상의 생태계가 모두 동질화되는 시대라는 뜻.-옮긴이)이라는 용어를 만들었다. 캐나다 해양 생물학자 대니얼 폴리는 '점액'을 뜻하는 그리스어를 가져와 '믹소세Myxocene'를, 미국 저널리스트 앤드루 레브킨은 인간의 시대라는 뜻의 '안트로세Anthrocene'라는 용어를 제안했다. (이 용어 대부분은 1830년대에 에오세Eocene, 마이오세Miocene, 플라이오세Pliocene라는 용어를 만든 라이엘에 직간접적으로 뿌리를 두고 있다.)

'인류세Anthropocene'는 네덜란드 화학자 파울 크뤼천이 창안한 용어다. 크뤼천은 오존층 파괴 화합물의 영향을 발견하여 노벨상을 공동 수상했다. 그것이 얼마나 중요한 발견이었는지는 두말할 나위가 없다. 이 발견이 이루어지지 않아 오존층 파괴 물질이 계속 널리 쓰였다면 남극 대륙 상공에서 봄마다 관찰되는 오존 구멍이 점점 늘어나 결국 지구 전체만큼 커졌을 것이다. (크뤼천과 노벨상을 공동 수상한 연구자는 어느 날 집으로 돌아와 아내에게 이렇게 말했다고 한다. "연구는 잘 진행되고 있어. 그런데 세상이 끝장날 것 같아.")

크뤼천은 어느 회의 자리에서 '인류세'라는 단어가 떠올랐다고 했다. 그 회의의 의장은 마지막 빙하기가 끝날 무렵인 1만 1700년 전에 시작되어 (적어도 공식적으로는) 현재에 이르기까지를 일컫는 홀로세를 계속 '현세wholly recent epoch'를 가리키는 용어로 사용했다.

크뤼천은 당시를 이렇게 회고했다. "제가 불쑥 이렇게 내뱉었습니다. '잠깐만요. 홀로세는 끝났어요. 우리가 사는 시대는 홀로세가 아니라 인류세입니다.' 그러자 한동안 정적이 흐르더군요." 휴식 시간이 되자, 인류세가 주된 화젯거리로 떠올랐다. 누군가는 크뤼천에게 다가와 그 용어의 특허를 내라고 권하기도 했다.

크뤼천은 자신의 생각을 '인류의 지질학Geology of Mankind'이라는 짧은 소논문으로 정리하여 〈네이처〉에 발표했다. 그는 이 글에서 "여러 측면에서 인간이 지배하는 지질 시대인 현재는 '인류세'라고 부르는 것이 적절해 보인다"라고 주장했다. 인간은 지질학적 규모의 여러 변화를 초래했다. 크뤼천이 언급한 사례는 다음과 같다.

- 인간 활동은 지구의 육지 표면의 3분의 1 내지 2분의 1을 변형시켰다.
- 전 세계 주요 하천 대부분은 댐이 건설되거나 흐름이 변경되었다.

- 비료 공장은 육상 생태계 전체에서 자연적으로 고정되는 것보다 더 많은 질소를 발생한다.
- 어업은 연안 해역 일차 생산량primary production(특정 생태계에서 독립 영양 생물이 무기물로부터 생산하는 유기물의 양.-옮긴이)의 3분의 1 이상을 제거한다.
- 즉각 사용할 수 있는 담수의 절반 이상은 인간에 의해 사용된다.

크뤼천은 인간이 대기 조성을 바꾸어 놓은 것을 가장 중요한 점으로 꼽았다. 화석 연료 연소와 삼림 파괴로 지난 두 세기 동안 대기권의 이산화탄소 농도가 40% 증가했으며, 훨씬 더 강력한 온실기체인 메탄가스 농도는 두 배 넘게 증가했다.

크뤼천은 "인간에 의한 배기가스는 향후 수천 년 동안 지구의 기후를 자연적인 상태에서 크게 벗어나게 만들 것"이라고 썼다.[21]

크뤼천이 '인류의 지질학'을 발표한 것은 2002년이었다. 곧 다른 학술지들도 앞다퉈 '인류세' 개념을 다루기 시작했다.

2003년 〈왕립학회 철학회보 B〉에는 '전 세계 수계 분석: 지구계 제어에서 인류세 신드롬까지'라는 제목의 논문이 게재되었고, 2004년 〈토양·퇴적물 저널〉에 실린 한 논문의 제목은 '인류세의 토양과 퇴적물'이었다.

잘라시에비치는 '인류세'라는 단어를 접하고 곧 흥미를 느꼈다. 그는 이 용어를 사용하는 사람들 대부분이 층서학 전문가가 아니라는 것을 알고 동료들은 어떻게 느끼는지 궁금해졌다. 당시에 그는 라이엘, 윌리엄 휴얼, 존 필립스가 역대 회장으로 재임한 런던 지질학회의 층서학위원회 위원장이었다. 잘라시에비치는 한 오찬 모임에서 위원회 구성원들에게 인류세에 관한 의견을 물었는데, 22명 중 21명이 그 개념의 장점을 인정했다.

위원회는 인류세를 지질학의 공식 연구 주제로 삼아 검토하기로 했다. 인류세가 새로운 '세'로 명명할 만한 기준에 부합하는가? (지질학에서 '세(世)epoch'는 '기(紀)period'의 하위 구분이며, 기의 상위 구분은 '대(代)era'이다. 예를 들어, 홀로세는 제4기에 속하며, 제4기는 신생대에 속한다.) 1년에 걸친 연구 끝에 위원회가 내린 결론은 "전적으로 부합한다"는 것이었다. 그들은 크뤼천이 열거한 것과 같은 변화들이 "지구 전체에 층서학적 흔적을" 남길 것이며, 오르도비스기의 빙하 형성이 남긴 "층서학적 흔적"을 지금도 읽어낼 수 있는 것처럼, 이 시대의 흔적도 수백만 년 후까지 뚜렷이 남아 있을 것이라고 보았다. 이 연구 결과를 요약한 논문에서 그들은 인류세가 고유의 "생물 층서학적 징후"를 나타낼 것이라는 점에 특히 주목했다. 여기서 생물 층서학적 징후란 현재 진행되고 있는 멸종, 그리고 생물 분포의 인위적인 변경이 남기게 될 흔적을 말한다. "살아남은 (그리고 인위적으로 재배치된) 생물들이 진화해갈 때"[22] 이 징후는 영구적으로 새겨질 것이다. 그리고 어쩌면 그 생존 생물은 잘라시에비치의 예견처럼 쥐일지도 모른다.

내가 스코틀랜드를 방문했을 때는 인류세에 관한 인식 수준이 이미 한층 높아져 있었고, 그렇게 된 데에는 잘라시에비치의 공이 컸다. 국제층서학위원회ICS는 지구 역사의 공식적인 시간표를 관리하는 역할을 맡고 있다. 예컨대, 플라이스토세가 정확히 언제 시작되었는지와 같은 문제에 답하는 주체가 바로 ICS다. (ICS는 열띤 논쟁 끝에 그 시점을 180만 년 전에서 260만 년 전으로 수정했다.) 잘라시에비치는 ICS가 인류세의 공식 인정을 검토하도록 설득했으며, 자연스럽게 그 프로젝트의 책임자가 되었다. 그는 인류세연구단 수장으로 2016년까지 ICS 전체 표결에 부칠 수 있도록 제안서를 제출하기를 희망하고 있다(잘라시에비치는 2021년 1월 사망했으며, 현재 인류세는 공식화되지 않았다.-옮긴이). 잘라시에비치의 계획대로 인류세가 새로운 세로 채택된다면 전 세계의 기존 지질학 교과서는 모두 폐기처분될 것이다.

CHAPTER 6

우리를 둘러싼 바다

지중해삿갓조개
(파텔라 카이룰레아*Patella caerulea*)

카스텔로 아라고네세는 포탑처럼 티레니아해에 우뚝 솟아 있는 작은 섬이다. 나폴리에서 서쪽으로 29km 떨어져 있는 이 섬에 가려면 더 큰 이스키아섬에서 길고 좁은 석교(石橋)를 건너면 된다. 다리 끝에 있는 매표소에서 10유로짜리 입장권을 사면 이 섬의 이름이 된 웅장한 아라고네세 성에 올라갈 수 있다. 다행히 엘리베이터도 있다. 이 성에는 중세 고문도구가 전시되어 있으며, 멋진 호텔과 노천카페도 있다. 여름밤에 으스스한 중세 시대를 상상하며 캄파리(이탈리아의 대표적인 식전주.-옮긴이)를 홀짝거리기 좋은 장소다.

작은 섬들이 대부분 그렇듯이 카스텔로 아라고네세도 거대한 힘

카스텔로 아라고네세섬.

의 작용으로, 이 경우에는 아프리카 대륙을 북쪽으로 이동시키는 힘—이 때문에 리비아 수도 트리폴리와 이탈리아 수도 로마가 해마다 1인치씩 가까워지고 있다—에 의해 형성되었다. 아프리카판은 금속판이 용광로로 녹아들어가듯이 일련의 복잡한 습곡을 따라 유라시아 쪽으로 밀려들어 가고 있다. 이 과정은 때때로 격렬한 화산 폭발을 일으킨다. (1302년에 이스키아섬 주민 전원을 카스텔로 아라고네세로 피신하게 만든 화산 폭발이 그 예다.) 더 일반적으로 일어나는 일은 해저의 분출공에서 기체 거품이 뿜어져 나오는 것이다. 그 기체는 하필 거의 100% 이산화탄소다.

이산화탄소에는 흥미로운 특성이 많다. 그중 하나는 물에 용해되어 산을 생성한다는 것이다. 내가 거품이 이는 산성화된 만을 직접 경험해보기 위해 이스키아섬을 방문한 것은 비수기 중에서도 가장 한적한 1월 말이었다. 해양 생물학자 제이슨 홀스펜서와 마리아 크리스티나 부이아는 예보된 폭풍우가 그치면 분출공을 보여주겠다고 했다. 잿빛의 추운 어느 날, 연구용 선박으로 개조한 어선에 올랐다. 우리는 카스텔로 아라고네세를 빙 둘러 절벽에서 20m쯤 떨어진 곳에 닻을 내렸다. 배에서 분출공이 보이지는 않지만 어림짐작할 수 있다. 따개비 무리 때문에 섬 주변의 바다는 온통 희끄무레하게 보이는데, 유독 그렇지 않은 곳이 눈에 띄기 때문이다.

"따개비류는 상당히 강인합니다." 이렇게 말한 것은 제멋대로 뻗친 칙칙한 금발 머리의 영국인, 홀스펜서다. 그는 건식 잠수복을 입고 있어서 곧 우주 유영이라도 나서려는 사람 같다. 부이아는 어깨까지 오는 적갈색 머리를 한 이탈리아인이다. 그는 수영복 위에 덧입었던 겉옷을 벗고 숙련된 몸짓으로 단번에 잠수복을 착용했다. 나는 부이아를 흉내 내보지만, 지퍼를 올리다 보니 대여한 잠수복이 반 사이즈 정도 작은 것 같다. 어쨌든 모두 마스크와 오리발을 착용하고 물로 펄쩍 뛰어든다.

물이 몹시 차다. 홀스펜서는 칼을 쥐고 있다. 그는 바위에 붙어 있는 성게 몇 마리를 잡아 나에게 내민다. 성게 가시는 검은 잉크처럼 까맣다. 우리는 섬의 남쪽 해안을 따라 분출공을 향해 헤엄쳤다. 홀스펜서와 부이아는 종종 멈추어 산호, 고둥, 해조류, 홍합을 채취해 허리춤에 매단 그물 주머니에 집어넣는다. 분출공이 있으리라고 짐작한 곳에 가까이 다가가자 물속에서 올라오는 거품이 보이기 시작한다. 마치 수은 알갱이 같다. 발밑에서는 해초들이 물결을 따라 춤춘다. 그 잎이 유난히 선명한 녹색인 것은 보통 해초 잎 표면을 덮어 빛깔을 탁하게 만드는 미세 생물들이 없기 때문이라고 한다. 분출공에 가까워질수록 채취할 것이 줄어든다. 성게도 사라지고, 홍합이나 따개비도 보이지 않는다. 부이아가 절벽에 가까스로 붙어 있는 삿갓조개 몇 마리를 발견한다. 껍데기가 거의 투명할 정도로 쇠약해 보인다. 해파리 떼가 스쳐지나간다. 물빛보다 아주 약간 옅은 색이어서 모르고 지나칠 뻔했다.

홀스펜서가 외친다. "조심하세요. 쏘일 수도 있으니까요."

✛

인류는 산업 혁명이 시작된 이래로 석탄, 석유, 천연가스 등의 화석 연료를 태워 탄소 약 3650억 톤을 대기권에 배출했다. 삼림 파괴로 인한 탄소 증가량도 1800억 톤에 달한다. 우리는 매년 약 90억 톤의 탄소를 대기에 추가하고 있으며, 그 양은 매년 6%씩 증가한다. 결과적으로 현재 공기 중의 이산화탄소 농도는 400ppm을 상회하는데, 이는 지난 80만 년 동안의 그 어느 때보다도 높은 수치다. 아마 수백만 년을 거슬러 올라간다 해도 이산화탄소 농도가 이보다 높았던 때는 없었을 것이다. 현재의 추세가 지속된다면, 2050년에는 CO_2 농도가 산업화 이전의 두 배인 500ppm을 넘어설 것이다. 그렇게 되면 지구의 평균 온도가 2~4°C 상승하고, 이 온도 상승은 빙하 소멸, 저지대 섬 및 해안 도시 침수, 북극의 만년설 유실 등 전 세계에 영향을 미치는 여러 변화로 이어질 것이다. 게다가 이야기는 여기서 끝나지 않는다.

바다는 지구 표면의 70%를 덮고 있으며, 물과 공기가 만나는 곳에서는 늘 교환이 일어난다. 대기 중의 기체는 바다로 흡수되고, 바닷물에 녹아 있던 기체는 대기로 방출된다. 두 현상이 평형을 이룰 때는 용해되는 기체와 방출되는 기체의 양이 거의 동일하다. 대기의 조성이 바뀌면 이 교환은 한쪽으로 치우치게 된다. 인간에 의해 대기 중 탄소 농도가 높아지면 바다에서 방출되는 것보다 더 많은 양의 이산화탄소가 바다로 들어간다는 뜻이다. 인류는 이렇게 해서 카스텔로 아라고네세의 분출공처럼, 그러나 분출공과 달리 아래로부터가 아니라 위로부터 바다에 CO_2를 끊임없이 더하고 있다. 그리고 그 규모는 전 지구적이다. 2014년 기준으로 해마다 바다에 흡수되는 탄소의 양이 25억 톤에 이르는 것으로 추정되며, 미국인의 경우 한 명이 하루에 3kg씩 바다에 탄소를 내뿜고 있다.

이렇게 추가된 CO_2 때문에 해양 표층수의 평균 pH는 산업 혁명 이후 이미 약 8.2에서 8.1로 낮아졌다. 리히터 규모처럼 pH 농도 또한 로그 함수에 의한 지표이므로, 수치상의 작은 차이가 현실 세계에서는 큰 변화를 나타낸다. pH가 0.1 감소했다는 것은 현재의 해양이 1800년보다 30% 산성화되었다는 뜻이다. 인간이 화석 연료를 계속해서 태운다고 가정하면 바다는 점점 더 많은 이산화탄소를 흡수하여 점점 더 산성화될 것이다. "특별한 조치를 취하지 않는 경우business as usual, BAU"의 배출 시나리오에 따르면 해양 표층수

pH는 금세기 중반에 8.0, 금세기 말에는 7.8까지 떨어질 것으로 예상된다. 다시 말해, 산업 혁명이 시작되었을 때보다 150%가 더 산성화된다는 뜻이다.[*]

분출공에서 뿜어져 나오는 CO_2 때문에 카스텔로 아라고네세 주변의 물은 앞으로 바다에 닥칠 상황을 거의 완벽하게 미리 보여준다. 그것이 내가 온몸의 감각이 마비될 만큼 차가운 1월의 이 섬 앞 바다에 몸을 담그고 있는 이유다. 여기서는 미래의 바다를 헤엄쳐 볼 수—자칫하면 미래의 바다에 익사할 수도—있다.

✦

이스키아섬의 항구로 돌아가니 바람이 불기 시작한다. 데크는 다 쓴 공기 탱크, 물이 뚝뚝 떨어지는 잠수복, 표본으로 가득 찬 상자 등으로 어수선하다. 짐을 모두 내리고 나면 좁은 길을 따라 바다가 내려다보이는 가파른 곳까지 날라야 한다. 거기에 지역 해양 생물학 연구 기지가 있다. 이 기지는 19세기에 독일 박물학자 안톤 도른에 의해 세워졌다. 로비 벽에 액자가 하나 걸려 있어서 다가가 보니 찰스 다윈이 1874년에 도른에게 보낸 편지 사본이다. 도른이 너무 많은 일에 시달리고 있다는 소식을 친구로부터 전해 들어 유감이라는 내용이다.

---

[*] pH는 0에서 14 사이의 값으로 측정된다. 7은 중성, 7보다 높으면 염기성, 7보다 낮으면 산성이다. 해수는 기본적으로 염기성이므로 엄밀히 말하자면 그 pH가 낮아진다는 것은 산성화라기보다는 알칼리도 저하라고 부르는 편이 정확할 것이다.

부이아와 홀스펜서가 카스텔로 아라고네세섬 주변에서 채취한 동물들을 지하 실험실 수조에 넣었는데 움직임이 없다. 비전문가인 내 눈에는 죽은 것 같다. 그러나 얼마 안 있어 촉수가 움직이기 시작한다. 먹이를 찾는 모양이다. 수조 안에는 다리 하나가 없는 불가사리, 산맥 모형처럼 생긴 산호, 수십 개의 실 같은 '관족(管足)'으로 수조 안을 돌아다니는 성게가 있다. (성게는 물의 압력에 따라 늘어나거나 움츠러드는 관족을 이용하여 움직인다.) 15cm 길이의 해삼도 있다. 해삼한테는 좀 미안하지만, 그 생김새가 마치 똥, 조금 순화해서 말하자면 블러드 소시지(돼지 피를 섞어 만든 소시지.-옮긴이)를 닮았다. 냉랭한 실험실은 분출공의 파괴적 효과를 적나라하게 드러낸다. 지중해에서 흔히 볼 수 있는 회오리고둥 *Osilinus turbinatus*의 껍데기는 뱀의 표피처럼 교대로 배열된 검은색과 흰색 반점이 특징이다. 그러나 수조 안의 회오리고둥 껍데기에는 아무 무늬도 없다. 굴곡져 있어야 할 껍데기의 맨 바깥층이 부식되어 그 밑의 희고 매끄러운 층이 드러나 있기 때문이다. 지중해삿갓조개 *Patella caerulea*도 껍데기가 심하게 손상되어 허연 살이 들여다보인다. 마치 산성 용액에 담갔다 꺼내기라도 한 것처럼 보이는데, 어떻게 보면 실제로 그런 셈이다.

홀스펜서가 말했다. "우리 인간은 혈액의 pH를 일정하게 유지하는 데 많은 에너지를 투입합니다. 그만큼 중요한 일이니까요." 그는 물 흐르는 소리에 묻힐세라 목소리를 높이며 말을 이어간다. "하지만 여기 있는 몇몇 하등 동물에서는 그런 생리 작용이 일어나지 않습니다. 그저 외부의 변화를 견디며 자신의 한계를 넘어서야 하는 것이지요."

그날 저녁, 홀스펜서와 함께 피자를 먹으며 그의 첫 분출공 답사 이야기를 듣는다. 홀스펜서는 2002년 여름, 우라니아라는 이탈리아 연구선에서 선상 연구를 진행하고 있었다. 무더웠던 어느 날, 우라니아호는 이스키아섬을 지나고 있었고, 선원들은 잠시 배를 정박하고 수영을 즐기기로 했다. 분출공에 관해 알고 있던 몇몇 이탈리아 연구원들이 홀스펜서에게 분출공을 구경시켜 주었다. 그저 재미를 위해서였다. 홀스펜서는 마치 샴페인 속에서 헤엄치는 듯한 새로운 경험을 즐겼지만, 보글보글 올라오는 그 거품은 단순한 재미 이상의 무엇인가를 생각하게 만들었다.

당시는 해양 생물학자들이 산성화의 위험성을 인지하기 시작할 때였다. 그때까지의 연구 성과라면, 몇몇 우려스러운 계산 결과가 나오고 실험실에서 키운 동물을 대상으로 몇 가지 예비 실험을 수행한 정도였다. 홀스펜서는 분출공을 활용하면 새로운 방식의 대규모 연구가 가능할 것 같다는 생각이 들었다. 여기서라면 수조에서 단 몇 가지 종만 대상으로 실시하는 실험과 달리 자연적인 환경—혹은 자연적으로 만들어진 부자연스러운 환경—에서 생장, 번식하는 수십 가지 종을 연구할 수 있을 터였다.

카스텔로 아라고네세의 분출공 주변 pH 농도는 점진적으로 달라지므로, 여러 조건의 비교 실험이 자연적으로 이루어지는 셈이다. 섬 동쪽 끝의 해수는 분출공의 영향을 거의 받지 않는다. 이 구역은 현재의 지중해 상태라고 볼 수 있다. 분출공에 다가갈수록 해수의 산성이 증가하고 pH는 낮아진다. 홀스펜서는 이곳 pH의 점진적 변화에 따른 생물상 지도가 전 세계 해양의 미래상을 차례로 보여줄 것이라고 생각했다. 수중 타임머신을 갖게 되는 셈이다.

홀스펜서가 이스키아섬으로 돌아오는 데에는 2년이 걸렸다. 그는 연구비를 조달하지 못했고, 따라서 그의 연구 계획을 진지하게 받아들여 줄 사람도 찾기 힘들었다. 호텔 숙박비를 감당할 수 없었던 그는 절벽의 평평한 바위에 텐트를 쳤고, 표본 채취를 위해서는 버려진 플라스틱 물병을 사용했다. 홀스펜서는 "로빈슨 크루소가 된 기분"이었다고 회상한다.

그러나 점차 그가 하려는 일의 중요성을 믿어주는 사람들이 생겼다. 부이아도 그중 한 명이었다. 그들의 첫 번째 과업은 섬 주변의 pH 농도를 상세하게 조사하는 일이었다. 그다음에는 pH 농도가 서로 다른 구역 각각에 사는 생물 개체 수 조사를 실시했다. 그들은 해안을 따라가면서 철제 격자를 설치하고 그 안의 바위에 붙어 있는 모든 홍합, 따개비, 삿갓조개를 기록했으며, 몇 시간씩 물속에 앉아 지나가는 물고기를 셌다.

분출공에서 멀리 떨어진 곳에서는 발포단열재같이 생긴 해면 *Agelas oroides*, 먹으면 환각 증상을 일으킬 수 있다는 사르파살파 *Sarpa salpa*, 라일락빛이 살짝 도는 흑해성게 *Arbacia lixula* 등 지중해의 전형적인 생물상이 거의 그대로 관찰되었다. 해조류로는 삐죽삐죽하고 분홍빛이 도는 몽우리두층게발 *Amphiroa rigida*, 원반 여러 개가 연결된 모양으로 자라는 녹색의 튜나할리메다 *Halimeda tuna*가 있었다. (개체 수 조사는 육안으로 볼 수 있는 크기의 생물만을 대상으로 했다.) 분출공이 없는 이 구역에는 동물 69종과 식물 51종이 사는 것으로 파악되었다.

분출공에 더 가까운 구역으로 가자 양상이 사뭇 달라졌다.[1] 화산따개비 *Balanus perforatus*는 작은 화산 모양의 회색 따개비로, 서아프리카에서 웨일스에 이르기까지 어디서나 흔한 종이다. 그런데 pH 7.8 구역—그리 멀지 않은 미래의 바다에 해당한다—에 들어서자 화산따개비가 사라졌다. 지중해가 원산지인 홍합류로서 검푸른 빛을 띤 지중해담치 *Mytilus galloprovincialis*는 세계 곳곳에 침입종으로 유입된 후 뿌리를 내릴 만큼 적응력이 뛰어나다. 그러나 지중해담치도 여기서는 볼 수 없었다. 사라진 종의 목록에는 빳빳하고 붉은 색을 띠는 긴가지산호말 *Corallina elongata*과 참산호말 *Corallina officinalis*, 용골벌레라고도 불리는 포마토케로스 트리퀘테르 *Pomatoceros triqueter*, 산호 3종, 고둥 여러 종, 노아의방주조개 *Arca noae*도 포함되었다. 종합해보자면, 분출공이 없는 구역에서 발견되는 종의 3분의 1이 pH 7.8 구역에서는 사라져 있었다.

"안타깝게도 생태계가 붕괴되기 시작하는 티핑 포인트는 평균 pH 7.8입니다. 2100년에 전 세계 해양이 도달할 것이라고 예상되는 수치이지요." 홀스펜서는 영국인답게 절제된 태도를 유지하면서 이렇게 말했다. "매우 우려스러운 상황이라는 뜻입니다."

✦

2008년 분출공에 관한 홀스펜서의 첫 번째 논문이 발표되자 산성화 및 그 영향에 관한 관심이 폭발적으로 증가했다. BIOACID Biological Impacts of Ocean Acidification(해양 산성화의 생물학적 영향), EPOCA European Project on Ocean Acidification(유럽 해양 산성화 프로젝트) 같은 다국적 연구 프로젝트에 자금이 투입되었고, 수백, 수천 개의 실험이 실시되었다. 이들 실험은 때로는 선상에서, 때로는 실험실에서, 또 때로는 메조코즘mesocosm이라는 폐쇄 생태계에서 수행되었다. 메조코즘이란 실제 해양 환경에서 조건을 조작할 수 있게 만든 시스템을 말한다.

실험이 거듭될수록 CO_2 증가의 위험성이 더욱 확실해졌다. 산성화된 바다에서도 문제없이 살아가고 심지어 더 번성하는 종도 많겠지만, 그렇지 않은 종이 더 많을 것이다. 해양 산성화에 취약한 생물 중에는 홍합가리나 참굴처럼 수족관이나 저녁 식탁에서 흔히 볼 수 있는 것들도 있고, 그렇게 멋지거나 맛있지 않지만 해양 생태계에서 더 중요한 역할을 수행하는 생물들도 있다. 석회비늘편모조류에 속하는 단세포 식물성 플랑크톤인 에밀리아니아 훅슬레이 *Emiliania huxleyi*가 그 예다. 에밀리아니아 훅슬레이는 작은 석회질 비늘로 싸여 있는데, 확대해보면 축구공을 단추로 뒤덮어서 만든 희한한 공예품처럼 보인다. 1년 중 특정 시기에는 개체 수가 급속히 늘어나 그것이 서식하는 바다를 온통 우윳빛으로 바꾸어 놓으며, 여러 해양 먹이 사슬의 기초를 형성한다. 날개가 달린 달팽이처럼 생긴 리마키나 헬리키나 *Limacina helicina*는 익족류pteropod 또는 "바다나비"의 한 종이다. 리마키나 헬리키나는 북극에 서식하며 청어, 연어, 고래 등 훨씬 더 큰 여러 동물에게 있어 중요한 먹잇감이다.

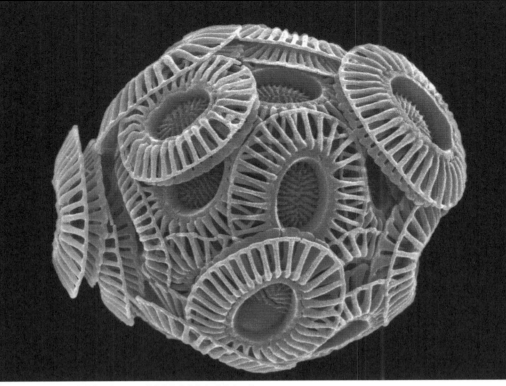

석회비늘편모조류 에밀리아니아 훅슬레이의 모습.

두 종 모두 산성화에 매우 민감하다. 한 메조코즘 실험에서는 CO_2 농도가 높은 폐쇄 환경에서 에밀리아니아 훅슬레이가 전멸한 일도 있었다.[2]

울프 리베셀은 독일 킬에 있는 GEOMAR-헬름홀츠 해양연구센터 소속 해양 생태학자다. 그는 노르웨이, 핀란드, 스발바르(북극해에 있는 노르웨이령 군도.-옮긴이) 연안에서 주요 해양 산성화 연구를 지휘했다. 리베셀은 아주 작고—직경 2마이크론(100만 분의 2m.-옮긴이) 미만—스스로 먹이 그물을 형성하는 플랑크톤이 산성화된 물에 가장 잘 적응하는 집단이라는 사실을 알아냈다. 문제는 이 초미세 플랑크톤picoplankton의 수가 증가하면 이들이 양분을 대량으로 소비하므로 더 큰 동물들이 고통받게 된다는 사실이다.

리베셀은 "생물다양성 감소가 일어날 것이라는 증거는 확실하다"고 말한다. "일부 내성이 강한 생물은 더 번성하겠지만 전반적인 다양성에는 손실이 일어납니다. 이것이 바로 과거의 대량 멸종 시기에 일어난 일인 것입니다."

해양 산성화는 지구 온난화의 "쌍둥이 악재"로 일컬어지곤 한다. 지구 온난화의 위험성에 대해서는 익히 들었으므로 해양 산성화를 그에 비하는 데 대한 의문이 생길 수도 있지만, 오히려 이 비유가 충분치 않을 수도 있다. 기록상의 모든 대량 멸종을 설명하는 단일 메커니즘은 없지만, 해양의 화학적 변화는 썩 훌륭한 예측 인자가 될 수 있을 것으로 보인다. 해양 산성화는 5대 멸종 중 적어도 두 번—페름기 말과 트라이아스기 말—의 대멸종에 영향을 미쳤으며, 백악기 말 대멸종의 주요 원인이었을 가능성이 높다. 쥐라기 초, 1억 8300만 년 전의 이른바 토아르시움절 전환Toarcian Turnover이라고 불리는 멸종 때도 해양 산성화가 일어났다는 강력한 증거가 있으며, 팔레오세 말이었던 5500만 년 전에 해양 산성화가 여러 해양 생물을 심각한 위기로 몰아넣었다는 증거도 있다.[3]

도브스린에서 잘라시에비치가 한 말이 떠오른다. "해양 산성화라는 거대하고 끔찍한 놈이 곧 다가올 겁니다."

✢

해양 산성화가 왜 그렇게 위험하냐는 질문에 답을 하기란 어려운데, 위험한 이유가 너무 많기 때문이다. 체내의 화학적 변화를 조절하는 생물 유기체의 능력에 따라 달라지지만, 산성화는 대사 작용, 효소 활성도, 단백질 기능 등 기본적인 프로세스에 영향을 미칠 수 있다. 또한 미생물 군집의 구성을 변화시키므로 철이나 질소 같은 주요 영양분의 가용성이 달라진다. 물을 통과하는 빛의 양이나 소리가 전파되는 방식도 바뀐다. (일반적으로 산성화된 바다는 더 시끄러워질 것으로 예상된다.) 산성화는 독성 조류(藻類)의 성장도 촉진한다. 광합성에도 영향을 줄 것이고—높은 CO_2 농도는 많은 식물 종에게 유리한 조건이다—용존 금속에 의해 형성되는 화합물이 독성 물질로 변하는 일도 생길 것이다.

수많은 잠재적 영향 가운데서도 가장 심각한 것은 석회화 생물 calcifier이 입게 될 피해다. (석회화 생물이란 광물 탄산 칼슘으로 껍데기나 외골격, 식물의 경우 일종의 내부 뼈대를 형성하는 모든 생물을 일컫는다.) 해양 석회화 생물은 상상을 초월할 정도로 다양하다. 불가사리, 성게 등 극피동물, 조개나 굴 같은 연체동물이 모두 석회화 생물이다. 갑각류인 따개비도 마찬가지다. 산호가 산호초라는 거대한 구조물을 만들 수 있는 것도 석회화 덕분이다. 해초 중에도 석회화 생물이 많은데, 이들은 만졌을 때 딱딱하거나 부서질 것 같은 촉감이다. 분홍색 페인트를 쏟아 놓은 모양으로 군체를 형성하는 산호말도 석회화 생물이다. 완족류, 석회비늘편모조류, 유공충류, 익족류도 마찬가지다. 목록은 끝도 없이 이어진다. 생명이 탄생한 이래로 석회화 생물은 수십 번, 혹은 그 이상의 진화를 거쳤다.[4]

인간의 시각으로 보자면, 석회화는 건설 작업 같기도 하고 연금술 같기도 하다. 석회화 생물이 껍데기나 외골격, 석회질 비늘 등을 만들려면 칼슘 이온(Ca^{2+})과 탄산염 이온(CO_3^{2-})을 결합하여 탄산 칼슘($CaCO_3$)을 형성해야 한다. 그런데 일반적인 해수의 칼슘 및 탄산염 이온 농도로는 둘의 결합이 일어나지 않는다. 따라서 석회화 생물은 해수의 화학적 특성을 스스로 바꾸어야 한다.

해양 산성화가 일어나면 탄산염 이온의 수가 줄어들기 때문에 석회화의 비용이 늘어난다. 집을 짓고 있는데 누군가가 계속 벽돌을 훔쳐 가는 셈이다. 다시 말해, 물이 산성화될수록 석회화에 꼭 필요한 절차를 완료하는 데 더 많은 에너지가 든다. 이 상황이 지속되어 어느 시점에 이르면 물 자체의 용식 작용으로 탄산 칼슘, 즉 석회질이 녹기 시작한다. 카스텔로 아라고네세섬의 분출공 근처에 사는 삿갓조개 껍데기에 구멍이 난 이유가 바로 이것이다.

실험실에서 이루어진 여러 실험은 석회화 생물이 해양 pH 저하에 의해 특히 큰 피해를 입으리라는 것을 보여주었으며, 카스텔로 아라고네세에서 사라진 종의 목록에서도 확인되었다. pH 7.8 구역에서 사라진 종의 4분의 3은 석회화 생물이다.[5] 어디서나 볼 수 있다고 할 만큼 흔한 화산따개비, 홍합류 중에서도 특히 강인한 지중해담치, 용골 벌레라고도 불리는 포마토케로스 트리퀘테르 등 앞서 언급했던 여러 종을 포함하여, 흔한 이매패류인 리마 리마 *Lima lima,*

초콜릿색의 고둥인 유유비누스 스트리아투스 *Jujubinus striatus*, 벌레달팽이라고 불리는 연체동물 세르풀로르비스 아레나리우스 *Serpulorbis arenarius*도 사라졌다. 석회화 식물은 아예 찾아볼 수 없었다.

이 지역을 연구해 온 지질학자들에 따르면 못해도 수백 년 전부터 카스텔로 아라고네세의 분출공이 이산화탄소를 뿜어내고 있다고 한다. 더 낮은 pH 조건에 적응할 수 있는 홍합, 따개비, 용골 벌레가 있었다면 이미 그렇게 했을 만한 시간이다. 홀스펜서가 말했다. "수 세대를 거듭하는 동안 적응해보려고 했겠지요. 그런데도 살아남지 못한 겁니다."

pH가 낮아질수록 석회화 생물의 상황은 더 악화된다. CO_2 기포가 두꺼운 띠를 형성하는 분출공 바로 근처는 텅 비어 있다. 수중의 공터라고 할 만한 이 구역에 남아 있는 것이라고는 소수의 강인한 토종 조류, 몇몇 침입종 조류, 새우 한 종류, 해면 하나, 민달팽이 두 종류뿐이었다.

"거품이 올라오는 구역에서는 석회화 생물을 **전혀** 볼 수 없습니다. 전멸이죠." 홀스펜서는 이렇게 단언했다. "오염된 항구에서는 잡초처럼 심한 환경 변화에 대처할 수 있는 몇몇 종밖에 살지 않는다는 건 아시지요? CO_2가 늘어날 때도 마찬가지입니다."

지금까지 인류가 공기 중에 뿜어낸 CO_2의 약 3분의 1이 바다에 흡수되었다. 그 양은 무려 1500억 톤이다.[6] 인류세의 다른 측면들이 대개 그렇듯이, 규모뿐 아니라 속도도 문제다. 썩 적절하지는 않을 수도 있지만 알코올과 비슷하다. 여섯 병이 든 맥주 한 팩을 1개월 동안 먹는지, 1시간 동안 먹는지가 혈액의 화학적 조성에 큰 차이를 만들듯, 같은 양의 이산화탄소가 더해지더라도 그 증가가 100만 년에 걸쳐 이루어지는 것과 100년 동안 이루어지는 것은 해수의 화학적 특성에 큰 차이를 빚는다. 인간의 간에도 속도가 중요하듯 우리의 바다에도 속도가 중요한 것이다.

✦

우리가 공기 중에 CO_2를 더하는 속도를 늦춘다면, 암석의 풍화 같은 지구 물리학적 프로세스가 작동하여 산성화에 대응할 수 있다. 그러나 현재로서는 그렇게 느리게 작동하는 힘이 따라잡기에 너무 빠르게 상황이 전개되고 있다. 레이첼 카슨이 말한 것처럼 "시간은 필수 요소이지만, 현대 세계는 시간을 허락하지 않는다."[7] (카슨의 이 말은 농약의 폐해를 겨냥한 것이다. 우리가 논의하고 있는 주제와 매우 다르지만, 문제의 근본은 비슷하다.)

최근에 컬럼비아 대학교 러몬트-도허티 지구관측소의 베르벨 회니슈 연구팀은 지질학적 과거의 CO_2 농도 변화 증거를 검토한 후 몇 번 심각한 해양 산성화가 있었던 것으로 기록되기는 했지만 "지금 같은 속도로 CO_2가 배출된 일은 한 번도 없었다"라고 결론지었다. 무엇보다도 공기 중에 탄소 수십억 톤이 그렇게 빨리 주입될 수 있는 방법이 많지 않다. 페름기 말 대멸종에 대해 지금까지 나온 가장 설득력 있는 설명은 현재의 시베리아 지역에서 일어난 대규모 화산 폭발에서 원인을 찾는다. 시베리아 트랩(현재 러시아 지역의 현무

암질 용암 대지.-옮긴이)이라는 지형을 새롭게 만들 정도로 장대한 폭발이었지만,[8] 그조차도 연간 배출량으로 보면 현재 우리의 자동차, 공장, 발전소가 내뿜는 탄소의 양에 미치지 못한다.

인류는 땅속의 석탄과 석유를 꺼내 태움으로써 수천만 년 이상—대개는 수억 년 동안—격리되어 있던 탄소를 대기 중에 되돌려놓고 있다. 그것은 지질사를 거꾸로, 그것도 초고속으로 되돌리는 일이다.

펜실베이니아 주립 대학교의 지질학자 리 컴프와 브리스틀 대학교의 기후 모델링 전문가 앤디 리지웰은 해양 산성화를 주제로 발간된 〈오셔노그래피〉 특별호에서 이렇게 단언했다. "현재 일어나고 있는 일이 지질학적으로 이례적이고 지구 역사상 유례를 찾아보기 힘든 거대한 실험이라고 말할 수 있는 이유는 CO_2 배출 속도에 있다."[9] 두 사람은 실험이 오랜 기간 지속된다면 "대격변까지는 아니더라도 지구 역사상 가장 주목할 만한 일을 인류세의 유산으로 남기게 될 것"이라고 경고했다.

CHAPTER 7

중독된 바다

밀레포라돌산호
(아크로포라 밀레포라*Acropora millepora*)

카스텔로 아라고네세에서 지구 반 바퀴를 돌면, 호주 해안에서 약 80km 떨어진 곳, 그레이트 배리어리프 최남단에 원트리섬이 있다. 나는 그곳에 도착했을 때 나무가 한 그루가 아니라는 사실에 놀랐다. 내가 상상했던 것은 만화처럼 흰 모래밭에 야자수 한 그루가 홀로 서 있는 장면이었기 때문이다. 그러고 보니 모래사장도 없었다. 오로지 산호초의 잔해들로만 이루어진 섬이다. 조약돌 크기부터 거대한 바위만 한 크기에 이르기까지 그 잔해의 크기는 다양하며, 살아 있는 산호가 그렇듯이 형태도 수십 가지다. 어떤 것은 뭉툭한 손가락 모양이고, 또 어떤 것은 촛대처럼 가지를 뻗고 있다. 사슴뿔이나 디너 접시를 닮은

하늘에서 내려다본 원트리섬과 그 주위를 둘러싸고 있는 산호초.

것도 있고, 뇌처럼 주름진 것도 있다. 원트리섬은 약 4000년 전, 거센 폭풍우에 의해 만들어진 것으로 추정된다. (이곳의 지형을 연구해 온 한 지질학자는 "그런 날씨에 거기에 가고 싶어 하는 사람은 없을 것"이라고 표현했다.) 이 섬은 지금도 모양이 계속 변하고 있다. 2009년 3월에는 사이클론 해미시로 인해 섬의 동쪽 해안에 능선 하나가 추가되었다.

시드니 대학교가 운영하는 작은 연구 기지마저 없었다면 버려진 섬이나 다름없는 이 섬에 가려면 약 20km 떨어진 다른 섬을 경유해야 한다. 그래봐야 아주 약간 더 큰 섬으로 그 이름인 헤론은 왜가리라는 뜻이지만 왜가리가 살고 있지는 않으므로 이 역시 잘못된 작명이다. 우리가 배를 정박했을 때—부두가 따로 있지 않으므로 정박이라는 표현이 너무 거창하게 느껴지지만—붉은바다거북 한 마리가 물에서 나와 해안을 기어오르고 있었다. 길이가 1m가 넘고 등딱지에는 오래전부터 붙어 있었던 것 같은 따개비들과 함께 커다란 흉터 하나가 있었다. 거북이 나타났다는 소식은 금세 섬 전체에 전해졌고 섬에 있는 모든 사람—나를 포함하여 12명이었다—이 모여들었다. 바다거북은 보통 밤에 모래 해변에 알을 낳는다. 지금은 한낮이었고, 평평한 모래사장이 아니라 울퉁불퉁한 산호 잔해 위였다. 거북은 뒷지느러미발로 구멍을 파려고 애썼지만 얕은 홈밖에 만들 수 없었다. 그때 지느러미 하나에서는 피가 흐르고 있었다. 거북은 해변 쪽으로 몸을 더 끌어 올려 다시 시도했지만 결과는 비슷했다.

그 상태로 1시간 반이 흘렀다. 나는 연구 기지 관리자인 러셀 그레이엄에게 안전 교육을 받으러 가야 했다. 그레이엄은 썰물 때 수영을 했다가는 "피지까지 떠내려갈 것"이라고 경고했다. (모두가 "피지까지"라고 한 것은 아니지만, 이 섬에 머무는 내내 이와 비슷한 경고를 귀에 못이 박히도록 들었다.) 그 외에도 파란고리문어에게 물리면 치명적이라든가, 스톤피시에게 쏘이면 죽지는 않지만 죽는 게 낫겠다 싶을 정도로 고통스럽다든가 하는 여러 주의 사항을 들은 후 거북이 어떻게 하고 있는지 보러 돌아갔지만, 거북은 사라지고 없었다. 포기하고 바다로 돌아간 모양이었다.

원트리섬의 연구 기지에는 아주 기본적인 것만 갖추어져 있다. 임시 실험실 두 개, 숙소 두 동, 퇴비화 변기가 놓인 옥외 화장실 하나가 전부다. 숙소는 산호초 잔해 바로 위에 세워져 있고 주방 외에는 바닥재를 따로 깔지 않아서 실내에 있어도 밖에 있는 느낌이다. 그래도 전 세계의 과학자들이 몇 주, 길게는 몇 달을 머무르기 위해 이곳을 예약한다. 그중 누군가가 이곳을 이용한 모든 연구진이 숙소 벽에 왔다 간 흔적을 남기는 게 좋겠다고 생각한 모양이었다. 한쪽 벽에 매직펜으로 쓴 "2004년, 핵심에 도달하다"라는 문구가 있었다. 그러고 보니 아래와 같은 다른 문구들도 눈에 띄었다.

게 연구팀: 대의를 위한 집게발 — 2005년

산호의 섹스 — 2008년

발광 생물팀 — 2009년

내가 이곳을 방문했을 때는 미국-이스라엘팀이 묵고 있었는데 이번이 세 번째 방문이라고 했다. 처음 왔을 때 쓴 "산호가 산성화라는 약에 중독되고 있다"라는 글귀 옆에는 주사기에서 피처럼 보이는 액체가 지구에 똑똑 떨어지고 있는 스케치가 곁들여져 있었다. 두 번째 방문 때의 메시지에는 "DK-13"이라는 기호가 쓰여 있었다. 연구 대상인 산호초 지대를 가리키는 기호였다. DK-13은 산호초 군집의 외곽, 기지에서 너무 멀어서 마치 달에라도 가 있는 것처럼 느껴지는 곳이다. 벽에 쓰인 글귀는 다음과 같았다.

"DK-13: 비명을 지른들 아무도 들을 수 없다"

✦

그레이트배리어리프를 접한 최초의 유럽인은 제임스 쿡 선장이었다. 1770년 봄, 호주 동부 해안을 따라 항해하던 인데버호가 암초를 들이박았다. 현재의 쿡타운—우연의 일치가 아니라 실제로 쿡의 이름을 딴 지명이다—에서 남동쪽으로 50km쯤 떨어진 지점이었다. 대포를 포함하여 불필요한 모든 것을 바다에 던져버리고 나서야 구멍 난 인데버호를 가까스로 뭍에 댄 선원들은 두 달에 걸쳐 선체를 수리해야 했다. 쿡은 "깊이를 알 수 없는 바다에서 거의 수직으로 솟아오른 산호 바위의 벽"에 당황했다.[1] 이 암초가 생물에 기원한 것, 즉 "바닷속에서 동물에 의해 형성된 것"임은 알 수 있었지만, 여전히 남은 수수께끼가 있었다. 대체 어떻게 "그렇게 높이 쌓아 올릴 수 있었을까?"[2]

그로부터 60년 후, 라이엘이 《지질학 원리》를 집필할 당시에도 산호초가 어떻게 생겨났는지는 여전히 수수께끼였다. 라이엘은 산호초를 한 번도 보지 못했지만, 매력을 느꼈고 그래서 2권의 일부를 산호초의 기원을 추측하는 데 할애했다. 그는 활동을 멈춘 수중 화산의 가장자리에서 산호초가 자라난다고 추정했는데 그 설명의 대부분은 요한 프리드리히 폰 에슈숄츠라는 러시아 박물학자의 아이디어를 빌려온 것이었다.[3] (비키니 환초의 옛 명칭은—비키니 환초만큼 뇌리에 꽂히는 이름은 아니지만—에슈숄츠 환초였다.)

다음 순서로 산호초에 관한 이론화라는 과업을 넘겨받은 다윈은 실제로 가볼 수 있다는 점에서 유리했다. 비글호가 타히티에 정박한 1835년 11월, 다윈은 섬에서 가장 높은 지대에 올라 인근의 무레아섬을 살펴보았다. 무레아는 액자에 끼워진 그림처럼 산호초로 둘러싸여 있었다.

다윈은 일기에 이렇게 적었다. "이 섬들을 방문하게 되어 기쁘다. 이곳의 산호초는 세계에서 가장 경이로운 대상이기 때문이다." 그는 무레아섬과 섬을 둘러싼 산호초를 바라보며 상상했다. 시간이 흐름에 따라 섬이 점차 가라앉는다면 산호초만 고리 모양으로 남아 환초가 될 것이다. 다윈이 런던으로 돌아와 라이엘에게 이 침강 가설을 이야기했을 때 라이엘은 한편 감탄하면서도 세간의 반박이 있을 것이라며 이렇게 경고했다. "나처럼 머리가 벗겨지는 나이가 되기 전에는 사람들이 믿어주지 않을 테니 우쭐하지 말게."

1842년 《산호초의 구조와 분포The Structure and Distribution of Coral Reefs》라는 제목으로 출판된 다윈의 이 이론은 실제로 오랫동안 논쟁거리였다. 그 지난한 논쟁을 끝낸 것은 1950년대에 마셜 제도의 일부 섬을 공중에 날려 버릴 계획으로 이곳에 온 미국 해군이었다. 그들은 수소 폭탄 시험을 준비하기 위해 에니웨토크라는 이름의 환초에서 여러 개의 코어 시편을 굴착했다. 다윈의 전기를 쓴 한 작가의 표현대로 이 코어 시편들은 그의 이론이 적어도 큰 틀에서 "놀랍도록 정확"[4]하다는 증거였다(섬 주위에 산호초가 형성된 후 섬이 가라앉으면서 환초가 된다는 다윈의 주장에 대한 대표적인 반론으로 이미 가라앉은 섬 주위에 해양 생물의 유해가 쌓인 후 그 위에 산호초가 형성된다는 주장이 있었다. 미국 해군이 굴착한 코어 시편에서는 해양 생물의 유해를 찾아볼 수 없었으며 아무리

깊게 파들어가도 모두 산호초였으므로 이 반론은 기각되었다.-옮긴이).

산호초를 "세계에서 가장 경이로운 대상"이라고 했던 다윈의 말도 여전히 유효하다. 사실 산호초에 대해 알면 알수록 놀라움은 더 커진다. 그렇게 작고 말랑말랑한 생물이 선박을 파괴할 정도로 견고한 성곽을 쌓아 올린다는 점에서 산호초는 생물학적 역설이다. 또한 산호초는 동물이자 식물이며, 광물이기도 하고, 생명으로 가득한 동시에 대부분은 죽어 있다.

성게나 불가사리, 조개나 굴 혹은 따개비처럼 조초산호도 석회화라는 연금술의 장인이다. 다만 각자 단독으로 작업하는 다른 석회화 생물과 달리 산호초가 껍데기, 즉 석회질 골조를 만들어내는 작업은 수 세대에 걸친 공동 프로젝트다. 폴립polyp—용종을 가리키는 단어이기도 하다는 점은 유감스럽다—이라고 불리는 산호 개체는 군체의 외골격에 하나씩 더해진다. 수백 개의 종에 속하는 수십억 개의 폴립이 하나의 산호초를 이루어 이러한 기초 작업을 똑같이 수행한다. 그리고 시간이 충분히 흐르면 (그리고 적절한 조건이 주어지면) 또 하나의 역설적 결과가 나타난다. 구조물의 특성과 생명체의 특성을 동시에 나타낸다는 점이 산호초의 또 다른 역설이다. 그레이트배리어리프는 2400km 넘게 불연속적으로 뻗어 있으며 두께가 150m에 달하는 곳도 있다. 산호초의 규모에 비하면 이집트의 피라미드는 장난감 블록이다.

여러 세대에 걸친 초대형 건설 프로젝트로 세계를 변화시키는 산호의 방식은 인간이 해온 방식과도 비슷하지만, 결정적인 차이

산호 폴립.

가 있다. 인간은 그 과정에서 다른 생물들을 쫓아내지만, 산호는 다른 생물들을 돕는다. 수천 종―어쩌면 수백만 종일 수도 있다―의 생물들이 산호초를 은신처 또는 먹이로 삼거나, 그런 생물을 먹잇감으로 삼는 등 직간접적으로 산호초에 의지하도록 진화했다. 이러한 공진화는 수 세(世)에 걸쳐 이루어졌다. 그런데 연구자들은 인류세에 이르러 이 공진화가 지속되지 않을 것이라 본다. 세 명의 영국의 과학자는 산호초에 관한 공동 저서에 이렇게 썼다. "산호초는 특정 생태계 전체가 멸종에 이르는 현시대 최초의 사례가 될 가능성이 높다."[5] 학자에 따라서는 산호초가 금세기 말이면 사라질 것이라고 주장하기도 하고, 그보다 더 짧은 시간만 남아 있다고 보는 경우도 있다. 〈네이처〉에 게재된 한 논문을 보면 원트리섬 연구 기지 전 관리자인 오베 회그굴드버그는 현재의 추세가 지속된다면 2050년 경에 그레이트배리어리프를 찾는 방문객이 볼 수 있는 것이라고는 "빠르게 침식하는 잔해 더미"밖에 없을 것이라고 예측했다.[6]

✦

　내가 원트리섬에 가게 된 것은 우연이나 다름없었다. 당초의 계획은 훨씬 더 큰 연구 기지와 호화로운 리조트가 있는 헤론섬에 묵는 것이었다. 그곳에서 연중 한 번 있는 산호의 산란을 보고 해양 산성화에 대한 중대한 실험—여러 화상 회의에서 그렇게 들었다—도 참관할 예정이었다. 퀸즐랜드 대학교 연구원들은 산호초의 특정 구역에서 CO_2 농도를 조작하되 산호에 의존하여 살아가는 다양한 생물들이 드나들 수 있는 정교한 아크릴 메조코즘을 구축하고 있었다. 메조코즘 내부에서 pH를 변화시키면서 산호에 일어나는 일을 관찰함으로써 산호초 전체를 예측하기 위한 실험이었다. 내가 헤론섬에 도착했을 때는 산란을 관찰하기에는 딱 적당한 시기였지만—이 관찰에 관해서는 뒤에서 자세히 다룰 것이다—실험 일정의 지연으로 메조코즘은 아직 제 모습을 갖추지 않은 상태였고, 미래의 산호초 대신 실험실에서 불안감 속에 납땜인두를 가지고 씨름하고 있는 대학원생들밖에 볼 수 없었다.

　남은 시간 동안 뭘 해야 할지 고민하고 있을 때 바로 근처—그레이트배리어리프의 규모를 기준으로 볼 때 그렇다는 뜻이다—의 원트리섬에서 산호와 해양 산성화에 관한 또 다른 실험이 있을 것이라는 이야기를 듣게 되었다. 원트리섬으로 가는 정기 노선은 없었지만, 다행히 사흘 후 배편을 구했다.

원트리섬 실험팀의 수장은 '해양 산성화'라는 용어를 처음으로 사용한 것으로 알려진 스탠퍼드 대학교 소속 대기 과학자 켄 칼데이라였다. 그는 1990년대 후반 미국 에너지부의 한 프로젝트를 맡으면서 이 주제에 관심을 갖기 시작했다. 에너지부는 공장에서 배출되는 이산화탄소를 포집해 심해에 주입하면 어떻게 되는지 알아내고자 했다. 당시에는 탄소 배출이 해양에 미치는 영향에 대한 모델링 연구가 거의 전무한 상황이었다. 칼데이라는 심해에 이산화탄소를 주입할 때 해양의 pH가 어떻게 변하는지 계산한 다음 그 결과를 대기에 배출한 CO_2가 표층수에 흡수되는 통상적인 상황에서의 수치와 비교했다. 2003년, 그는 이 연구 결과를 〈네이처〉에 투고했다. 〈네이처〉 편집 위원들은 칼데이라에게 심해 주입에 관한 결론 부분을 삭제할 것을 권고했다. 문제는 일반적인 대기 배출의 영향에 관한 수치가 너무 충격적이라는 데 있었다. 칼데이라는 "과거 3억 년 동안 일어난 것보다 더 심한 해양 산성화가 향후 몇 세기 안에 발생할 것"이라는 부제를 달아 논문의 앞부분을 발표했다.[7]

내가 원트리섬에 도착한 지 몇 시간밖에 안 되었을 때, 칼데이라는 이런 말을 했다. "이대로 아무 조치도 취해지지 않는다면 금세기 중반에 암울한 상황을 맞게 될 것입니다." 우리는 가슴이 시리도록 푸른 산호해를 바라보며 낡은 피크닉 테이블에 앉아 있었고, 저 멀리에서는 제비갈매기의 거대한 무리가 요란하게 끼룩거리고 있었다. 칼데이라가 이렇게 덧붙였다. "그건 곧, 이미 암울한 상황이라는 뜻이지요."

✦

갈색 곱슬머리에 소년 같은 미소를 지닌 50대 중반의 칼데이라는 끝을 올리는 독특한 말투 때문에 질문을 하고 있는지 아닌지 헷갈리게 만드는 경향이 있다. 그는 연구자의 길로 들어서기 전에 월스트리트에서 소프트웨어 개발자로 일했다. 고객 중 하나였던 뉴욕증권거래소는 그에게 내부자 거래를 탐지하는 프로그램 설계를 맡겼다. 프로그램은 의도한 대로 작동했으나 칼데이라는 증권거래소가 내부 거래자를 색출하는 데 그다지 관심이 없다는 것을 곧 깨달았고, 이 일은 그가 직업을 바꾸게 된 계기가 되었다.

대기 시스템의 한 측면에 초점을 맞추어 파고드는 다른 대기 과학자들과 달리 칼데이라는 늘 네댓 개의 전혀 다른 프로젝트를 동시에 진행한다. 그는 도발적이거나 놀라운 계산을 도출하는 작업을 특히 좋아한다. 한번은 전 세계의 숲을 다 베어내고 초지로 바꾸면 약간의 냉각 효과를 볼 수 있다는 계산을 한 적도 있다. (초지가 삼림보다 밝은색을 띠어 태양광을 덜 흡수하기 때문이다.) 현재와 같은 기온 변화 속도가 유지되면 동식물이 하루에 9m씩 극지방 쪽으로 이주해야 할 것이라거나, 화석 연료를 태울 때 발생하는 CO_2 분자가 대기 중에서 머무르는 동안 가두는 열이 CO_2가 생성될 때 방출되는 열보다 10만 배 더 많다는 결과도 도출했다.

원트리섬에서 칼데이라 연구팀의 생활은 조류를 중심으로 돌아갔다. 하루의 첫 번째 간조 1시간 전과 1시간 후에는 누군가가 DK-13─처음에 이 구역을 연구 대상지로 삼은 호주 연구자 도널드 킨제이가 자신의 이름 약자를 따서 붙인 명칭이다─의 해수 표본을 수집해야 한다. 12시간 남짓 지나 다시 간조가 되면 이 과정을 반복한다. 이 일은 매일 계속된다. 하이테크 시대에 어울리지 않게 느린 속도로 진행되는 이 실험의 목표는 킨제이가 1970년대에 측정한 이 구역 해수의 여러 특성을 재측정하여 두 데이터를 비교하고 수십 년이 지나는 동안 산호초의 석회화율이 어떻게 변화했는지 살펴보는 것이다. 주간에는 담당 연구원 혼자 DK-13에 가도 되지만, "비명을 지른들 아무도 들을 수 없는" 곳이니만큼, 야간에는 둘이서 가는 것을 원칙으로 하고 있다.

내가 원트리섬에 도착한 날 저녁의 간조는 오후 8시 53분이었다. 나는 간조 후 표본을 수집하러 가는 칼데이라와의 동행을 자원했다. 9시쯤 되었을 때, 우리는 표집용 병 대여섯 개와 손전등 두 개, 휴대용 GPS 단말기를 챙겨 길을 나섰다.

DK-13에 가려면 연구기지에서 도보로 약 1.6km를 가야 했다. GPS 단말기에 이전 사용자가 설정해 놓은 경로를 따라 섬의 남단 가까이 가서 산호 잔해가 매끄럽게 펼쳐져 있는 구역─"조류 고속도로"라는 별명으로 불린다─을 가로지른 다음 산호초 쪽으로 방향을 틀었다.

산호는 빛을 좋아하지만 공기 중에 오래 노출되면 생존할 수 없으므로, 간조 수면 높이까지 자라다가 옆으로 퍼지는 경향이 있다. 이 때문에 여러 개의 탁자가 깔려 있는 것처럼 평평해서 아이들이 쉬는 시간에 책상에서 책상으로 뛰어다니듯이 건널 수 있다. 자칫 부서지기 쉬운 원트리섬 산호초 평원의 갈색 표면은 연구원들 사이에서 "파이 껍질"로 불린다. 산호초에 발을 딛자 불길하게 투둑하는 소리가 났다. 칼데이라가 만일 내가 발을 헛디디면 산호초도 다치겠지만 내 정강이가 더 많이 다칠 것이라고 경고했다. 나는 연구 기지 벽에서 본 또 하나의 메시지가 떠올랐다. "파이 껍질을 믿지 말라."

밤공기가 상쾌한 가운데 손전등 불빛 너머는 칠흑 같은 어둠이었다. 산호초의 넘치는 생명력은 어둠 속에서도 분명히 알 수 있었다. 우리는 지루한 표정으로 다시 물이 들어오기를 기다리는 듯한 붉은바다거북 몇 마리를 지나쳤고, 새파란 불가사리와 얕은 웅덩이에 갇혀 오도가도 못하게 된 미국까치상어, 산호초에 숨으려고 애쓰고 있는 발그스레한 문어도 만났다. 대왕조개와도 몇 걸음마다 마주쳤는데, 마치 진한 립스틱을 바른 입술로 음흉하게 웃는 것 같은 생김새였다. (대왕조개 껍데기는 다채로운 공생 조류의 서식지이기도 하다.) 산호와 산호 사이의 모래 띠에는 해삼—가장 가까운 친척은 의외로 전혀 다르게 생긴 성게다—이 여기저기 널브러져 있다. 그레이트배리어리프의 해삼은 오이(해삼은 영어로 sea cucumber다.-옮긴이)가 아니라 베개만 하다. 나는 호기심에 하나를 들어 올려보기로 했다. 길이가 60cm쯤 되었고, 새까만 색이었으며, 벨벳에 끈적끈적한 물질이 묻어 있는 느낌이었다.

몇 번 방향을 잘못 들기도 하고 칼데이라가 방수 카메라로 문어 사진을 찍느라 여러 번 멈추기도 했지만 결국 DK-13에 도달했다. 그곳에는 노란색 부표 하나와 산호초에 밧줄로 고정해 놓은 감지 장치 몇 개뿐이었다. 나는 섬 쪽을 돌아보았지만 섬이나 그 어떤 육지도 보이지 않았다. 우리는 표집용 병을 씻고 채우기를 반복했다. 내가 경험한 가장 완벽한 어둠이었다. 별들이 너무 밝아서 쏟아질 것 같았다. 나는 순간적으로 쿡 같은 탐험가가 알려진 세상의 끝에 있는 이런 장소에 도착했을 때 어떤 느낌인지 알 것 같다는 생각이 들었다.

✦

산호초는 북위 30°에서 남위 30°, 지구의 허리에 두른 벨트 같은 넓은 범위에서 자란다. 그레이트배리어리프에 이어 세계에서 두 번째로 큰 규모의 산호초는 중앙아메리카의 벨리즈 연안에 있다. 열대 태평양, 인도양, 홍해에도 대규모의 산호초가 있으며 카리브해에는 그보다 작은 산호초 군락 여러 개가 있다. 그러나 흥미롭게도 CO_2가 산호초를 죽일 수 있다는 최초의 증거는 미국 애리조나의 제2생물권Biosphere 2에서 나왔다. 제2생물권이란 실험자 스스로 간혀 자급자족으로 생활하도록 설계한 인공 생태계를 말한다.

제2생물권은 지구라트를 닮은 약 1만 2000m^2 넓이의 유리 구조물로 1980년대 후반 대부호 에드워드 배스가 자금 대부분을 지원하여 지어진 민간 연구 시설이다. 제1생물권, 즉 지구에서의 삶을 화성 같은 곳에서 재창조할 수 있을지 밝히는 것이 그 목적이었다. 건물 안에는 '우림', '사막', '농업' 구역이 있었고 인공 '바다'도 만들어졌다. 제2생물권 최초의 주민인 남자 네 명, 여자 네 명은 2년 동안 그 안에 봉인되었다. 그들은 식량을 직접 길러 먹었으며, 한동안은 내부에서 재생산된 공기만으로 호흡했다. 그러나 이 프로젝트는 실패한 실험으로 평가되었다. 제2생물권 주민들은 많은 시간을 굶주린 채 보냈으며, 더 큰 문제는 인공 대기의 통제력을 상실했다는 점이었다. 그것이 정말 '생태계' 역할을 하려면 이산화탄소를 흡수하고 산소를 배출하는 광합성과 그 반대의 과정인 분해가 균형을 이루어야 한다. 그런데 제2생물권에서는 분해가 광합성보다 우세했다. '농업' 구역의 토양 비옥도가 가장 큰 이유였다. 건물 내부의 산소가 급격히 감소했고, 생물권 주민들은 고산병 같은 증상에 시달렸다. 반면 이산화탄소의 비중은 계속 치솟아 결국 3000ppm에 도달했다. 이는 외부 대기의 여덟 배에 가까운 수준이었다.

제2생물권은 1995년에 공식적으로 폐기되었고 컬럼비아 대학교가 건물 운영권을 넘겨받았다. 이 시점에 올림픽 규격의 수영장만 한 대형 수조로 만든 '바다'는 엉망이 되어 있었다. 물고기 대부분이 이미 죽었고, 산호는 가까스로 붙어 있었다. 해양 생물학자 크리스 랭던은 이 수조를 교육용으로 활용할 방법을 찾는 임무를 맡았다. 그가 첫 번째로 한 일은 물의 화학적 특성을 조정하는 것이었다. 공기 중의 CO_2 함량이 높으니 당연히 '바다'의 pH가 낮아진 상태였다. 랭던은 이 문제를 해결해보려 했으나 이상 현상이 계속 발생했고, 그 이유를 알아내는 데 대한 집착이 생겼다. 랭던은 뉴욕의 집까지 팔고 온종일 '바다'에서 실험에 몰두했다.

산성화는 일반적으로 pH로 표현하지만, 그만큼 중요한—아마 많은 생물에게는 더 중요한—또 다른 지표가 있다. 이것은 해수의 '탄산 칼슘 포화도' 또는 '아라고나이트aragonite 포화도'라는 조금 복잡한 명칭으로 불리는 특성이다. (탄산 칼슘은 결정 구조에 따라 방해석과 아라고나이트라는 두 형태를 띠는데 그중 산호가 만들어내는 아라고나이트 형태가 더 잘 녹는다.) 포화도는 복잡한 화학식에 의해 판정되는데 기본적으로는 주위에 떠다니는 칼슘과 탄산염 이온 농도를 측정한 것이라고 보면 된다. CO_2가 물에 용해되면 탄산(H_2CO_3)이 형성되는데 이것은 탄산염 이온을 효과적으로 '먹어 치워' 포화도를 낮춘다.

랭던이 제2생물권에 처음 왔을 당시 해양 생물학자들 사이에서는 포화도가 1 이상만 되면 산호에게 별다른 영향이 없다는 견해가 지배적이었다. (1 미만, 즉 불포화 상태가 되면 탄산 칼슘이 녹는다.) 그러나 랭던은 포화도가 산호에 미치는 영향이 훨씬 더 심각하다고 확신하게 되었다. 그가 가설을 검증하기 위해 사용한 방법은 시간은 오래 걸리지만 단순했다. 그는 제2생물권에 있는 '바다'의 조건을 다르게 하면서 타일에 붙어 있는 소규모 산호 군체들을 주기적으로 꺼내 무게를 달았다. 군체가 무거워진다면 석회화를 통해 질량이 더해지고 있다는 뜻이 된다. 이 실험에는 3년이 넘게 걸렸고, 1000개 이상의 데이터가 수집되었다. 그 결과 산호의 성장률과 물의 포화도 사이에 어느 정도 선형적인 관계가 있음이 밝혀졌다. 산호는 아라고나이트 포화도가 5일 때 가장 빠르게 성장하며, 4일 때는 그보다 천천히, 3일 때는 더 천천히 성장했다. 포화도가 2가 되면 마치 업체가 손을 놓아버린 건설 현장처럼 사실상 작업이 중단된다. 제2생물권이라는 인공 세계에서 이 발견은 흥미롭다고 말할 수 있겠지만, 제1생물권, 즉 실제 세계에서라면 그저 흥미롭다고 보아 넘길 문제가 아니다.

산업 혁명 이전에는 전 세계 주요 산호초 모두가 아라고나이트 포화도 4 내지 5인 바다에 살았다. 오늘날은 포화도 4가 넘는 곳이 지구상에 거의 남아 있지 않으며, 탄소 배출이 현재의 추세대로 지속된다면 2060년에는 포화도 3.5, 2100년에는 3이 넘는 곳도 사라지게 될 것이다. 포화도가 낮아지면 석회화에 소모되는 에너지가 증가하고 석회화율은 하락할 것이다. 결국 포화도가 너무 낮아지면 산호가 석회화를 완전히 멈추게 될 것이고, 문제는 그보다 훨씬 일찍부터 발생할 것이다. 실제 세계에서는 물고기와 성게, 천공성 벌레가 끊임없이 산호초를 갉아먹기 때문이다. 원트리섬을 만들어낼 만큼 위력적인 파도와 폭풍우도 산호초를 공격한다. 따라서 산호초가 유지되려면 늘 성장하는 수밖에 없다.

랭던은 나에게 이렇게 말한 적이 있다. "벌레가 있는 나무 같아요. 비슷한 상태를 유지하려면 꽤 빨리 성장해야 하거든요."

랭던은 2000년에 실험 결과를 발표했다. 그때까지만 해도 해양 생물학자 다수가 회의적인 태도를 보였는데, 이미 신뢰를 잃은 생물권 프로젝트와 관련되어 있다는 이유가 컸던 것 같다. 랭던은 또다시, 이번에는 더 엄격한 통제하에서 2년 동안 실험을 진행했다. 결과는 동일했다. 그사이 다른 연구자들이 자체적으로 수행한 연구에서도 랭던의 발견, 즉 조초산호가 포화도에 민감하다는 사실이 확인되었다. 그 후 수십 번의 실험실 연구와 실제 산호초 연구에서도 같은 결과가 나왔다. 몇 해 전, 랭던이 이끄는 연구팀은 파푸아뉴기니 연안의 화도(火道)volcanic vent(화산과 지하를 연결하는 통로.-옮긴이) 인근 산호초 군락에서 실험을 수행했다. 카스텔로 아라고네세에서 홀스펜서가 한 작업을 모델로 삼아 화도를 자연적인 산성화의 원천으로 이용한 이 실험에서는 해수의 포화도가 낮아지자 산호의 다양성이 급격히 감소했다.[8] 산호말은 더 급속도로 줄어들었다. 산호말은 산호초 구조물을 접합하는 일종의 접착제 역할을 하기 때문에 그 감소는 더욱 불길한 징조다. 반면 해초류는 더 번성했다.

전 호주 해양과학연구소 수석 과학자 J. E. N. 베론은 산호초의 운명에 관해 이렇게 썼다. "수십 년 전에는 산호초에게 수명이 있을 수 있다는 것이 상상도 못할 일이었다. 하지만 지금 나는 연구자로서 가장 생산적이었던 시절 대부분을 경이로운 해저의 풍요로움 속에서 보낼 수 있었다는 사실을 겸허히 여기며 우리 자녀의 자녀 세대는 그러한 바다를 누릴 수 없을 것이라고 단연코 확신한다."[9] 호주 연구자들이 발표한 최근의 한 연구에 따르면 그레이트배리어리프의 산호 피복률(살아 있는 단단한 산호로 덮여 있는 비율.-옮긴이)은 지난 30년 사이에 50% 감소했다.[10]

칼데이라와 팀원 몇 명은 원트리섬을 방문하기 얼마 전 컴퓨터 모델링과 현장에서 수집한 데이터를 종합해 산호의 미래를 전망하는 논문을 발표했다. 이 논문은 현재와 같은 탄소 배출이 지속된다면 앞으로 약 50년 안에 "모든 산호초가 성장을 멈추고 용해되기 시작할 것"이라고 결론지었다.[11]

✦

과학자들은 표본 수집을 위해 산호초에 다녀오는 사이사이에 스노클링을 자주 했다. 그들이 좋아하는 스노클링 스폿은 DK-13에서 보자면 섬의 반대편, 해안에서 800m쯤 떨어진 지점으로 여기에 가려면 기지 관리자인 그레이엄의 투덜거림을 들으며 보트를 꺼내 달라고 구슬려야 했다.

과학자 중에는 필리핀, 인도네시아, 카리브해, 남태평양 등 안 가본 곳이 없는 사람들도 있었지만 원트리섬이 스노클링을 하기에 최고라고 했다. 왜 그렇게 말하는지는 쉽게 알 수 있었다. 처음 보트에서 뛰어들어 바닷속 생명의 소용돌이를 마주했을 때의 느낌은 마치 〈자크 쿠스토의 해저 세계The Undersea World of Jacques Cousteau〉 같은 TV 다큐멘터리 화면 속에 들어온 듯 비현실적이었다. 작은 물고기 떼가 지나가면 큰 물고기 떼가, 다음에는 상어들이 그 뒤를 이었다. 거대한 가오리가 미끄러지듯 지나가고, 욕조만 한 거북이 뒤

따랐다. 나는 내가 본 것들의 목록을 머릿속에 저장하려고 애썼지만, 그것은 꿈의 기록을 남기려는 것만큼 무모한 시도였다. 나는 스노클링을 다녀올 때마다 《그레이트배리어리프와 산호해의 물고기들The Fishes of the Great Barrier Reef and the Coral Sea》이라는 두꺼운 책에 파묻혀 몇 시간씩 보냈다. 내가 본 물고기들은 아마도 뱀상어, 레몬상어, 산호상어, 표문쥐치, 노랑거북복, 흰점코거북복, 컨스피큐어스엔젤피시, 배리어리프흰동가리, 배리어리프자리돔, 미니핀비늘돔, 태평양롱노즈비늘돔, 민무늬어름돔, 포스팟청어, 황다랑어, 만새기, 두줄베도라치, 노랑점쥐돔, 바드스파인푸트, 색동놀래기, 청줄청소놀래기 등이었던 것 같다.

산호초는 바다의 열대 우림이라고 불리곤 한다. 생물의 다양성의 측면만 놓고 보자면 적절한 비유다. 산호초의 어느 부분을 들여다보든 거기에 서식하는 생물 종 수를 헤아려보면 깜짝 놀랄 것이다. 한 호주 연구자가 배구공 크기의 산호 군체를 해체해 조사한 결과 그 안에는 103개의 서로 다른 종에 속한 1400개 이상의 다모류 개체가 살고 있었다. 더 최근에는 미국 연구자들이 산호 덩어리를 열어 갑각류를 조사했는데 헤론섬 인근의 산호초 $1m^2$에서 100종 이상, 비슷한 크기의 그레이트배리어리프 북단의 산호초에서는 120종이 넘는 갑각류가 발견되었다.[12] 최소 50만 종, 최대 900만 종의 생물이 그 생애의 일부 또는 전부를 산호초에서 보내는 것으로 추정된다.

산호초가 형성되는 지역의 환경을 고려하면 이러한 다양성은 훨씬 더 놀랍다. 열대 수역은 대부분 생물에게 필수적인 질소, 인 등의 영양소가 부족한 경향이 있다. (수온의 수직적 분포 특성 때문에 나타나는 현상으로 열대 지방의 바닷물이 그토록 투명하게 보이는 이유이기도 하다.) 그렇다면 열대 지방의 바다는 사막처럼 황량해야 정상이다. 다시 말해 산호초는 단순히 해저의 열대 우림인 것이 아니라 바다 버전의 사하라 사막 한가운데 있는 열대 우림이다. 가장 먼저 이러한 부조화에 당황한 사람은 다윈이었으며 그래서 이 현상은 '다윈의 역설 Darwin's paradox'이라고 알려졌다. 다윈의 역설은 아직도 완전히 풀리지 않았지만 '재활용'에서 그 수수께끼의 답을 찾을 수 있을 것으로 보인다. 산호초—정확히 말하면 산호초에 군생하는 생물들—가 한 생물군에서 다른 생물군으로 영양소를 전달하는 시스템은 마치 초대형 물물 교환 시장처럼 효율적으로 운용된다. 산호는 이 복잡한 교환 체계에서 핵심적인 행위자인 동시에 거래가 이루어질 수 있게 하는 플랫폼이기도 하다. 즉 산호가 없었다면 그곳에는 바다 버전의 사막만 존재했을 것이다.

칼데이라는 이렇게 말했다. "산호는 생태계의 건축가입니다. 그러니 산호가 사라지면 그 생태계 전체가 사라지는 건 자명한 일이지요."

이스라엘 과학자 잭 실버먼은 이렇게 묻는다. "건물이 없어지면 입주자들은 어디로 가야 하나요?"

산호초는 과거에도 나타나고 사라지기를 몇 번 반복했으며 그 흔적은 의외의 장소에서 불쑥불쑥 나타난다. 예를 들어 트라이아스기의 산호초 잔해는 해발 고도 수천 미터의 오스트리아 알프스산맥에 남아 있으며 텍사스주 서부의 과달루페산맥은 약 8000만 년 전 '지질 구조적 압축tectonic compression'에 의해 융기한 페름기 산호초의 무덤이다. 실루리아기의 산호초는 그린란드 북부에서 볼 수 있다.

이 지질 시대 산호초는 모두 석회암으로 이루어져 있지만, 그 석회질을 만든 생물의 종류에는 큰 차이가 있다. 백악기에 산호초를 만든 대표적인 동물은 루디스트라는 이름의 거대한 이매패류였다. 실루리아기에는 충공충stromatoporoid이라는 스펀지 같은 생물이 산호초 건설에 참여했다. 데본기에는 뿔 모양으로 자라는 사방산호목과 벌집 모양으로 자라는 판상산호목이 산호초를 구성했다. 사방산호와 판상산호 모두 오늘날의 돌산호목과는 유전적으로 거리가 멀며, 페름기 말의 대멸종 때 둘 다 사라졌다. 지질학적 기록에서 이 멸종을 알 수 있는 증거 중 하나가 바로 '산호초의 실종'이다. 약 1000만 년 동안 산호초가 완전히 사라졌던 것이다. 데본기 말과 트라이아스기 말의 대멸종 후에도 산호초의 실종이 있었으며 그때마다 산호초가 다시 만들어지기 시작하는 데 수백만 년이 걸렸다. 멸종과의 이러한 상관관계 때문에 산호초가 환경 변화에 너무 취약한 건축물이라고 주장하는 과학자도 있다. 그러나 지구상에서 산호초만큼 오래 지속된 건축술이 없다는 점을 생각하면 이 또한 역설이다.

물론 해양 산성화가 산호초에게 유일한 위협인 것은 아니다. 사실 어떤 지역의 산호초는 해양 산성화가 치명적인 수준에 도달하기 전에 이미 사라지고 없을 것이다. 어류 남획은 산호와 경쟁 관계에 있는 조류를 과잉 성장하게 만들고, 삼림 파괴는 토사 침적과 물의 투명도 악화를 초래하며, 폭약 어로의 파괴력은 그 이름에서부터 알 수 있다. 이 모든 스트레스 상황은 산호를 병원균에 취약하게 만든다. 화이트밴드병은 이름에서 알 수 있듯이 흰색 띠 모양으로 조직을 괴사시키는 박테리아 감염증으로 최근까지 카리브해 지역의 산호초를 대표했던 큰사슴뿔산호 *Acropora palmata*와 사슴뿔산호 *Acropora cervicornis*를 괴롭히고 있으며, 결국 황폐화된 이 두 종은 세계자연보전연맹의 '절멸 위급종' 목록에 등재되었다. 한편 카리브해 연안의 산호 피복률은 최근 수십 년 사이에 80% 가까이 감소했다.

그러나 아마 가장 심각한 위협은 해양 산성화의 쌍둥이 악재인 기후 변화일 것이다.

산호초는 열대 지방에 사는 만큼 온기를 필요로 하지만, 수온이 너무 높아져도 문제가 발생한다. 조초산호 특유의 이중생활 때문이다. 각각의 폴립은 동물 개체인 동시에 갈충조zooxanthellae라는 미소식물microscopic plant의 숙주다. 황록공생조류는 광합성으로 탄수화물을 생산하며 폴립은 농부가 곡식을 수확하듯 그 탄수화물을 수확한다. 그런데 수온이 일정 수준―그 온도는 지역과 종에 따라 다르다—이상으로 상승하면 산호와 갈충조 사이의 공생 관계가 무너진다. 갈충조가 활성 산소를 위험한 수준으로 배출하기 시작하면 폴립은 그런 갈충조를 필사적으로 퇴출시키는데 이 때문에 종종 자멸에 이른다. 산호초의 환상적인 색채는 갈충조에서 비롯되므로 갈충조가 없어지면 산호가 하얗게 변한 것처럼 보이는데 이를 '백화현상'이라고 부른다. 하얗게 변한 군체는 성장을 멈추고, 손상이 심해지면 결국 죽는다. 1998년, 2005년, 2010년에 대규모 백화 현상이 일어났으며, 지구의 온도가 상승하면 이 현상의 빈도와 강도 또한 증가할 것으로 예측된다. 2008년, 〈사이언스〉에 조초산호를 다룬 논문 한 편이 게재되었는데 여기서 다룬 800여 종 중 3분의 1이 멸종 위기에 처해 있으며 주로 해수 온도 상승 때문이라고 한다. 돌산호가 지구상에서 가장 멸종 위험도가 높은 집단에 속하게 된 것이다. 이 연구에 따르면 산호 중 "위협에 처한" 종의 비율은 "양서류를 제외하면 대부분의 육상 동물 집단보다" 높다.[13]

✦

섬은 축소판 세계, 혹은 작가 데이비드 쿼먼이 말했듯 "자연의 복잡성을 표현한 캐리커처에 가깝다." 그렇게 보자면 원트리섬은 캐리커처의 캐리커처다. 길이 230m, 폭 150m도 안 되는 섬이지만 수백 명의 과학자가 이곳을 연구했으며, 많은 경우 작다는 점에 오히려 매료되었다. 1970년대에는 세 명의 호수 과학자가 이 섬의 생물 개체 전수 조사에 착수했다. 그들은 거의 3년을 텐트에서 지내며 나무(3종), 풀(4종), 새(29종), 날벌레(90종), 응애류(102종) 등 찾을 수 있는 모든 동식물 종의 목록을 작성했다. 과학자들 자신이나 그들이 신고 와서 통돼지 바비큐를 하려고 우리에 넣어 두었던 돼지 한 마리를 셈에 넣지 않는 한 이 섬에 서식하는 포유류는 없었다. 400쪽에 달하는 그들의 결과 보고서는 이 작은 섬의 매력을 노래한 한 편의 시로 시작되었다.

옥빛과 푸른빛의 물로 만든
반짝이는 화관을 쓰고
섬 하나가 잠들어 있네.
철썩이는 파도로부터
섬의 보물을 지키는 산호 고리.[14]

원트리섬에서 보낸 마지막 날에는 스노클링 일정이 없어서 그 대신 운동 삼아 섬을 가로질러 걸어 보기로 했다. 15분쯤 걸릴 터였다. 몇 걸음 안 걸었을 때 연구 기지 관리자인 그레이엄을 만났다. 그는 밝은 파란색 눈, 갈색 머리, 팔자수염을 가진 건장한 남자로 해적이었다면 꼭 어울릴 것 같은 외모였다. 우리는 자연스럽게 함께 걸으며 이야기를 나누게 되었다. 그레이엄은 파도에 쏠려 온 병뚜껑, 아마 배의 문짝에서 떨어져 나온 듯한 단열재 조각, PVC 파이프 한 토막 같은 플라스틱 조각을 주우며 걸었다. 그는 이런 표류물을 철망 케이지에 모아 두었다. 방문객들에게 "우리 종족이 무엇을 하고 있는지" 보여주기 위한 전시물이라고 했다.

그레이엄이 연구 기지가 어떻게 돌아가는지 보여주겠다고 해서 숙소와 실험실 뒤편을 관통해 섬 중심부 쪽으로 향했다. 번식기이다 보니 가는 곳마다 새들이 날개를 펴고 빽빽거렸다. 머리는 검고 가슴은 흰 것은 에위니아제비갈매기, 머리는 검은색과 흰색이 섞여 있고, 몸은 회색인 것은 작은제비갈매기, 검은색인데 머리 일부만 흰색인 것은 검은제비갈매기였다. 과거에 인간이 둥지를 틀고 있는 바닷새들을 그렇게 쉽게 죽일 수 있었던 이유를 알 수 있었다. 제비 갈매기들에게서 경계심이라고는 찾아볼 수 없어서 밟지 않으려면 꽤 신경을 써야 할 정도였다.

그레이엄은 연구 기지에 전력을 공급하는 태양광 패널과 물을 공급하는 빗물 집수 탱크를 보여주었다. 우리는 물탱크에서 섬의 나무들을 내려다볼 수 있었다. 대충 세어 보아도 500그루는 되어 보였다. 나무들은 마치 산호의 잔해에 꽂아 놓은 깃대 같았다. 그레이엄이 플랫폼 너머의 에위니아제비갈매기 한 마리를 가리켰다. 그 새는 검은제비갈매기 새끼를 쪼아대고 있었다. 새끼 새는 곧 죽었다. "먹지는 않을 겁니다." 그레이엄의 예측은 옳았다. 에위니아 제비갈매기는 그대로 떠나버렸고, 얼마 지나지 않아 새끼 새를 먹으러 온 것은 갈매기였다. 그레이엄은 이런 일을 여러 번 목격한 듯 태연했다. 이것은 자원에 비해 개체 수가 많아지지 않게 하는 방법이었다.

그날은 하누카(8일 동안 진행되는 유대교 축제.-옮긴이) 첫날 밤이었다.

누군가가 나뭇가지로 촛대를 만들고 거기에 덕트 테이프로 양초 두 개를 묶어 두었다. 임시변통으로 만든 촛대지만 불빛은 해변으로 퍼져나가 산호 잔해에 그림자를 드리웠다. 그날의 저녁 메뉴는 캥거루 고기였다. 나에게는 깜짝 놀랄 정도로 맛있었지만, 이스라엘에서 온 연구원들은 율법에 맞는 '정결한' 음식이 아니라고 했다.

늦은 밤, 나는 케니 슈나이더라는 박사후연구원과 DK-13으로 향했다. 슈나이더와 나는 첫날에 비해 2시간 이상 늦어진 물때에 맞추어 자정이 약간 못 된 시각에 현장에 도착할 계획이었다. 슈나이더는 이번이 처음이 아니었는데도 GPS 단말기를 능숙하게 다루지 못했다. 우리는 절반쯤 갔을 때 길을 잘못 들었음을 깨달았다. 물은 곧 가슴까지 차올랐고, 이 때문에 걷기가 더 힘들어졌다. 밀물이 들어오고 있었다. 여러 가지 불안한 생각이 뇌리를 스쳤다. 헤엄을 쳐서 기지로 돌아갈 수 있을까? 돌아가는 방향은 제대로 찾을 수 있을까? 물에 떠내려가면 정말 피지에 닿게 되는지를 드디어 알아내게 되는 것일까?

슈나이더와 나는 예정보다 훨씬 늦은 시간에 DK-13의 노란 부표에 도달했다. 우리는 표집용 병을 채운 후 돌아오는 길로 향했다. 이번에도 쏟아지는 별들과 빛 하나 없는 수평선은 감동적이었다. 한편, 원트리섬에서 이미 여러 번 느낀 부조화도 또 한 번 느꼈다. 내가 그레이트배리어리프에 온 것은 인간의 영향력에 관한 글을 쓰기 위해서였는데 이 끝없는 어둠 속에서 슈나이더와 나의 존재감은 작디작았다.

유대인처럼 그레이트배리어리프도 음력을 따른다. 1년에 한 번, 남반구의 여름이 시작될 무렵 보름달이 뜨고 나서 그레이트배리어리프의 대규모 산란, 일종의 동시다발적 그룹 섹스가 펼쳐진다. 대량 산란이 놓치지 말아야 할 장관이라는 이야기를 들은 적이 있었으므로 나는 처음부터 호주 방문 일정을 그 시기에 맞추었다.

평상시의 산호는 극도로 금욕적이어서 '출아법'으로 무성 생식을 한다. 따라서 연중 한 번 있는 산란은 유전학적 혼합이 일어날 수 있는 드문 기회다. 산란을 하는 산호 대부분은 자웅동체다. 단일 폴립에서 난자와 정자가 모두 생산된다는 뜻이다. 난자와 정자는 하나의 작은 다발에 들어 있다. 어떻게 해서 수많은 산호가 일시에 산란을 할 수 있는지를 정확히 아는 사람은 아무도 없지만, 빛과 온도에 반응해 일어나는 현상이라는 것이 중론이다.

거사를 치를 밤—대규모 산란은 늘 일몰 이후에 일어난다—이 임박해 오면 산호들이 태세를 갖추기 시작한다. 사람으로 치면 산기가 보이는 것이다. 난자-정자 다발이 폴립에서 불거져 나오면서 군체 전체로 보면 닭살이 돋은 것처럼 보인다. 헤론섬의 호주 연구원들은 산란 현장을 연구하기 위해 정교한 양식장을 설치했다. 그들은 어느 과학자가 산호 세계의 '실험용 쥐'에 해당한다고 했던 밀레포라돌산호를 비롯해 그레이트배리어리프에 가장 흔한 산호 군체들을 채취하여 수조 안에서 키우고 있었다. 밀레포라돌산호 군체는 작은 크리스마스트리 여러 개가 모여 있는 것 같은 모습이다. 손

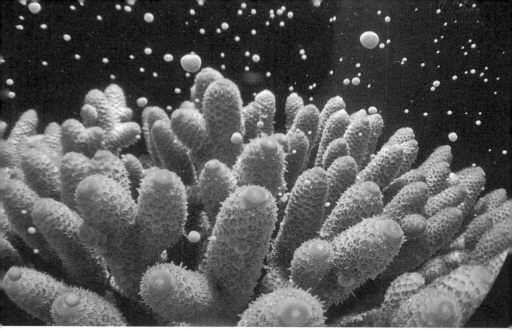

산란 중인 밀레포라돌산호.

전등을 들고 수조 근처에 가는 것은 금지되어 있다. 예기치 않은 빛
이 산호의 생체 시계를 망가뜨릴 수 있기 때문이다. 대신 모두가 붉
은색의 특수 헤드램프를 착용했다. 나도 헤드램프를 빌려 쓰고 폴
립들의 투명한 조직을 뚫고 나오려는 난자-정자 다발을 볼 수 있
었다. 다발은 분홍색 유리구슬 같았다.

　연구팀을 이끄는 퀸즐랜드 대학교의 셀리나 워드는 분만을 앞둔
산부인과 의사처럼 수조 주위를 분주히 돌아다녔다. 워드는 다발
하나에 난자 20~40개와 정자 수천 개가 들어 있으며, 방출되면 곧
다발이 해체되면서 생식체를 쏟아내고 짝짓기에 성공하면 분홍색
의 작은 유충이 될 것이라고 설명해 주었다. 그는 수조 안의 산호들

이 산란을 하자마자 생식체 다발을 꺼내 산성화 정도가 서로 다른 해수로 옮겨 담을 거라고 했다. 워드는 몇 년 동안 산성화가 산호 산란에 미치는 영향을 연구하고 있었으며, 이때까지의 연구만으로도 산성화로 인해 탄산 칼슘 포화도가 낮아질수록 수정률이 크게 낮아진다는 결과가 나타나고 있었다. 포화도는 유충의 발육과 정착―산호 유충이 바위 같은 단단한 물체에 붙어 새로운 군체를 형성하기 시작하는 과정―에도 영향을 끼친다.

워드는 이렇게 정리했다. "한마디로 말해 지금까지의 모든 연구 결과는 부정적이었습니다. 지금과 같은 상황이 계속된다면, 즉 지금 바로 탄소 배출량을 대폭 줄이지 않는다면, 미래에는 기껏해야 산호의 부스러기 잔해들만 남아 있는 상황을 보게 될 것입니다."

그날 밤, 예정보다 늦어진 메조코즘 용접 작업 중이던 대학원생들을 포함하여 헤론섬의 연구원들 일부는 수조 속 산호의 산란이 임박했다는 소식을 듣고 야간 스노클링을 준비했다. 원트리섬에서의 스노클링보다 훨씬 더 세심한 준비가 필요했고 잠수복과 수중 랜턴도 필요했다. 모두가 한 번에 가기에는 장비가 부족해 두 조로 나누었고, 나는 첫 번째 조였다. 처음에는 아무 일도 일어나지 않는 것 같아서 실망스러웠다. 그런데 잠시 후, 몇몇 산호가 다발을 뿜어 냈다. 그리고 거의 곧바로 수많은 산호가 그 뒤를 따랐다. 눈보라치는 알프스산맥을 거꾸로 뒤집어 놓은 듯한 장면이었다. 마치 눈이 아래에서 위로 솟아오르는 것처럼 수면 쪽으로 떠오르는 분홍색 구슬들의 물결이 물속을 가득 채웠다. 무지갯빛 벌레들이 신비

한 빛을 내며 생식체 다발들을 먹어 치우는 듯하더니 수면에 연보 랏빛의 매끄러운 막이 생기기 시작했다. 교대 시간이 다가와 물 밖으로 나가 랜턴을 넘겨주어야 한다는 사실이 안타까울 따름이었다.

CHAPTER 8

숲과 나무

알자테아
(알자테아 베르티킬라타*Alzatea verticillata*)

마일스 실먼이 말했다. "나무는 놀라운 존재입니다. 매우 아름답기도 하지만, 그 이상의 뭔가가 있지요. 숲에 발을 들이면 나무의 크기가 먼저 눈에 띄겠지만, 그 나무의 생애를 생각해보세요. 그만큼 자라기까지 나무가 겪었을 모든 것을요. 정말 대단한 겁니다. 그 과정을 이해하기 시작하면 더 흥미로워진다는 점에서 와인과도 비슷하지요." 우리는 페루 동부, 안데스산맥 끝자락에 있는 해발 고도 3700m의 산 정상에 서 있었다. 사실 그곳에는 덤불만 있을 뿐 나무는 한 그루도 없었고, 어울리지 않게 십여 마리의 소가 수상쩍다는 듯 우리를 지켜보고 있었다. 해가 저물면서 온도가 떨어지고 있었지만, 오렌지빛 저녁

놀에 물든 풍경은 절경이었다. 동쪽으로는 베니강과 마데이라강을 거쳐 결국 아마존강을 만나게 될 알토마드레데디오스강이 흐르고, 앞에는 세계적인 생물다양성 '핫스폿'인 마누 국립 공원이 펼쳐져 있었다.

"지구상에 존재하는 새 아홉 종 중 한 종은 우리 시야 안에 있다고 보면 됩니다. 우리의 조사구에 있는 나무만 해도 수천 종이 넘습니다."

실먼과 나 그리고 실먼이 지도하는 페루인 대학원생들 몇 명은 아침에 쿠스코를 출발해 산 정상에 막 도착한 참이었다. 직선거리로는 약 80km밖에 안 되었지만, 구불구불한 비포장도로로는 한나절이 꼬박 걸렸다. 길은 흙벽돌집 마을들과 믿기지 않을 정도의 경사진 밭을 지나 이어졌고, 갈색 펠트 모자에 알록달록한 치마를 입은 여성들도 아기를 업고 지나갔다. 우리는 가장 큰 마을에 들러 점심을 먹고 나흘간의 산행을 위한 식량을 샀다. 구매 목록에는 빵과 치즈 그리고 실먼이 2달러쯤 주고 산 쇼핑백 하나 분량의 코카 잎이 있었다.

정상에 올랐을 때 실먼은 다음날 우리가 코카 상인들이 자주 이용하던 길로 내려가게 될 것이라고 했다. 코카 잎 재배자들은 계곡에서 키운 코카 잎을 우리가 지나온 마을 같은 안데스 고지대 마을로 실어 날랐는데 정복자들의 시대 이래로 이 길을 이용했다.

웨이크포레스트 대학교 교수인 실먼은 자신을 삼림 생태학자라고 소개하지만, 사람들은 열대 생태학자, 군집 생태학자, 보전 생물

실먼의 조사구는 능선을 따라 배치되어 있다. 능선의 꼭대기에 있는 제1조사구의 고도가 가장 높으며, 따라서 연평균 기온이 가장 낮다.

학자 등 다양한 호칭으로 부른다. 그를 연구자의 길에 들어서게 한 것은 삼림 군락이 어떻게 조성되며, 시간이 흘러도 안정적으로 유지되는 경향이 있는지에 대한 의문이었다. 이 의문은 그로 하여금 열대 지방의 과거 기후 변화를 살펴보게 했고, 그러다 보니 자연스럽게 미래의 기후 변화 예측으로 관심이 이어졌다. 이러한 연구를 통해 알게 된 것들은 실먼이 일련의 수목 조사구를 설정하게 된 계기가 되었고, 우리는 그 조사구들을 방문하려고 이곳에 온 것이다. 모두 17개인 각각의 조사구는 서로 다른 고도에 위치한다. 따라서 연평균 기온도 제각기 다르다. 마누 국립 공원이 엄청난 다양성이 집결해 있는 곳이라는 점을 생각하면, 이렇게 설정된 조사구들은 산림 군집의 매우 다른 단면들을 보여줄 것이다.

지구 온난화라고 하면 추운 곳을 좋아하는 종들에게만 위협이 될 것이라고 생각하기 쉬우며 그럴 만한 이유도 충분하다. 세계가 따뜻해지면 극지방의 모습이 달라질 것이다. 북극에서는 영구 해빙 perennial sea ice으로 덮인 면적이 30년 전의 절반으로 줄었고, 30년 후에는 완전히 사라질지도 모른다. 그렇게 되면 고리무늬물범이나 북극곰처럼 빙하에 의존하여 살아가는 동물들이 힘든 상황에 처하게 될 것은 자명하다.

그러나 지구 온난화는 열대 지방에도 똑같이 큰 영향—실면에 의하면 훨씬 더 큰 영향—을 끼칠 것이다. 그 이유를 다 설명하자면 복잡하지만, 문제의 시작은 열대 지방이 가장 많은 종이 살고 있는 곳이라는 사실이다.

✤

다음과 같은 가상 여행을 상상해보자. 어느 화창한 봄날, 당신은 북극에 서 있다. (아직은 얼음이 충분히 남아 있으므로 물에 빠질 걱정은 안 해도 된다.) 당신은 걷기 시작한다. 아니, 스키를 타는 게 낫겠다. 갈 방향은 오직 하나, 남쪽밖에 없기는 하지만, 어느 자오선을 따라 남쪽으로 갈지는 선택해야 한다. 당신도 나처럼 매사추세츠에 사는 데다가 안데스산맥에도 가고 싶어서 서경 73° 자오선을 따라가기로 한다. 스키를 타고 800km쯤 달리면 엘즈미어섬이 나온다. 북극해를 가로질러 여행하고 있는 당신은 당연히 그때까지 나무나 어떤 육상 식물도 보지 못했을 것이다. 엘즈미어섬에서도 나무다운 나무는 찾아볼 수 없다. 이 섬에 서식하는 목본류는 기껏해야 발목까지 오는 북극버들이 유일하다. (작가 배리 로페즈가 누구든 북극을 충분히 돌아보면 결국 자신이 "숲 위에 발을 딛고 서 있다는 것"을 깨닫게 될 것이라고 한 것이 바로 이 발밑 가득한 북극버들 때문이다.[1])

남쪽으로 계속 이동해서 네어스 해협을 건넌 다음—이동 방법이 더 복잡해지고 있지만, 그 문제는 접어 두자—그린란드의 서쪽 끝을 가로질러 배핀만을 건너면 배핀섬이 나온다. 땅바닥 가까이에서 몇 종의 버드나무가 무리를 지어 자라고 있기는 하지만, 배핀섬에도 나무라고 할 만한 것은 없다. 이제 당신이 여행한 거리는 약 3200km에 이르렀고, 드디어 퀘벡 북부의 언게이바반도에 도착했다. 아직은 수목 한계선보다 북쪽이지만, 400km 남짓 걸어가면 아한대림 끝에 도착할 것이다. 캐나다의 아한대림은 면적이 400만 km²에 달하며 지구상에 남아 있는 원시림의 4분의 1에 해당하는 엄청난 규모다. 그러나 다양성이 높은 숲은 아니다. 캐나다 전역에 걸친 수백만 제곱킬로미터에서 검은가문비나무, 자작나무, 발삼전나무 등 약 20종의 나무밖에 볼 수 없다.

미국으로 넘어오면 수종의 다양성이 천천히 늘어나기 시작할 것이다. 버몬트주에서 만나게 될 동부활엽수림은 한때 미국의 절반가량을 차지했으나 지금은 군데군데만 남아 있을 뿐이며 그마저도 대부분은 이차림(처녀림이 파괴된 후 복구된 산림.–옮긴이)이다. 버몬트에는 약 50종, 매사추세츠에는 55종 정도의 자생 수종이 있다.[2] 지금 여행하고 있는 경로의 약간 서쪽에 있는 노스캐롤라이나에는 200종이 넘는다. 중미는 73° 자오선에서 벗어나 있지만 뉴저지주 면적밖에 안 되는 벨리즈에 700종에 이르는 자생 수종이 서식한다는 점도 주목할 만하다.

73° 자오선은 콜롬비아에서 적도를 지나 베네수엘라, 페루, 브라질을 통과한 후 다시 페루로 들어가서는 남위 13° 부근에서 실먼의 수목 조사구 서쪽을 지난다. 실먼의 조사구 17개를 다 합해도 센트럴파크의 10분의 1도 안 되는 넓이지만 이곳 식생의 다양성은 어마어마하다. 목본류만 1035종에 달하는데 이는 캐나다 아한대림 전체의 약 50배에 해당한다.

새, 나비, 개구리, 버섯, 그밖에 상상할 수 있는 모든 생물 종(흥미롭게도 진딧물류는 예외지만[3])도 마찬가지다. 일반적으로 생물의 다양성은 극지방일수록 빈약하고 저위도 지방으로 갈수록 풍부하다. 학계에서는 이러한 경향성을 '위도에 따른 다양성의 기울기latitudinal diversity gradient, LDG'라고 부르며 일찍이 독일 박물학자 알렉산더 폰 훔볼트도 열대 지방의 생물학적 유려함에 감탄하며 "푸른 천공만큼 다채로운 장관"이라고 칭송했다.[4]

훔볼트는 1804년 남미를 탐험하고 돌아와 이렇게 썼다. "풍부한 식물군이 지표면에 펼쳐 놓은 신록의 카펫은 모든 부분이 균일하게 짜여 있지 않다.[5] 극에서 적도로 갈수록 생물의 성장과 번식이 점차 활발해진다. 두 세기가 더 지난 지금도 그 이유는 밝혀지지 않았지만, 이 현상을 설명하려는 이론적 시도는 30가지가 넘었다.

한 이론은 열대 지방에서 진화의 시계가 더 빠르게 흐르기 때문에 그곳에 더 많은 종이 서식한다고 설명한다.[6] 저위도 지방의 농부가 한 해에 더 많은 곡식을 수확하듯, 동식물들도 더 많은 세대를 낳을 수 있다. 세대 수가 많아질수록 유전적 변이의 출현 가능성도 더 커지는데 그것은 새로운 종이 출현할 가능성도 더 커진다는 뜻이다. (약간 다르지만, 관련된 이론으로 기온이 높을수록 돌연변이율이 높아진다는 학설도 있다.)

두 번째 이론은 열대 종들이 더 까다롭다는 데서 원인을 찾는다. 이 부류의 학설에 따르면 열대 지방에서 중요한 것은 기온이 다른 지역보다 안정적이라는 점이다. 이 때문에 열대 생물들은 상대적으로 온도에 대한 내성이 약한 경향이 있으며, 언덕이나 계곡 등으로 인한 약간의 기후 차이도 극복할 수 없는 장벽이 된다. (이 주제를 다룬 한 유명한 논문 제목은 '왜 열대 지방의 고개가 더 높은가'이다.[7]) 따라서 개체군이 더 쉽게 격리되고 격리된 개체군 안에서 종 분화가 일어나게 된다는 것이다.

역사 중심의 이론도 있다. 이 학설에 따르면 열대 지방 생물군의 역사가 오래되었다는 사실이 핵심이다. 아마존 열대 우림은 수백만 년 전, 아마조네스가 존재하기 전부터 그 자리에 있었다. 말하자면 다양성이 축적될 시간이 많았다는 뜻이다. 반대로 캐나다는 2000년 전까지만 해도 거의 전체가 약 1600m 두께의 얼음으로 덮여 있었다. 미국 북동부의 여러 지역도 마찬가지였다. 즉 현재 노바스코샤, 온타리오, 버몬트, 뉴햄프셔에서 볼 수 있는 모든 수종은 지난 수천 년 사이에 이곳에 등장(혹은 재등장)한 외래종이라는 뜻이다. 다양성을 시간의 함수로 해석하는 이론은 다윈의 라이벌(혹은 진화론의 공동창시자)이었던 앨프리드 러셀 월리스가 처음 제안했다. 월리스는 빙하로 덮인 지역에서 진화가 일어나려면 "수많은 어려움"을 겪어야 하지만 열대 지방에서는 "진화의 기회가 공정하게 주어진다"고 주장했다.[8]

✦

다음 날 아침, 우리는 해돋이를 보려고 이른 시각에 침낭에서 기어 나왔다. 밤사이에 아마존 분지에서 구름이 몰려와 있었고, 우리는 그 구름이 분홍색으로 변했다가 불타는 듯한 주황색으로 다시 변하는 것을 발밑으로 내려다볼 수 있었다. 우리는 쌀쌀한 새벽 공기 속에 장비를 챙겨 산길을 내려갔다. 운무림에 들어섰을 때 실먼이 이렇게 말했다. "독특하게 생긴 나뭇잎 한 종류를 골라서 기억해 두세요. 몇백 미터 정도 그 나뭇잎이 보이다가 사라질 겁니다. 그만큼이 그 수종의 서식지 전체라고 보면 됩니다."

실먼은 덤불을 베어내기 위해 60cm짜리 마체테 칼을 들고 다녔는데, 이따금 공중을 향해 칼을 흔들면 가리키는 쪽에 쌀알만 한 꽃이 핀 작고 흰 난초나 새빨간 열매가 달린 블루베리류, 밝은 주황색 꽃이 핀 기생 관목 등 뭔가 흥미로운 게 있다는 뜻이었다. 대학원생인 윌리엄 파르판 리오스는 나에게 디너 접시만 한 커다란 잎 하나를 건네주었다.

"처음 발견된 종입니다." 실먼과 그의 대학원생들은 이 숲에서 학계에 알려지지 않은 나무 30종을 발견했다. (이것만 해도 캐나다 아한대림에 서식하는 수목 종 수의 절반이나 된다.) 새로운 종이라고 추정되지만, 아직 공식적으로 분류되지 않은 종도 300가지나 더 있으며, 완전히 새로운 속(屬)도 하나 발견했다.

실먼은 "새로운 참나무류나 히커리류의 **수종**을 찾은 게 아니라 참나무나 히커리 **자체**를 찾은 셈"이라고 설명했다. 실먼은 그 잎사귀를 UC데이비스의 분류학 전문가에게 보냈는데 안타깝게도 그가 동정(同定)(어떤 생물의 분류학상 소속이나 명칭을 정하는 것.-옮긴이)을 완료하지 못하고 세상을 떠났다.

겨울이고 건기의 절정이었지만 산길은 질척거리고 미끄러웠다. 수로처럼 깊이 패여 있는 길이어서 지면이 눈높이에 있었다. 곳곳에서 나무가 그 수로 위를 가로지르며 자라 터널을 이루었다. 우리가 만난 첫 번째 터널은 어둡고 축축했으며 가는 잔뿌리들이 늘어져 있었다. 그 이후의 터널들은 더 길고 어두워서 한낮에도 헤드램프가 있어야 길을 찾을 수 있을 정도였다. 나는 문득문득 동화 속 악마의 소굴로 들어가는 느낌이 들었다.

우리는 해발 고도 3450m인 제1조사구를 지났지만 거기서 멈추지 않았다. 해발 고도 3200m인 제2조사구는 최근 산사태로 쓸려 내려갔는데, 실먼은 오히려 기뻐했다. 어떤 종류의 수목이 다시 정착할지가 그의 관심사였기 때문이다.

아래로 내려갈수록 숲은 더 울창해졌다. 평범한 숲이라기보다는 양치류와 난초류, 브로멜리아드류, 덩굴나무류로 뒤덮인 식물원에 더 가깝다. 어떤 지점에서는 초목이 너무 빽빽하게 자라다 보니 토양층이 지면에서 떠서 형성되고, 그곳에서 식물을 싹틔워 공중에 떠 있는 숲이 만들어졌다. 빛과 공간은 한 줌도 남기지 않고 모두 점유하고 있는 만큼 자원을 둘러싼 경쟁이 극심한 것이 당연했고, 다윈이 《종의 기원》에서 말한 "모든 변이들"을 "매일 그리고 매시간 (…) 심지어 아주 미세한 것이라 하더라도 세심히 살피면서" 자연 선택의 작동 과정을 실제로 볼 수 있을 것 같았다. (열대 지방의 생물다양성이 더 큰 이유를 치열한 경쟁이 더 많은 종 분화를 유도하고 이 때문에 같은 면적 안에 더 많은 종이 공존하게 된다고 설명하는 학설도 있다.) 무성한 나무들에 가려진 탓에 동물은 보기 힘들었다. 새들이 지저귀는 소리도 들렸지만, 눈으로 본 것은 손에 꼽았다.

해발 고도 2950m의 제3조사구 근처에서 실먼이 코카 잎이 가득 든 쇼핑백을 꺼냈다. 실먼과 대학원생들은 사과 한 봉지, 오렌지 한 봉지, 700쪽짜리 조류 도감, 900쪽짜리 식물 도감, 아이패드 하나, 벤젠 여러 병, 분사용 페인트 한 통, 치즈 한 덩어리, 럼주 한 병 등 터무니없어 보일 만큼 많은 짐을 메고 있었다. 실먼은 코카 잎이 무거운 짐을 가볍게 해준다고 했다. 코카 잎은 허기를 가라앉히며, 통증을 완화하고, 고산병 예방에도 도움이 된다. 개인 장비 외에 내가 맡은 짐은 거의 없었지만, 그래도 더 가볍게 느끼게 해준다면 시도해볼 만한 가치가 있다고 생각했다. 나는 코카 잎 한 줌과 베이킹 소다 한 꼬집을 입에 넣었다. (코카가 약효를 발휘하려면 베이킹 소다 같은

제4조사구에서 본 풍경.

알칼리성 물질이 필요하다.) 가죽 같은 질감에 오래된 책 같은 맛이 났다. 입술이 금방 무감각해지고 통증이 사라지기 시작했다. 1~2시간 후, 나는 또 코카 잎을 달라고 했고, 그 후에도 여러 차례 쇼핑백에 손을 넣었다.

우리는 이른 오후에 해발 고도 2700m인 제4조사구 가장자리의 작고 질척거리는 한 빈터에 도착했다. 그곳에서 하룻밤을 묵을 거라고 했다. 실먼과 대학원생들이 자주 야영을 하던 곳이었고, 몇 주씩 머문 적도 있었다. 빈터에는 뽑혀서 내동댕이쳐진 브로멜리아드가 곳곳에 흩어져 있었다. 실먼에 따르면 안경곰의 흔적이었다. 안데스곰이라고도 불리는 안경곰은 남미에 남아 있는 마지막 곰으로 검은색 또는 암갈색 몸에 눈 주위만 베이지색이며 주로 식물을 먹고 산다. 안데스산맥에 곰이 있다는 사실을 알지 못했던 나는 "머나먼 페루"를 떠나 런던에 온 패딩턴을 떠올리지 않을 수 없었다.

✦

실먼의 17개 수목 조사구는 각각 약 1만m^2이며, 능선을 따라 망토의 단추처럼 나란히 배치되어 있다. 조사구들은 능선 꼭대기에서부터 해발 고도가 0에 근접한 아마존 분지까지 늘어서 있다. 조사구 내의 직경 10cm가 넘는 모든 나무에는 실먼과 대학원생들이 달아 놓은 꼬리표가 붙어 있다. 그들은 이 나무들의 수고와 직경을 측정하고, 종을 식별하며, 일련번호를 부여했다. 제4조사구에는 직경이 10cm를 초과하는 나무가 777그루 있으며 이들은 60개 종에 속한다. 실먼과 그의 학생들은 조사구 식물군 재조사를 준비하고 있었는데, 이 프로젝트에는 수개월이 걸릴 것으로 예상되었다. 꼬리표가 달려 있는 모든 나무를 재측정하고, 지난번 조사 이후에 새로 나타났거나 죽은 나무에 대한 사항을 반영해야 한다. 구체적인 조사 방법에 관한 탈무드급의 상세하고 긴 토론이 반은 영어로 반은 스페인어로 이루어졌다. 내가 알아들을 수 있었던 몇 가지 중 하나는 비대칭성에 관한 내용이었다. 나무의 줄기 단면은 완전한 원형이 아니므로 윤척(통나무의 지름을 재는 기구.-옮긴이)을 대는 방향에 따라 직경이 다르게 측정될 수 있다. 결국 그들은 모든 나무에 윤척의

조사구 내 직경 10cm가 넘는 나무에는 꼬리표를 붙인다.

고정 턱을 댈 지점을 붉은색 스프레이 페인트로 표시하기로 결정
했다.

　조사구마다 고도의 차이가 있으므로 연평균 기온도 서로 다르
다. 예를 들어, 제4조사구의 평균 기온은 11.7°C인데, 제4조사구보
다 약 250m 높은 제3조사구의 평균 기온은 10.6°C, 제4조사구보
다 약 250m 낮은 제5조사구의 평균 기온은 13.3°C이다. 열대 종은
생육 온도 범위가 좁으므로 이러한 조사구 간 기온 차이는 높은 종
구성 변화율을 뜻한다. 다시 말해, 한 조사구에 많이 서식하는 수종
이 바로 그다음 조사구에서는 전혀 보이지 않을 수 있다.

　실면은 이렇게 설명했다. "서식하는 고도 범위가 가장 좁은 종이

그 구역의 우점종인 경우가 왕왕 있습니다. 특정 고도에서 그 수종에게 경쟁 우위를 갖게 해주는 형질이 그 고도를 벗어난 곳에서는 유리하게 작용하지 않는다는 뜻이지요." 예를 들어, 제4조사구와 제1조사구의 고도 차이는 약 750m에 불과하지만, 수종은 90%가 다르다.

실먼이 처음 조사구를 설정한 것은 2003년이었다. 그의 계획은 수십 년에 걸쳐 매년 동일 구역을 조사하여 그곳에서 무슨 일이 일어나는지를 관찰하는 것이었다. 나무들은 기후 변화에 어떻게 대응할까? 한 가지 가능성은 각 구역의 수종들이 더 높은 지역으로 이동하기 시작할 것이라는, 이른바 버남숲Birnam Wood(《맥베스》에 나오는 움직이는 숲.-옮긴이) 시나리오다. 물론 나무가 진짜로 움직일 수는 없지만, 차선책이 있다. 씨앗을 퍼뜨리는 것이다. 이 시나리오에 의하면 현재 제4조사구에서 발견되는 종들이 기후가 따뜻해지면 더 높은 지대에 있는 제3조사구에 나타나고, 제3조사구의 수종들은 제2조사구에 나타나기 시작할 것이다. 실먼과 그의 학생들은 2007년에 첫 번째 재조사를 실시했다. 실먼은 이 조사를 장기 프로젝트의 한 부분으로 생각했으므로 불과 4년 만에 그렇게 흥미로운 결과가 나오리라고는 상상도 하지 못했다. 그러나 박사후연구원 케네스 필리는 모든 데이터를 면밀히 검토한 끝에 이 숲이 이미 수치상으로 나타날 만큼 움직이고 있음을 밝혔다.

이주율을 계산하는 방법은 여러 가지다. 예를 들어, 나무의 개체수를 기준으로 할 수도 있고, 질량을 기준으로 할 수도 있다. 필리는 속을 기준으로 삼았다. 그의 연구 결과를 아주 대략적으로 설명하자면, 지구 온난화는 수목들을 해마다 평균 2.4m씩 높은 곳으로 이동시킨다. 그런데 이 평균만 보면 일부 수종의 놀라운 움직임을 놓칠 수 있다. 아이들이 쉬는 시간에 패거리를 지어 노는 것처럼 나무들도 끼리끼리 매우 다른 행태를 보였던 것이다.

스케플레라속*Schefflera* 나무들이 대표적인 예다. 스케플레라속은 인삼과에 속하며 손바닥에 손가락이 붙어 있듯이 중심점을 둘러싸고 여러 개의 잎이 방사형으로 붙어 있는 손꼴 겹잎을 지녔다. (이 속에 속한 대표적인 식물로 가정에서 흔히 키우는 대만 자생종 홍콩야자*Schefflera arboricola*를 들 수 있다.) 필리는 과잉 반응이라고 할 만한 스케플레라속의 양상에 주목했다.[9] 스케플레라속에 속한 수종들은 연간 30m에 육박하는 놀라운 속도로 능선을 질주하고 있었다.

감탕나무속*Ilex*은 정반대였다. 감탕나무속의 나무들은 윤이 나고 가장자리가 가시나 톱니 모양인 어긋나기잎을 지녔다. (대표적인 수종은 유럽이 원산지인 서양호랑가시나무*Ilex aquifolium*로 크리스마스 장식에서 흔히 볼 수 있다.) 감탕나무속의 나무들은 쉬는 시간을 벤치에 널브러져서 보내는 아이들 같았다. 스케플레라속의 나무들이 오르막을 질주하는 동안 감탕나무속의 나무들은 거의 움직임 없이 그 자리에 그대로 있었다.

✦

기온 변화에 대한 대처 능력이 없는 종의 운명은 우리가 지금 겪정할 필요가 없다. 그런 종은 이미 죽고 없을 것이기 때문이다. 지구상의 모든 곳에서 온도는 변동한다. 낮과 밤의 온도가 다르고 계절에 따라서도 다르다. 겨울과 여름의 차이가 미미한 열대 지방에서도 우기와 건기의 기온은 상당히 다를 수 있다. 동식물들은 이러한 온도 변화에 대처하기 위한 온갖 방법을 개발해왔다. 동면이나 하면에 들어가기도 하고 서식지를 옮기기도 한다. 헐떡거림을 통해 열을 발산하거나 두꺼운 털옷으로 열을 보존하기도 한다. 꿀벌은 가슴 근육을 수축시킴으로써 체온을 올리고, 숲황새는 자신의 다리에 배변을 해 체온을 떨어뜨린다. (아주 더울 때는 1분에 한 번씩 배설할 수도 있다.)

한 종이 탄생하여 사라지기까지 100만 년이 걸린다고 하면 장기적인 온도 변화, 즉 기후 변화도 변수가 된다. 전반적인 추세로 볼 때, 지구는 지난 4000만 년 동안 냉각되어 왔다. 그 이유는 완전히 밝혀지지 않았지만, 한 가지 가설은 히말라야산맥이 융기하면서 방대한 암석층이 화학적 풍화 작용에 노출되었고, 이로 인해 대기 중 이산화탄소 농도가 낮아졌다는 것이다. 이 긴 냉각 과정이 시작된 에오세 후기에는 지구상에서 얼음을 거의 찾아보기 힘들 정도로 전 세계가 따뜻했다. 지구 온도가 상당히 떨어져 남극 대륙에 빙하가 형성되기 시작한 것은 약 3500만 년 전의 일이다. 300만 년 전에는 북극도 얼어붙어 만년설이 형성될 정도로 기온이 떨어졌다. 플라이스토세가 시작된 250만 년 전 무렵에는 전 세계가 주기적인 빙하기에 접어들었다. 이때 북반구를 가로질렀던 거대한 빙상은 약

10만 년 후에 다시 녹았다.

빙하기라는 개념—퀴비에의 제자인 루이 아가시가 1830년대에 처음 제안했다—이 널리 받아들여지게 된 후에도 그렇게 놀라운 과정이 어떻게 일어날 수 있었는지는 아무도 설명하지 못했다. 1898년, 월리스는 "우리 시대의 가장 예리하고 영향력 있는 지성들이 창의력을 발휘했지만 모두 헛수고였다"라고 논평했다.[10] 70여 년이 더 지나서야 수수께끼가 풀렸다. 지금은 목성과 토성의 중력 당김 등에 의해 일어난 지구 궤도의 작은 변화가 빙하기를 야기했다는 것이 정설로 받아들여지고 있다. 지구의 공전 궤도가 변화하면 계절과 위도에 따라 입사되는 태양광의 분포가 달라지며, 여름에 극북에 닿는 빛의 양이 최소화되면 눈이 쌓이기 시작한다. 이로써 초래된 대기 중 이산화탄소 농도 저하는 또 다른 냉각 효과를 부르고, 기온이 내려가면 다시 얼음이 쌓이는 피드백 사이클이 이어지는 것이다. 그러다가 궤도 주기가 새로운 단계에 도달하면 피드백 루프가 거꾸로 돌기 시작한다. 얼음이 녹기 시작하고, 이 때문에 CO_2 농도가 상승하면 얼음이 더 빨리 녹는다.

이러한 동결-해동 패턴은 플라이스토세 동안 20여 차례 반복되었고 이는 전 세계에 영향을 주었다. 빙기에는 엄청난 양의 물이 얼음으로 묶이면서 해수면이 약 100m 낮아졌으며, 순전히 빙상의 무게만으로도 지각을 맨틀까지 내리누르기에 충분했다. (영국 북부, 스웨덴 등지에서는 마지막 빙기 이후의 반등 과정이 여전히 진행되고 있다.)

플라이스토세의 동식물은 이러한 기온 등락에 어떻게 대처했을까? 다윈에 따르면 그들은 이동하는 방법을 택했다.《종의 기원》에서 다윈은 광범위한, 대륙 규모의 동식물 이주에 관해 설명했다.

> 추위가 닥쳐와 남부에 위치한 많은 지역들이 북방의 생물들이 살기에 적합해지고 이전에 그곳에 살던 온대성 생물들에게는 부적합해질 때, 후자는 밀려나고 북방의 생물들이 그 자리를 차지할 것이다. (…) 기후가 다시 따뜻해지면서 북극성 생물들은 북쪽으로 후퇴했을 것이고, 곧이어 보다 온화한 지역의 생물들이 뒤따라 후퇴했을 것이다.[11]

다윈의 설명은 그 후 여러 물리적 흔적에 의해 확증되었다. 예를 들어 고대 딱정벌레 외피를 연구하던 학자들은 빙하기 동안 매우 작은 곤충들도 알맞은 기후를 따라 수천 킬로미터를 이동했음을 확인했다. (예를 들어 마지막 빙기에 영국에서 흔히 볼 수 있었던 타키누스 카일라투스 *Tachinus caelatus*라는 어두운 갈색의 작은 딱정벌레가 지금은 울란바토르 서쪽 산악 지대에 서식한다.)

다음 세기의 기온 변화 규모는 빙하기의 온도 변동과 비슷할 것으로 예측된다. (현재의 탄소 배출 추세가 그대로 이어진다면 안데스산맥의 기온은 5°C 가까이 올라갈 것이다.[12]) 다만 변화의 규모는 비슷할지라도 그 속도는 전혀 다를 것이다. 그리고 다시 한번 말하지만, 관건은 속도다. 오늘날의 온난화는 마지막 빙기를 비롯하여 이전의 모든 빙기 말에 일어났던 것보다 최소 10배 빠르게 일어나고 있다. 그 속도를 따라잡으려면 동식물의 이주나 적응도 10배 빠르게 이루어져야 한다는 뜻이다. 실면의 조사구에서는 스케플레라속의 종들처럼 가장 발 빠른—"뿌리 빠른"이라고 해야 할지도 모르겠지만—나무만이 상승하는 온도에 보조를 맞추고 있다. 전체적으로 얼마나 많은 종이 그만큼 빠르게 이동할 수 있을지는 미지수지만, 실면에 따르면 우리는 원하든 원하지 않든 수십 년 안에 그 답을 알게 될 것이다.

✦

실면의 조사구가 있는 마누 국립 공원은 페루의 남동쪽 끝, 볼리비아 및 브라질과의 국경 가까이에 있으며 면적이 1만 5000km²에 이른다. UN환경계획은 마누 국립 공원이 "아마도 세계에서 가장 생물학적으로 다양한 보호 구역"이라고 언급한 바 있다. 목생양치류인 키아테아 물티세그멘타 *Cyathea multisegmenta*, 조류인 흰뺨난쟁이딱새, 설치류인 바버라브라운붓꼬리쥐, 작고 검은 두꺼비인 리넬라마누 *Rhinella manu* 등 이 공원 및 인접 지역에서만 볼 수 있는 종이 많다.

산행 첫날 밤, 실면의 학생 중 한 명인 루디 크루스가 다 같이 리넬라 마누를 찾으러 나가자고 했다. 그는 이전의 조사 때 몇 번 이 두꺼비를 본 적이 있다면서 우리가 찾으려고만 하면 다시 찾아낼 수 있을 거라고 장담했다. 나는 최근에 항아리곰팡이가 페루에 확산되고 있으며 마누에도 이미 상륙했다는 논문을 읽었지만, 굳이 그 얘기를 꺼내지 않기로 했다.[13] 리넬라 마누는 아직 그곳에 살아 있을 것 같았고 그렇기만 하다면 꼭 보고 싶었기 때문이다.

우리는 헤드램프를 착용하고 갱도를 걷는 석탄 광부들처럼 일렬로 산길을 따라 내려갔다. 밤의 숲은 뚫을 수 없을 만큼 뒤엉켜 있는 어둠이었다. 크루스가 맨 앞에서 램프로 나무줄기를 비추기도 하고 브로멜리아드를 들여다보기도 하며 앞장섰고, 나머지 일행이 그 뒤를 따랐다. 그렇게 1시간쯤 계속 걸었지만, 그 사이에 우리가 본 것이라고는 프리스티만티스속 *Pristimantis*의 황토색 개구리 몇 마리밖에 없었다. 좀 더 시간이 흐르자 사람들이 지루해하기 시작했고, 캠프로 발길을 돌렸다. 크루스는 포기하지 않았다. 너무 많은 사람이 몰려다니는 것이 문제라고 생각했는지 그는 반대편 길로 가기 시작했다. 누군가가 이따금 크루스가 사라진 어둠 속을 향해 "뭐가 있어?"라고 소리쳤다.

그때마다 "나다Nada(아무것도)"라는 대답이 돌아왔다.

다음 날, 우리는 수목 측정법에 관한 더 깊은 대화를 나눈 후 짐을 꾸려 다시 길을 나섰다. 실먼은 중간에 물을 길어 오면서 연보라색 띠 같은 것이 스노베리 사이사이에 뒤얽혀 있는 것을 발견했다. 그는 배추과에 속하는 수종의 꽃이라고 추정했지만, 이전에 한 번도 보지 못한 종류였으므로 아직 발견되지 않은 새로운 종일 수도 있다고 했다. 실먼은 그 꽃을 가지고 내려가기 위해 신문지 사이에 눌러놓았다. 내가 한 일은 아무것도 없지만 새로운 종의 발견 현장에 있었을지도 모른다고 생각하니 묘한 자부심으로 가슴이 벅차올랐다.

＋

실면은 산행 중에도 마체테 칼로 덤불을 베어내다가 특이한 식물이 발견되면 종종 멈추어 나에게 설명해주곤 했다. 바늘 같은 뿌리를 뻗어 이웃한 다른 식물의 물을 빼앗아 먹는 관목도 그중 하나였다. "카리스마가 있다"라든가, "유쾌하다", "미쳤다", "말쑥하다", "영리하다", "굉장하다" 같은 표현으로 나무를 묘사하는 그를 보면 마치 연예인 이야기라도 하는 것 같았다.

그날 오후, 우리는 계곡 너머에 다음 능선이 보이는 한 언덕에 도착했다. 능선의 나무들이 흔들리고 있었다. 양털원숭이들이 숲을 지나고 있다는 뜻이었다. 모두 멈추어 서서 양털원숭이를 찾았다. 원숭이들은 가지에서 가지로 이동하면서 귀뚜라미처럼 찌르륵거리는 소리를 냈다. 실면은 쇼핑백을 꺼내 코카 잎을 나누어주었다.

얼마 지나지 않아 해발 고도 2200m의 제6조사구가 나타났다. 새로운 속의 수종을 발견했던 곳이었다. 실면이 마체테 칼로 그 나무를 가리켰다. 평범하게 보였지만, 나는 그의 눈으로 보려고 노력했다. 그 나무는 주변의 다른 나무들보다 키가 크고—실면이라면 "위엄하다"라거나 "조각상 같다"고 했을 것이다, 붉은 수피는 부드러우며, 단순하게 생긴 어긋나기잎을 지니고 있었다. 포인세티아처럼 대극과Euphorbiaceae에 속하는 나무였다. 실면은 이곳에 올 때마다 이 수종에 관해 가능한 한 많은 정보를 수집했으므로 세상을 뜬 분류학자를 대신할 사람을 찾았을 때 그에게 필요한 모든 자료를 보낼 수 있었다. 실면과 파르판은 또 다른 정보를 얻기 위해 나무에 다가갔다. 그들은 씨앗 꼬투리 몇 개를 가지고 돌아왔다. 개암처럼 두껍고 단단하지만, 꽃을 피운 백합처럼 섬세하게 생긴 꼬투리였는데 바깥쪽은 암갈색이고 안쪽은 베이지색이었다.

그날 저녁, 우리가 묵을 제8조사구에 도착한 것은 해가 떨어진 후였다. 우리는 어둠을 뚫고 그곳에 도착해 어둠 속에서 텐트를 치고 저녁을 만들었다. 나는 9시쯤 침낭에 몸을 누였지만, 몇 시간 후 어떤 빛 때문에 잠에서 깼다. 누군가 소변을 보려고 일어났으리라 짐작하며 돌아누웠다. 날이 밝은 후, 실먼이 나에게 어떻게 그 소란 속에서 잘 수 있는지 놀랐다고 했다. 코카 재배자 여섯 무리가 밤새 야영장을 들쑤셔놓았다는 것이었다. (페루에서는 코카 판매가 합법이지만, ENACO라는 국영 기업을 거쳐야만 하는데 코카 재배자들은 가능한 한 이 적법한 경로를 피하고 싶어 한다.) 여섯 무리는 모두 예외 없이 실먼의 텐트에 걸려 넘어졌고, 그는 참다못해 고함을 쳤다. 그도 인정했듯 현명한 방법은 아니었다.

✦

생태학은 법칙이 드문 학문이다. 보편적으로 받아들여지는 몇 안 되는 법칙 중 하나는 생태학의 주기율표라고 할 수 있는 '종-면적 관계species-area relationship, SAR'다. 대략적인 공식은 자명하게 보일 정도로 간단하다. 표집 면적이 넓을수록 더 많은 종을 만날 수 있다는 것이다. 이 양상은 제임스 쿡이 그레이트배리어리프와의 불운한 충돌 이후 두 번째 항해를 함께했던 박물학자 요한 라인홀트 포스터가 1770년대에 처음 기록했다. 1920년대에는 스웨덴 식물학자 올로프 아레니우스에 의해 수학적으로 공식화되었다. (우연찮게 그의 아버지는 1890년대에 화석 연료를 태우면 지구가 더워질 것임을 밝힌 화학자 스반테 아레니우스다.) 그 수식은 1960년대에 E. O. 윌슨과 그의 동료 로버트 맥아더에 의해 수식이 더욱 세련되고 정교하게 발전되었다.

종의 수와 면적 간 상관관계는 선형적이지 않지만 곡선의 기울기 변화는 예측 가능하다. 보통 이 관계는 $S=cA^z$라는 공식으로 표현된다. 여기서 S는 종의 수, A는 면적, c와 z는 대상 지역 및 대상 생물의 분류군에 따라 달라지는—따라서 통상적인 상수의 의미에는 어긋나지만—상수다. 이 관계가 법칙으로 간주되는 것은 지형과 무관하게 그 곡선이 유지되기 때문이다. 연구 대상지가 섬이든 열대 우림이든 인근의 주립공원이든 면적에 따른 종의 수는 동일한 $S=cA^z$라는 공식을 따른다.[*]

멸종에 있어서도 종-면적 관계는 매우 중요하다. 인간이 이 세계에 어떤 작용을 하고 있는지를 생각하는 한 방식은 (지나치게 단순화한 것일 수도 있지만) 인간이 지구상의 모든 곳에서 A값을 변화시키고 있다는 것이다. 예를 들어 한때 약 2600km²에 걸쳐 초원이 펼쳐져 있었다고 상상해보자. 그 초원에는 100종의 새(혹은 딱정벌레나 뱀)가 살고 있었다. 그런데 그 초원의 반이 농장이나 쇼핑몰로 바뀌었다면 이 공식에 따라 얼마나 많은 종의 조류(또는 딱정벌레나 뱀)가 사라

---

[*] 여기서 z가 언제나 1 미만이라는 점이 중요하다. z는 대개 0.20~0.35 사이다.

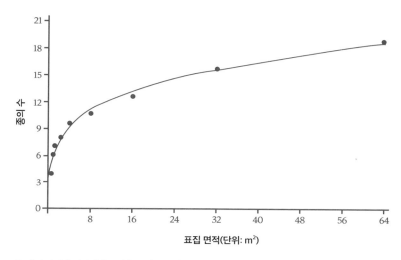

종-면적 관계의 전형적인 곡선을 보여주는 예.

졌을지 계산할 수 있을 것이다. 아주 대략적으로 말하자면 그 답은 약 10%다. (다시 한번 말하지만, 선형적인 관계가 아니라는 점이 중요하다.) 생태계가 새로운 평형 상태에 도달하기까지는 긴 시간이 소요되므로 그 종들이 즉시 사라지는 것은 아니지만, 결국은 그렇게 될 것이다.

2004년, 요크 대학교의 생물학자 크리스 토머스가 이끄는 한 과학자 그룹이 종-면적 관계를 이용하여 지구 온난화로 인한 멸종 위험의 일차 추정치를 산출해보기로 했다. 그들은 우선 1000종이 넘는 동식물의 현재 서식 범위 자료를 수집했다. 그 다음에는 이 범위와 현재의 기후 조건의 상관관계를 검토했다. 그리고 극단적인 두 개의 시나리오를 적용했다. 첫 번째 시나리오는 모든 종이 실면의 조사구에서 감탕나무속 나무들이 그랬던 것처럼 전혀 움직이지 않는다고 가정했다. 기온이 상승하면 대개의 종은 서식하기에 적합한 기후인 곳의 면적이 줄어들 것이고 아예 사라지는 경우도 많다. 이 "비분산" 시나리오에 근거하여 예측한 미래는 절망적이었다. 연구자들은 기온 상승을 최소로 가정해도 22~31%의 종이 2050년 이전에 멸종할 것이라고 예측했다. 당시에 상상할 수 있는 최대의 기온 상승—그조차도 지금의 기준으로 보면 너무 낙관적인 수준이지만—을 가정하면 21세기 중반까지 38~52%의 종이 멸종에 이를 것으로 예측되었다.

UC버클리의 고생물학 교수 앤서니 버노스키는 "이것을 다음과 같이 표현할 수도 있을 것이다.[14] 주위를 둘러보라. 눈에 보이는 생물 절반을 죽여라. 아량을 베풀고 싶다면 4분의 1만 죽여라. 그것이 앞으로 벌어질 일이다."

더 낙관적인 두 번째 시나리오에서는 생물 종들의 높은 이동성을 가정했다. 기온이 상승하면 동식물들이 적응 가능한 기후 조건을 찾아 새로운 지역으로 서식지를 옮길 수 있다는 뜻이다. 그러나 이 시나리오에서도 결국 많은 종이 갈 곳을 잃었다. 지구가 더워지면서 익숙했던 환경이 아예 사라져버리는 것이다. (이런 일이 주로 일어나는 곳은 열대 지방이다.) 그렇지 않은 종도 기후를 따라가려면 고지대로 올라가야 하는데 산꼭대기는 기슭에 비해 면적이 좁으므로 서식지가 줄어들 수밖에 없다.

크리스 토머스 등은 "보편적 분산" 시나리오를 적용할 경우 온난화 수준을 최소로 가정할 때 2050년까지 9~13%의 종이 멸종을 선고받을 것이라고 추정했다. 온난화 수준을 최대로 가정하면 그 수치는 21~32%로 올라간다. 연구자들은 두 시나리오의 평균을 취하고 온난화의 정도도 중간 수준이라고 가정하여 모든 생물 종의 24%가 멸종의 길을 걸을 것이라고 결론지었다.

이 연구는 〈네이처〉의 표지를 장식했다.[15] 대중 매체에서는 연구자들이 도출한 여러 수치를 단 하나의 숫자로 압축했다. BBC는 "기후 변화가 전 세계 100만 종의 생물을 멸종으로 몰아갈 것"이라고 선언했으며, 〈내셔널지오그래픽〉이 뽑은 기사 제목은 "온난화로 2050년까지 100만 종 파멸"이었다.

이후 여러 근거를 앞세운 반론이 이어졌다. 이 연구가 생물 종들 사이의 상호 작용이나 동식물들이 견딜 수 있는 기후 범위가 현재보다 넓어질 가능성을 고려하지 않았다는 비판도 있었고, 그 어떤 시나리오를 적용해도 온난화는 2050년 이후 한참 동안 이어질 텐데 이 연구는 2050년까지밖에 내다보지 못하고 있다든가, 종-면적 관계를 검증 없이 새로운 환경 조건에 적용하고 있다고 비판하는 사람들도 있었다.

더 최근의 연구들은 〈네이처〉에 실린 논문을 양쪽에서 비판했다. 어떤 이들은 그 논문이 기후 변화가 초래할 수 있는 멸종을 과대 추정했다고 보았고, 또 다른 이들은 과소 추정했다고 비난한 것이다. 토머스는 2004년의 논문에 대한 여러 반론에도 일리가 있음을 인정했지만, 그 후에도 자릿수가 달라질 만큼 큰 차이를 보이는 추정치가 제안되지는 않았다는 점을 지적했다. 즉, "1%나 0.01%가 아니라 10% 혹은 그 이상의 종"이 기후 변화로 끝장난다는 점에는 변함이 없다는 것이다.

최근의 한 논문에서 토머스는 이러한 수치들을 "지질학적 맥락" 안에서 해석할 필요가 있다고 제안했다.[16] 기후 변화만으로 "5대 멸종에 견줄 만한 대량 멸종이 일어날 것으로 보이지는 않는다." 그러나 과거에 일어난 "5대 멸종 바로 아래 단계 또는 그보다 큰 규모의 멸종이 기후 변화 때문에 일어날 가능성은 다분하다."

그리고 이렇게 결론지었다. "그 잠재적 여파를 고려하면, 우리가 인류세에 접어들었다는 주장을 받아들여야 할 것이다."

✤

"영국인들은 무엇이든 비닐 쪼가리로 표시하는 걸 좋아해요." 실면이 투덜거렸다. "센스 없는 짓이지요." 산행 셋째 날이었고, 우리는 경계를 푸른색 비닐 테이프로 표시해 놓은 제8조사구에 서 있었다. 실면은 그것이 옥스퍼드 대학교 연구진의 작품일 것이라고 추측했다. 실면은 많은 시간—때로는 몇 달씩—을 페루에서 보내지만 1년 내내 페루에 있는 것은 아니므로 그가 알지 못하는 사이에 무슨 일이든 벌어질 수 있다. (그리고 대개는 그런 일이 있어도 별로 신경 쓰지 않는다.) 우리가 산행을 하는 중에도 씨앗을 받으려고 나무에 걸어 둔 철망 바구니 몇 개가 발견되었다. 물론 연구 목적이기는 하겠지만, 아무도 실면에게 허락을 구하거나 언질을 준 적이 없으므로 일종의 학문적 해적 행위라고 할 수 있었다. 나는 코카 재배자들처럼 살금살금 숲속을 돌아다니는 연구자 무리를 상상했다.

실먼은 제8조사구에서 "정말 흥미로운" 나무를 또 하나 알려주었다. 그것은 알자테아*Alzatea verticillata*였다. 이 나무는 특이하게도 알자테아속의 유일한 종일 뿐만 아니라 알자테아과의 유일한 종이다. 알자테아는 옅은 녹색의 종잇장 같은 길쭉한 잎과 흰색의 작은 꽃을 지닌 나무로 실먼에 따르면 꽃이 필 때 탄 설탕 냄새가 난다고 한다. 알자테아는 매우 높이 자랄 수 있으며 특정 해발 고도(약 1800m)의 숲에서 주요 임관목canopy tree의 위치를 차지한다. 기후가 변해도 꼼짝하지 않고 그 자리를 지키는 수종 중 하나다.

실먼의 조사구들은 토머스에게 또 한 가지 현실적 변수를 보여준다. 나무가 비단날개새—마누에서 흔히 볼 수 있는 열대 조류—는 물론, 진드기만큼도 움직일 수 없다는 것은 명백하다. 그러나 운무림의 나무들은 마치 산호가 산호초를 형성하듯 자체적인 생태계를 구성한다. 그 먹이 사슬 안에서 특정 유형의 곤충은 특정 유형의 나무에 의존하여 살아가며, 특정 조류는 그 곤충에 의존해 살아간다. 의존 관계는 쌍방향적이어서 나무도 동물이 있어야 생존할 수 있다. 동물은 꽃가루를 옮기고 종자를 퍼뜨리며, 새는 곤충이 나무를 잠식하지 못하도록 막아준다. 실먼의 연구는 지구 온난화가 적어도 생태 공동체의 재구성을 초래할 것이라는 점을 시사한다. 나무들은 종류에 따라 기온 상승에 다르게 반응할 것이고, 따라서 종들 사이에 맺고 있는 현재의 관계가 무너지고 새로운 관계가 형성될 것이다. 전 지구적 규모로 이러한 재편이 일어나면서 일부 종은 더 번성할 것이다. 실제로 많은 식물은 광합성에 필요한 이산화탄소를 더 쉽게 얻을 수 있다는 점에서 높은 이산화탄소 농도가 유리할 수 있다. 반면에 어떤 종들은 뒤처지고 결국 떨어져 나갈 것이다.

실먼은 자신을 낙천적인 사람이라고 말한다. 그 점은 그의 연구에도 반영되었다. (적어도 과거에는 그랬다.) 자신의 연구실을 "햇살 연구실"이라고 지칭하기도 했다. 그는 더 나은 감시 활동과 보호 구역 설정으로 불법적인 벌목이나 채광, 방목 등 생물다양성을 위협하는 요인들을 최소화할 수 있다고 공언해왔다.

"열대 지역에서도 이런 일을 막을 방법은 있습니다. 무엇보다, 협치 체계가 개선되고 있으니까요."

그러나 온난화가 급속도로 진행되는 가운데 보호 구역이라는 대안은 비현실적이라고까지는 할 수 없다 하더라도 분명 또 다른 여러 문제를 초래할 것이다. 벌목꾼한테 하듯 기후 변화에게 경계를 넘어가지 말라고 할 수는 없는 노릇이다. 기후 변화는 쿠스코나 리마에서와 똑같이 마누 숲의 삶의 조건도 바꿀 것이다. 또한 이동하는 종이 많으므로 일정 장소에 고정된 보호 구역으로 생물 종의 멸실을 막을 수 없다.

실먼은 "이것은 우리가 생물 종들에게 가하는 스트레스와 질적으로 다릅니다. 인간에 의한 다른 교란은 공간적으로 피해갈 수 있습니다. 그러나 기후는 모든 것에 영향을 미칩니다." 해양 산성화와 마찬가지로 기후 변화는 전 지구적 현상이며, 퀴비에의 표현을 빌리자면 "지표면의 혁명"이다.

✤

그날 오후, 우리는 도로로 내려왔다. 실먼은 연구실로 가져가기 위해 채집한 여러 흥미로운 식물 표본을 자신의 육중한 배낭에 끈으로 주렁주렁 매달고 있었는데 그 모습이 마치 운무림에 온 조니 애플시드(18~19세기에 미국 전역의 개척지에 사과 종자와 묘목을 보급한 전설적인 인물.-옮긴이) 같았다. 해가 떠 있었지만, 비가 그친 지 얼마 안 되어 갖가지 색깔의 나비가 웅덩이 주변을 맴돌았다. 이따금 통나무를 가득 실은 트럭이 요란하게 지나갔고, 제때 날아가지 못한 나비들의 잘린 날개가 도로에 흩어져 있었다.

걷다 보니 관광객용 숙박 시설이 모여 있는 곳에 다다랐다. 실먼은 이 일대가 탐조가들 사이에서 유명하다고 했다. 길을 따라 조금 더 내려가니 정말 눈앞에 미나리아재비꽃 색깔의 황금풍금조, 수레국화 색깔의 청회색풍금조, 눈부신 터키석 색깔의 푸른목풍금조 등 알록달록한 새가 나타났다. 배가 새빨간 은부리풍금조와 주홍색의 화려한 깃털로 알려져 있는 안데스바위새도 모았다. 수컷 안데스바위새는 머리 위에 원반 모양의 볏이 있으며, 미친 듯한 쇳소리를 내며 운다.

지구의 역사 전체로 보면 현재 열대 지방에만 있는 생물들이 지금보다 훨씬 넓은 서식 범위를 가졌던 적이 많다. 예를 들어 백악기 중반에 해당하는 1억 2000만 년 전에서 9000만 년 전 사이에는 현재 열대 수종인 빵나무가 알래스카만 같은 고위도 지역에서도 번성했다. 에오세 초기, 약 5000만 년 전에는 남극 대륙에서 야자수가 자라고 영국 근해의 얕은 바다에서 악어가 헤엄쳤다. 이론적으로는 더 따뜻해진다고 해서 다양성이 줄어들 이유가 없다. 오히려 "위도에 따른 다양성의 기울기"를 설명하는 몇 가지 가설은 장기적으로 보면 더 따뜻한 세계일수록 다양성이 **더 커진다고** 본다. 그러나 단기적으로, 즉 인간과 관련된 시간 척도에서는 상황이 전혀 다르다.

사실상 오늘날 우리 주변에 있는 모든 종은 추위에 적응한 상태다. 북미에 사는 파랑어치나 홍관조, 제비는 말할 것도 없고, 페루의 황금풍금조와 안데스바위새도 마지막 빙하기를 거치며 살아남은 종이다. 그 새들이나 아주 가까운 친척은 이전의 빙하기, 또 그 이전의 빙하기를, 플라이스토세가 시작된 약 250만 년 전부터 겪었다. 플라이스토세의 기온은 대체로 지금보다 현격히 낮았고—궤도 주기의 리듬 때문에 빙기는 대체로 간빙기보다 훨씬 오래 지속된다—추운 기후에 적응할 수 있다면 진화에서 프리미엄을 갖는 셈이었다. 한편, 250만 년 동안 지금보다 더운 적이 거의 없었으므로 높은 온도에 대한 적응력은 유리할 것이 없었다. 우리는 플라이스토세 내내 반복된 빙기와 간빙기 중 간빙기 중에서 가장 더운 날씨에 살고 있는 셈이다.

현재보다 높은 이산화탄소 농도—이는 곧 지금보다 높은 지구 온도를 말한다—를 찾으려면 마이오세 중반, 1500만 년 전까지 거슬러 올라가야 한다.[17] 금세기 말에는 CO_2 농도가 남극에 야자수가 살았던 약 5000만 년 전 이래로 유례가 없는 수준에 도달할 가능성이 있다. 현재로서는 지금 존재하는 생물 종이 지금보다 따뜻했던 그 오래전에 번성할 수 있게 해주었던 조상들의 특징을 여전히 갖고 있는지 알 수 없다.

실먼은 이 문제에 관해 이렇게 설명했다. "식물에게는 더운 기온을 견딜 여러 방법이 있습니다. 특별한 단백질을 생성할 수도 있고, 대사 작용을 바꿀 수도 있지요. 그러나 열에 대한 내성을 얻는 대신 다른 부분이 희생되어야 합니다. 게다가 우리의 예측대로라면 수백만 년 동안 본 적이 없는 기온이 될 것입니다. 따라서 문제는 동식물이 그렇게 긴 시간—대규모의 포유류 방산radiation of mammals이 여러 차례 일어나고 사라질 만큼—동안 희생을 감내하면서까지 그러한 특징을 유지했겠느냐는 것입니다. 그런 특징이 있다면 우리에게는 깜짝 선물 같은 존재겠지요." 그러나 그런 특징을 가진 생물이 없다면? 수백만 년 동안 아무 이점도 없고 오히려 불이익만 가져다주는 특징을 모두 버렸다면 어떻게 될까?

실먼은 이렇게 답했다. "일반적인 방식으로 진화가 작동하면 멸종의 시나리오—우리는 멸종이라는 말 대신 완곡하게 '생물의 감소biotic attrition'라고 부르지만—는 종말론이 될 것입니다.

CHAPTER 9

육지의 섬

군대개미
(에사이톤 부르켈리*Eciton burchellii*)

BR-174 고속도로는 브라질 아마조나스주의 마
나우스시에서 베네수엘라와의 국경까지 거의
정북향으로 뻗어 있다. 한때 이 도로의 양옆에는 미끄러져 전복된
차량의 잔해가 즐비했지만, 20년 전쯤 포장된 후로는 운전하기가
훨씬 편해졌고 기력을 소진한 장정들 대신 평범한 여행자들을 위
한 간이 카페가 그 자리를 채우고 있다. 1시간 남짓 달리면 카페들
이 사라지고 또 1시간을 달리면 ZF-3 도로로 이어지는 분기점이
나타난다. ZF-3 동쪽을 향하는 1차선 비포장도로로 아마조나스 지
역의 붉은 흙 때문에 푸른 초원에 난 찢긴 상처처럼 보인다. ZF-3
도로를 따라 45분쯤 달리면 나무 문짝에 쇠사슬이 묶여 있는 어느

출입구에 도달한다. 문 너머에는 소들이 졸린 눈을 하고 서 있는데, 그 너머가 보호 구역 1202이다.

보호 구역 1202는 아마존 한가운데 있는 섬과 같다. 내가 그곳에 갔을 때는 우기가 한창이었지만 그날은 구름 한 점 없이 무더웠다. 15m쯤 들어가니 나뭇잎이 너무 빽빽해서 해가 머리 바로 위에 있는데도 대성당 내부처럼 어두컴컴했다. 가까이 있는 한 나무 위에서 고음의 빽빽거리는 소리가 났는데, 경찰관들이 부는 호루라기 소리를 연상시켰다. 동행한 사람의 말로는 고성우산새라는 작고 얌전한 새의 울음소리라고 했다. 고성우산새가 한 번 더 빽빽거리더니 잠잠해졌다.

바다나 강에 있는 섬과 달리 보호 구역 1202는 거의 완벽한 정사각형이다. 사람의 손이 닿지 않은 약 10만m^{2}의 이 열대 우림은 관목들의 '바다'에 둘러싸여 있다. 항공 사진에서 이 구역은 갈색의 파도 사이에서 흔들리는 녹색 뗏목 같다.

보호 구역 1202는 아마존 일대의 보호 구역 군도 중 하나다. 보호 구역 1112, 보호 구역 1301, 보호 구역 2107 등 모든 섬은 번호로 불린다. 그중에는 10만m^{2}에 한참 못 미치는 곳도 있고 그보다 훨씬 넓은 곳도 있다. 이 모든 섬은 세계 최대, 최장 실험 중 하나인 삼림 단편의 생물학적 역학 연구 프로젝트Biological Dynamics of Forest Fragments Project, BDFFP의 일환으로 설정된 보호 구역이다. BDFFP에 의해 지정된 모든 구역에서 식물학자는 나무에 꼬리표를 달고, 조류학자는 새의 다리에 가락지를 부착했으며, 곤충학자는 초파리의 개체 수를 셌다. 나는 보호 구역 1202을 방문했을 때 박쥐를 조사하던 포르투갈에서 온 한 대학원생을 만났다. 우리는 정오에 만났는데 이제 막 일어나 연구 기지이자 주방인 창고 안에서 파스타를 먹고 있던 참이었다. 그와 대화를 나누고 있을 때 깡마른 카우보이가 그 못지않게 깡마른 말을 타고 올라왔다. 그는 한쪽 어깨에 소총을 둘러메고 있었다. 내가 타고 온 트럭 소리를 듣고 침입자로부터 대학원생을 보호하러 온 것인지, 파스타 냄새를 맡고 온 것인지는 알 수 없었다.

BDFFP는 목장주들과 환경 보호 활동가들 사이의 보기 드문 협력의 산물이다. 1970년대에 브라질 정부는 목장주들에게 당시 거의 사람이 살지 않던 마나우스 북부에 정착하도록 장려하기 시작했다. 우림 지역으로 이주하여 나무를 베어내고 소를 키우는 데 동의한 목장주들은 정부로부터 금전적인 지원을 받았으므로 결과적으로 이 정책은 삼림 파괴에 보조금을 준 것이나 다름없었다. 한편 브라질 법에 따르면 아마존강 유역의 지주는 소유지의 숲을 절반이상 그대로 유지해야 했다. 정책과 법률 사이의 이러한 충돌은 미국 생물학자 톰 러브조이에게 아이디어 한 가지를 던져주었다. 목장주들을 설득해 벌채할 수종과 남길 수종의 결정을 과학자에게 맡기면 어떨까? 러브조이는 당시를 이렇게 회상했다. "아이디어는 단 한 문장으로 요약할 수 있습니다. 저는 브라질 사람들에게 숲의 50%를 초대형 실험에 할애하도록 설득할 수 있을지 궁금했습니다." 그렇게만 된다면 열대 지방 전역에서, 사실상 전 세계에서 통

상공에서 내려다본 마나우스 북쪽의 산림 단편.

제되지 않은 채 일어나고 있는 프로세스를 통제된 방식으로 연구
할 수 있게 될 것이다.

러브조이는 마나우스로 날아가 브라질 당국에 그의 계획을 제
안했고 뜻밖에도 그 제안은 받아들여졌다. 이 프로젝트는 현재 30
년 넘게 이어지고 있다. '삼림 단편학자fragmentologist'[1]라는 신조어
가 생길 만큼 이 보호 구역에서 훈련받은 대학원생들이 늘어났다.
BDFFP를 "역사상 가장 중요한 생태학 실험"이라고 부르는 이유가
바로 이 점에 있다.[2]

✦

현재 지구상의 육지 중 얼음으로 덮여 있지 않은 면적은 약 1억 3000만km²로 이 수치는 인간의 영향을 파악하기 위해 일반적으로 사용되는 기준선이다. 미국 지질학회가 최근에 출판한 한 연구에 따르면 사람들은 이 땅의 절반이 넘는 약 7000만km²을 농경지와 목초지로 활용하기 위해, 도시를 건설하거나 쇼핑몰을 짓고 저수지를 파기 위해, 혹은 벌목이나 채광 또는 채석을 위해 "직접적으로 변형"했다.³ 나머지 6000만km² 중 5분의 3이 숲—저자들에 따르면 "모두 처녀림은 아니지만 자연림인" 숲—으로 덮여 있고, 나머지는 고산 지대나 툰드라 혹은 사막이다. 최근 미국 생태학회는 이러한 충격적인 수치조차도 인간의 영향을 과소평가하고 있다는 연구를 발표하기도 했다.⁴ 그 논문의 저자인 메릴랜드 대학교의 얼 엘리스와 맥길 대학교의 나빈 라만쿠티는 온대 초지라든가 아한대림처럼 기후와 식생에 따라 정의하는 생물군계 개념이 더 이상 유효하지 않다고 주장한다. 그들은 세계를 '인공 생물군계anthrome'라는 새로운 기준으로 나눈다. 인공 생물군계에는 130만km²가 넘는 '도시계urban anthrome'를 비롯해 '관개 경작지계irrigated cropland anthrome'(260만km²), '인간 거주 수림계populated forest anthrome'(1170만km²) 등이 있다. 엘리스와 라만쿠티는 지구상에 총 18개의 인공 생물군계가 있으며 그 총면적이 1억km²을 초과한다고 본다. 그러면 남은 땅은 3000만km²다. 아마존 일대, 시베리아와 캐나다 북부, 사하라 사막, 고비 사막, 그레이트빅토리아 사막 등 사람이 없는 이들 지역은 '미개간지'에 해당한다.

그러나 인류세에서는 그러한 미개간지도 정말 미개간이라고 할 수 있는지 의문이다. 툰드라에는 송유관이, 아한대림에는 인공 지진선(화석 연료 매장지를 찾기 위해 폭발물을 이용한 선형 지역.-옮긴이)이 지나간다. 목장과 농장, 수력 발전 시설은 우림을 가로지른다. 브라질에는 "생선 뼈"라고 부르는 삼림 벌채 유형이 있다. 생선의 등뼈에 해당하는 주 도로 하나를 건설한 다음 그 양쪽으로 갈비뼈 같은 여러 개의 작은 도로를 (종종 불법으로) 만드는 방식이다. 벌채가 끝난 자리에는 가늘고 긴 숲의 단편만 앙상하게 남는다. 오늘날 모든 미개간지는 정도만 다를 뿐 토막 나 있거나 일부가 도려내져 있다. 이것이 바로 러브조이의 삼림 단편 실험이 중요한 이유다. 세계는 점점 더 전혀 자연스럽지 않은, 정사각형의 보호 구역 1202를 닮아가고 있다.

✦

BDFFP의 출연진은 늘 바뀌므로, 수년 동안 프로젝트에 참여한 사람도 거기서 어떤 동물을 만나게 될지 알 수 없다. 나는 보호 구역 1202에 갈 때 미국인 조류학자 마리오 콘하프트와 동행했다. 1980년대 중반에 인턴으로서 이 프로젝트에 처음 합류한 그는 현재 마나우스에 있는 국립아마존연구소에서 일하며, 결혼도 브라질인과 했다. 그는 키가 크고 호리호리하며, 숱이 적은 회색 머리와 슬퍼 보이는 갈색 눈을 가졌다. 콘하프트가 새들에 대해 품은 애정과 열정은 마일스 실먼이 열대 수종들에 대해 보여준 것 못지않다. 한번은 그에게 아마존의 새 중 몇 종을 울음소리로 식별할 줄 아는지 물었는데 그가 어리둥절한 표정을 지었다. 내가 무슨 말을 하고 있는지 모르겠다는 얼굴이었다. 재차 물어본 끝에 얻은 답은 "전부"였다. 아마존 유역에는 공식적으로 약 1300종의 조류가 있다고 알려졌지만, 콘하프트는 사람들이 크기나 깃털 같은 특징에만 주목하고 울음소리에는 충분히 주의를 기울이지 않기 때문에 실제로는 그보다 훨씬 많은 종이 있을 것이라고 했다. 생김새가 거의 똑같아 보여도 울음소리가 서로 다르다면 유전적으로 구별되는 종일 때가 많다는 것이다. 나와 보호 구역 1202에 동행했을 당시에 콘하프트는 자신이 울음소리를 철저히 분석하여 새로 발견한 몇 종의 조류에 관해 논문을 발표하려고 준비하고 있었다. 그중 하나인 포투과(科) 야행성 조류는 구슬프고 귓가에 오래 맴도는 울음소리를 지니고 있어서 현지인들이 브라질 민간 설화에 나오는 동물의 수호자 쿠루피라의 목소리라고 여기기도 한다. 소년 같은 얼굴, 풍성한 머리카락, 뒤를 향한 발을 가진 쿠루피라는 밀렵꾼 등 숲에서 너무 많은 것을 가져가는 사람들을 잡아먹는다.

새 울음소리를 듣기에 가장 좋은 시간은 새벽이므로 콘하프트와 나는 오전 4시가 막 지난 깜깜한 시각에 보호 구역 1202로 출발했다. 우리는 먼저 기상 관측 탑으로 갔다. 약 40m 높이의 녹슨 금속 탑 꼭대기에 오르면 보호 구역 전체가 한눈에 내려다보였다. 콘하프트는 가지고 온 고성능 망원경을 삼각대에 고정했다. 그는 아이팟과 호주머니에 쏙 들어가는 초소형 확성기도 가져왔다. 아이팟에는 수백 가지 울음소리 녹음 파일이 들어 있어서 울음소리는 들리는데 어디에 있는지 파악할 수 없는 새가 있으면 그 새가 나타나기를 바라며 울음소리 파일을 찾아 재생하곤 했다.

콘하프트는 "오늘 150종 정도의 새소리를 들을 수 있을 텐데 그중 볼 수 있는 건 10종 정도밖에 안 될 것"이라고 했다. 이따금 녹색에 대비되는 색이 언뜻 나타날 때가 있는데, 그러면 콘하프트가 무슨 종인지 알려주었고, 나는 그런 식으로 노란술딱따구리, 검은꼬리티티라, 황금날개잉꼬를 잠깐씩이나마 볼 수 있었다. 그가 파란색 점에 망원경 초점을 맞추자 내가 이제껏 본 가장 아름다운 새가 나타났다. 사파이어색 가슴, 진홍색 다리, 아름다운 옥색 머리의 붉은발꿀새였다.

해가 높이 뜨면서 새소리가 뜸해졌고, 우리는 다시 길을 나섰다. 용광로 같은 날씨에 우리 둘 다 땀을 비 오듯 흘릴 때쯤 쇠사슬로 묶인 보호 구역 1202 입구에 다다랐다. 콘하프트가 보호 구역의 안쪽으로 들어갈 수 있는 경로 중 하나를 택했고, 우리는 대략 정사각형의 중심에 해당하는 곳에 도착했다. 그가 멈추어 서서 귀를 기울였다. 내 귀에는 별다른 소리가 들리지 않았다.

그러나 콘하프트의 귀에는 들리는 소리가 있는 모양이었다. "지금 딱 두 종의 새소리가 들리네요. 하나는 '저런, 비가 올 것 같군'이라고 말하는 것처럼 들려요. 납빛비둘기라는 종인데 전형적인 일차림 조류입니다. 다른 하나는 이렇게 울죠. '추르르 추르르 삑.'" 그가 워밍업을 하는 플루티스트 같은 소리를 냈다. "그건 적갈색눈썹 후추때까치예요. 전형적으로 이차림이나 목초지 가장자리에 서식하는 종이라서 일차림에서는 이 울음소리를 들을 수 없지요."

콘하프트가 보호 구역 1202에 처음 왔을 때 맡은 임무는 새를 잡아 가락지를 부착한 후 풀어주는 일이었다. 새들은 지면에서 1.8m 높이까지 숲을 가로질러 쳐놓은 그물로 잡았다. 삼림 단편을 설정하기 전과 후에 개체 수를 조사했으므로 두 수치의 비교가 가능했다. 콘하프트와 그의 동료들은 총 11개 보호 구역에서 약 2만 5000마리의 새에 가락지를 부착했다.[5]

그는 그늘에 서서 설명을 이어갔다. "첫 번째 결과는 일종의 난민 효과였는데 전체적으로 보면 미미하다고 할 수 있는 규모였지만, 모두를 놀라게 했습니다. 주변의 숲을 벌채하자 거의 첫 해 내내 보호 구역의 포획률, 즉 포획되는 개체 수가 증가한 것입니다. 때로는 포획 종 수도 증가했고요." 벌채 구역에 살던 새들이 남아 있는 단편에서 피난처를 찾고 있는 것이 틀림없었다. 그러나 시간이 더 흐르자 개체 수와 종 수가 줄어들기 시작했고 이후로는 감소 추세가 계속 이어졌다.

"더 적은 종 수로 이룬 새로운 평형이 하루아침에 이루어진 것이 아니라는 겁니다. 오랜 시간에 걸쳐 꾸준히 다양성이 감소한 것이지요." 조류에서 나타난 이러한 양상은 다른 동물에게도 동일하게 나타났다.

＋

섬—육지의 섬이 아니라 진짜 섬—은 종이 빈약하다. 쉽게 말해 섬에는 서식하는 종 숫자가 적다. 흥미로운 사실은 바다 한가운데 있는 화산섬뿐만 아니라 이른바 육교도라고 불리는 육지와 인접한 섬도 마찬가지라는 것이다. 육교도는 원래 육지의 일부였다가 해수면이 높아지면서 생긴 섬을 말한다. 그런데 육교도를 연구해 온 학자들은 한결같이 이러한 종류의 섬에 서식하는 생물들의 종 다양성이 그 섬이 원래 속했던 대륙보다 낮은 수준임을 확인해왔다.

왜 그럴까? 왜 고립이 다양성을 떨어뜨리는 것일까? 고립된 환경이 애초에 적합하지 않은 일부 종에게는 그 답이 자명해 보인다. $100km^2$를 필요로 하는 대형 고양잇과 동물에게 $50km^2$만 주어진다면 오래 버티지 못할 것이다. 개구리는 몸집은 작아도 연못에 알을 낳고 산비탈에서 먹고 살아야 하므로 연못과 산비탈이 모두 있는 곳에서만 생존할 수 있다.

그러나 적절한 서식지가 부족하다는 것만 문제였다면 육교도는 다양성 수준은 낮아질지언정 빠른 시간 안에 다시 안정화되었어야 한다. 그런데 실상은 달랐다. 종들은 계속 죽어 나갔다. 그리고 이 현상은 어울리지 않게 '이완relaxation'이라는 용어로 불린다. 플라이스토세 말에 해수면이 높아지면서 생긴 몇몇 육교도에서는 완전한 이완에 수천 년이 걸린 것으로 추정되며, 지금도 어떤 섬에서는 이완이 일어나고 있을 수 있다.[6]

생태학자들은 이완의 원인을 동식물의 삶이 무작위적인 성격을 띤다는 점에서 찾는다. 면적이 좁으면 개체 수가 적어지고, 개체 수가 적으면 위험에 취약하다. 극단적인 예로, X라는 종의 새가 단 한 쌍만 살고 있는 섬을 상상해보자. 그런데 어느 해에 허리케인으로 그 둥지가 날아가 버렸다. 이듬해에 태어난 새끼들은 모두 수컷이었고, 그 다음 해에는 둥지가 뱀의 습격을 당했다. X종은 국지적 절멸의 길을 가고 있다. 이 섬에 사는 X종의 새가 두 쌍만 되었더라도 두 쌍 모두가 그렇게 치명적인 불운을 연달아 겪을 확률은 줄어들고, 스무 쌍이 있었다면 그 확률은 훨씬 더 낮았을 것이다. 그러나 낮은 확률이라도 장기적으로는 여전히 치명적일 수 있다. 이 과정은 동전 던지기와 비슷하다. 동전 하나를 10번 던졌을 때 10번 연속으로 앞면이 나올 가능성은 거의 없다. 20번이나 100번을 던져도 그 확률은 크게 올라가지 않을 것이다. 그러나 던지는 횟수를 충분히 늘리면 그런 이례적인 일도 일어날 수 있다. 이러한 확률의 규칙은 매우 강력해 개체 수가 적은 군집이 처하게 되는 위험성에 대한 경험적 증거는 거의 필요치 않다. 그러나 경험적 증거도 있다. 1950~60년대에 탐조가들은 웨일스 연안의 바드시섬에서 집참새나 검은머리물떼새처럼 흔한 종부터 물떼새류나 마도요류 같은 희귀종에 이르기까지 모든 조류 쌍을 꼼꼼히 기록했다. 이 기록은 1980년대에 재레드 다이아몬드에 의해 분석되었다. 당시에 다이아몬드는 조류학자로 활동하고 있었으며 뉴기니 조류 전문가였다. 그는 바드시섬에서 특정 종이 사라질 확률이 서식하는 쌍의 수가 늘어남에 따라 기하급수적으로 줄어든다는 점, 따라서 "작은 개체군

규모"가 국지적 절멸의 주요 예측 변수라는 것을 발견했다.[7]

물론 규모가 작은 개체군이 섬에만 있는 것은 아니다. 연못에 사는 개구리나 목장에 사는 들쥐 무리도 같은 처지일 수 있다. 국지적 절멸은 어디선가 늘 발생한다. 그러나 일반적인 환경에서는 연이은 불운으로 어느 한 종이 사라지더라도 더 운이 좋은 다른 개체군이 다른 어딘가에서 와서 그 빈자리를 재 점유할 가능성이 높다. 그러나 섬에서는 그런 일이 일어나기 힘들다. 아니, 사실상 불가능하다. 이것이 바로 이완 현상이 일어나는 이유다. (육지였던 곳이 섬이 되어도 이전부터 살던 종, 예를 들어 호랑이가 몇 마리 남아 있을 수 있겠지만 그 작은 개체군이 사라지고 나면 새로운 개체군이 노를 저어 건너오지는 못할 것이다.) 단편화된 서식지라면 어디서든 마찬가지다. 한 개체군이 유실되었을 때 그 자리가 다른 개체군으로 다시 채워질 가능성은 그 서식지를 둘러싸고 있는 주변 환경에 따라 달라진다. 예를 들어 BDFFP 연구진은 흰왕관무희새를 비롯한 몇몇 조류는 거침없이 도로를 횡단하는 반면, 비늘등개미새처럼 길을 건너는 일을 극도로 꺼리는 새들도 있다는 사실을 발견했다.[8] 서식지의 재 점유가 일어나지 않으면 국지적 절멸이 지역적 절멸로 확대되고 결국 전 지구적 멸종으로 귀결될 수 있다.

✦

보호 구역 1202에서 16km쯤 이동하면 비포장도로가 끝나고 오늘날 생태학에서 비 교란 상태로 분류하는 우림 지대가 시작된다.

BDFFP 연구진은 이 숲의 한 부분에 경계를 표시해 두고 대조 조사구로 삼아 삼림 단편에서 일어나는 일과 단편화되지 않은 이곳에서 일어나는 일을 비교하고 있다. 길이 끝나는 곳 근처에는 캠프 41이라는 작은 야영장이 있어서 이곳에서 숙식을 해결하고 비를 피할 수 있다. 어느 오후, 나와 콘하프트는 소나기가 퍼붓기 시작해 캠프 41로 향했다. 우리는 숲을 가로질러 뛰었지만, 캠프 41에 도착할 무렵에는 흠뻑 젖었으므로 사실 뛰든 안 뛰든 상관없었을 것 같다.

폭우는 얼마 후 그쳤고, 우리는 양말에서 물을 짜낸 후 캠프를 나와 다시 깊은 숲속을 향했다. 하늘은 여전히 잿빛으로 흐렸고, 숲 전체가 어둡고 우중충했다. 발이 거꾸로 달린 쿠루피라가 나무 사이에 숨어 있을 것 같았다.

BDFFP를 두 차례 방문했던 E. O. 윌슨은 그중 한 번의 방문 후 이런 글을 남겼다. "정글의 풍부함은 인간의 감각을 넘어선다."[9] 콘하프트가 이런 숲은 "TV로 보는 게 훨씬 낫다"라고 말한 것도 같은 의미였을 것이다. 언뜻 보기에는 주변에 움직이는 것이 전혀 없어 보였지만 콘하프트가 곤충의 흔적들을 알려주니 그 활발한 움직임, 윌슨이 말한 "발밑의 작은 세계"가 점차 내 눈에도 보이기 시작했다. 낙엽에 매달린 대벌레는 다리를 섬세하게 휘젓고 있었고, 거미 한 마리는 고리 모양의 거미줄에 웅크리고 있었다. 흙바닥에 튜브 모양으로 튀어나온 부분은 매미 유충의 집이었고, 임신이라도 한 듯 기괴하게 툭 불거진 나무줄기는 흰개미로 가득한 개미집이었다. 콘하프트가 산석류라는 식물의 잎을 뒤집더니 속이 빈 줄기를 톡

톡 두들겼다. 거기서 쏟아져 나온 것은 작고 까만 개미들이었다. 그토록 작은 개미가 그렇게 사나워 보이기는 처음이었다. 그 개미들은 식물을 무료 숙소로 이용하는 대신 다른 곤충들로부터 그 식물을 보호한다고 한다.

우연찮게 콘하프트는 내가 사는 곳과 멀지 않은 매사추세츠 서부 출신이었다. "고향에 살 때는 제가 동식물의 제너럴리스트라고 생각했어요." 그는 뉴잉글랜드 서부에서 마주칠 수 있는 모든 새는 물론이고 나무와 곤충 이름도 거의 다 알아맞힐 수 있었다고 했다. 그러나 아마존에서 그런 제너럴리스트가 되기란 불가능했다. 동식물의 가짓수가 너무 많아서였다. BDFFP 조사구에서 1400종의 나무가 확인되었는데 이는 서쪽으로 1600km 떨어진 실면의 조사구에 비해 훨씬 많은 숫자다.

"종 다양성이 극대화된 생태계에서는 모든 종 하나하나가 철저히 전문화되어 있습니다. 이런 생태계에서는 각자가 할 일을 정확히 해낼 때 엄청난 대가가 주어지지요." 콘하프트는 열대 지방의 높은 종 다양성이 자기 강화적인 경향을 갖는다는 자신의 이론을 설명해 주었다. "종 다양성이 높아지면 자연히 개체군 밀도가 줄어들게 되어 있고, 그러면 거리에 의한 격리로 종 분화가 촉진됩니다." 콘하프트는 소규모의 고립된 개체군이 절멸의 위험이 크다는 점은 이러한 생태계의 약점이 된다는 말도 덧붙였다.

해가 저물기 시작했고, 숲에는 이미 땅거미가 졌다. 캠프 41로 돌아가는 길에 바로 몇 발자국 앞에서 줄지어 이동하고 있는 개미 무

에사이톤속의 군대개미.

리와 마주쳤다. 적갈색의 개미들은 일렬로 커다란 통나무를 넘고 있었다. 통나무 위를 향해 행진하다가 다시 아래로 행진을 이어갔다. 나는 대열의 양 끝을 찾아보려고 했지만, 마치 구 소련의 군사 퍼레이드처럼 끝없이 이어지는 것 같았다. 콘하프트가 이 개미들이 에사이톤속에 속하는 군대개미*Eciton burchellii*라고 알려주었다.

열대 지방에 사는 10여 종의 군대개미는 다른 대부분 개미와 달리 정해진 집이 없다. 이 개미는 늘 다른 곤충, 거미, 가끔은 작은 도마뱀을 쫓으며 이동하면서 임시 야영지에서 야영한다. (에사이톤 부르켈리종의 야영지는 개미들 자신의 몸으로 이루어진다. 개미들은 공처럼 뭉쳐서 여왕개미를 에워싸고 사납게 침입자를 찌른다.) 군대개미는 탐욕적인 포식자로 유명하다. 이 개미 군체는 행진하면서 다른 곤충의 유충 같은 먹이를 하루에 3만 마리씩 먹어치울 수 있다. 그러나 이 탐욕은 오히려 다른 많은 종에게 도움이 된다. 어떤 새는 생존을 위해 반드시 개미를 따라다녀야 하는 절대적인 개미 추종자다. 개미 떼 주변에서 거의 항상 발견되는 그런 새들은 개미를 피해 가랑잎에서 쏟아져나온 곤충을 먹고 산다. 우연히 개미 떼와 만나면 그 주변에서 곤충들을 쪼아먹는 기회주의적인 개미 추종자 새도 있다. 개미를 쫓는 새 뒤에는 또 다른 다양한 생물들이 뒤따른다. 그들 역시 "각자가 할 일을 정확히 해내는" 각 분야 전문가다. 새의 배설물을 먹고 사는 나비도 있고, 귀뚜라미나 바퀴벌레가 놀란 틈을 타 그들의 몸에 알을 낳는 기생파리류도 있다.[10] 어떤 진드기종은 한 다리를 개미 다리에, 다른 다리는 개미의 턱에 고정한 채 개미를 타고 다닌다. 반세기 넘게 에사이톤 부르켈리를 연구한 미국의 부부 생물학자 칼과 매리언 레튼마이어는 이 개미와 생사고락을 함께하는 종의 목록을 작성했는데, 300종이 넘는다.[11]

새소리가 들리지 않았고 시간도 늦어져, 콘하프트와 나는 캠프로 복귀했다. 우리는 다음날 같은 지점으로 돌아가 개미, 새, 나비의 퍼레이드를 찾아보기로 했다.

✤

1970년대 후반, 파나마에서 연구 중이던 곤충학자 테리 어윈에게 누군가가 1만m^2 정도 되는 열대 우림에 몇 종의 곤충이 살 것 같으냐고 물었다. 그때까지 그가 주로 하던 일은 딱정벌레의 개체수 조사였다. 나무의 수관부에 살충제를 뿌리면 약한 비에도 나뭇잎에서 딱정벌레 사체들이 후두둑 떨어졌고 그러면 그 수를 헤아리는 방식이었다. 어윈은 열대 지방에 사는 곤충의 종 수라는 더 큰 질문에 흥미를 느꼈고, 어떻게 하면 자신의 조사 방법을 확장할 수 있을지 고민했다. 그는 우선 한 종의 나무(루에헤아 세마닐 *Luebea seemannii*)에서부터 시작했다. 그는 이 나무에서 950종 이상의 딱정벌레를 수집했다. 그 가운데 약 5분의 1이 이 종에만 의존하여 살아가고, 다른 종의 나무에 의존하는 딱정벌레도 그만큼이라고 가정하면, 딱정벌레는 모든 곤충 종의 약 40%를 차지하고 열대 수종은 약 5만 종이므로, 열대 지방에 사는 절지동물—여기에는 곤충뿐 아니라 거미와 지네도 포함된다—은 총 3000만 종일 것으로 추정할 수 있었다.[12] 이것은 그 자신에게도 '충격적'인 숫자였다.

그 후, 어윈의 추정치를 보완하기 위한 여러 시도가 있었다. 대부분의 경우, 수치는 하향 조정되었다. (무엇보다도, 어윈이 한 종의 나무에만 의존하는 곤충 비율을 지나치게 높게 가정했을 가능성이 높았다.) 그러나 그 어떤 조정된 수치도 여전히 놀라울 정도로 높았다. 최근에 나온 여러 연구에서는 열대 곤충이 최소 200만 종 이상, 아마 700만 종 가까이 될 것으로 추정한다.[13] 이에 비해 조류는 전 세계에 약 1만 종, 포유류는 5500종에 불과하다. 털과 젖샘을 지닌 동물 한 종당 더듬이와 겹눈이 있는 종은 최소 300가지—그것도 열대 지방에만—가 있다는 뜻이다.

열대 지방에 곤충이 풍부하게 존재한다는 것은 열대 지방에 가해지는 위협의 잠재적 희생자 숫자가 매우 커진다는 뜻이다. 이렇게 계산해보자. 열대 지방의 삼림 파괴를 정확히 파악하기란 불가능한 것으로 알려져 있지만, 매년 1%씩 벌채되고 있다고 가정하자. 종-면적 관계식 $S=cA^z$에서 z값이 0.25라면 원 면적의 1%가 줄어들 때 생물 종의 0.25%가 유실된다는 계산이 나온다. 매우 보수적으로 열대 우림에 200만 종이 산다고 가정하면 매년 5000종이 사라지고 있다는 뜻이다. 하루에 14종, 100분마다 한 종이 사라지고 있는 것이다.

이것은 바로 E. O. 윌슨이 1980년대 후반, BDFFP에 다녀온 지얼마 안 되었을 때 계산한 방법이다.[14] 윌슨은 이 결과를 〈사이언티픽 아메리칸〉에 발표했고 이를 바탕으로 현대의 멸종률이 "자연적으로 발생하는 배경 멸종률보다 1만 배 높다"는 결론을 도출했다. 그는 더 나아가 이것이 생물다양성을 백악기 말 멸종—역사상 최악의 대량 멸종이라고는 할 수 없지만 "공룡의 시대를 끝내 그 패권을 포유류에게 이양하고 궁극적으로 다행인지 불행인지 모르지만, 인류의 출현을 가능케 했다는 점에서 가장 유명한 대량 멸종"—이래 최저 수준으로 떨어뜨릴 것이라고 주장했다.

어원과 마찬가지로 윌슨의 계산도 충격적이었다. 게다가 그의 계산은 이해하기 쉬웠고 설사 이해하지 못했다 하더라도 인용하기 쉬웠으므로, 소수의 열대 생물학자들 사이에서만이 아니라 주류 미디어에서도 대단한 관심을 보였다. 두 명의 영국의 생태학자는《멸종률Extinction Rates》이라는 책의 서문에서 이렇게 탄식했다. "열대림 벌채가 1시간에 한 종씩 멸종시키고 있다는 말을 안 듣고 지나간 날이 없을 정도다. 어쩌면 1분에 한 종씩 멸종되고 있을지도 모른다는 말도 들린다."[15] 25년이 지난 지금은 어윈의 추정치가 그랬듯이 윌슨의 추정치—과학자들보다는 대중적인 과학 저술가들의 과장된 인용이 더 문제였다고 보아야 하겠지만—도 정확하지 않다는 데 대부분의 학자들이 동의한다. 불일치의 이유에 대해서는 아직도 논쟁 중이다.

한 가지 가능성은 멸종에 시간이 걸린다는 점에 있다. 윌슨은 삼림이 파괴되면 즉시 종들이 사라진다고 가정했다. 그러나 하나의 숲이 완전히 "이완"되려면 상당한 시간이 소요될 수 있으며, 생존의 주사위가 선사한 행운으로 남아 있는 적은 개체 수가 오랫동안 유지될 수도 있다. 어떤 환경 변화로 멸종 위기에 처한 종의 숫자와 실제로 사라진 종의 숫자 사이의 차이를 '멸종 부채extinction debt'라고 한다. 신용 구매처럼 멸종 과정에도 일종의 지연이 있다는 뜻을 함축하는 용어다.

삼림 파괴로 인해 소실되었을 것으로 가정한 서식지가 실제로는 소실되지 않고 남아 있을 가능성도 있다. 벌채를 하거나 목초지로 만들기 위해 불태운 숲도 재생될 수 있다. 역설적이게도 그 좋은 예를 BDFFP 주변 지역에서 볼 수 있다. 러브조이가 브라질 당국을 설득한 지 얼마 안 되었을 때 브라질은 국가 경제를 마비시킬 만한 부채 위기를 겪었고, 1990년에는 인플레이션율이 3만%까지 상승했다. 정부는 목장주들에게 약속했던 보조금을 취소했고, 수천 에이커(1에이커는 약 4000m²이다.-옮긴이) 땅이 버려졌다. 일부 BDFFP 삼림 단편 주위에서 나무가 다시 왕성하게 자라 단편의 격리 상태를 유지하려면 새로 자란 주변의 나무들을 베거나 태워야 할 정도였다. 열대 지방의 일차림은 계속 감소하고 있지만, 일부 지역에서는 이차림이 오히려 증가하고 있다.

관찰치와 예측치의 차이를 야기할 수 있는 또 다른 이유로 인간이 그렇게 훌륭한 관찰자가 못 된다는 점을 들 수 있다. 열대 지방의 생물 종 대부분은 곤충을 비롯한 무척추동물이므로 멸종이 예측되는 생물 종 또한 마찬가지다. 그러나 우리는 실제로 몇 종인지—백만 단위조차도—알지 못하므로 한두 종, 아니 1만 종이 사라진다고 해도 알아차리지 못할 것이다. 런던동물학회의 2012년 보고서에 따르면 "등재된 무척추동물 중 보전 상태를 알고 있는 경우는 1%도 안 되며" 무척추동물 대부분은 등재조차 안 되어 있다.[16] 무척추동물은 윌슨이 말한 대로 "세상을 움직이는 작은 생명체"일 수 있지만, 작다는 이유로 간과되기 쉽다.

✦

콘하프트와 내가 캠프 41로 돌아왔을 때 그곳에는 몇 사람이 더 와 있었다. 그중에는 콘하프트의 아내이며 생태학자인 히타 메스키타, 지속가능한아마존재단Amazonas Sustainable Foundation 회의 참석차 마나우스에 온 톰 러브조이도 있었다. 70대 초반인 러브조이는 '생물다양성'이라는 용어를 대중화하고 '환경 스와프debt-for-nature swap' 개념을 창안했으며, 세계야생동물기금World Wildlife Fund(세계자연기금의 옛 명칭. 미국, 캐나다에서는 기존 명칭을 사용하고 있다.-옮긴이), 스미스소니언 협회, UN재단, 세계은행에서 일했고 현재 아마존 우림의 절반 정도가 법적인 보호를 받게 된 데에도 상당한 기여를 했다. (러브조이 교수는 2021년 12월 사망했다.-옮긴이) 러브조이는 숲속을 헤매고 다닐 때나 의회에서 진술을 할 때나 늘 똑같이 편안해 보이는 보기 드문 유형의 인간이다. 그는 늘 아마존 보전에 대한 지지 기반을 넓힐 방법을 모색하고 있다. 그날 저녁 둘러앉아 대화를 나누던 중에 러브조이가 톰 크루즈를 캠프 41에 데려온 적이 있다는 얘기도 나왔다. 톰 크루즈는 즐거워했지만, 지지를 표명하지는 않았다고 한다.

지금까지 BDFFP에 관해 500편 넘는 논문이 발표되었고, 학술서도 몇 권이 출판되었다. 내가 러브조이에게 이 프로젝트를 통해 알게 된 것을 요약해달라고 하자 그는 부분에서 전체를 조심스럽게 추론해 볼 수 있다고 했다. 일례로 최근의 연구는 아마존의 토지 사용 변화가 대기 순환에 영향을 미친다는 것을 보여주는데, 이를 확장하면 "우림(雨林)"의 파괴가 단지 "숲(林)"의 소멸에 그치지 않고 "비(雨)"를 없앨 수도 있다는 뜻이다.

"어떤 숲이 1km²짜리 단편들로 조각난다고 생각해보십시오." 러브조이는 이렇게 설명했다. "이 프로젝트에 따르면 이러한 단편화로 절반 이상의 동식물이 사라질 것입니다. 물론 아시다시피 현실 세계에서는 더 복잡한 문제이겠지만요."

BDFFP에서 알게 된 사실의 대부분은 무엇인가의 멸실에 대한 것이었다. 프로젝트가 실행된 지역서 여섯 종의 영장류 동물이 발견되었는데, 단편들에서는 그중 세 종―검은거미원숭이, 갈색꼬리감기원숭이, 수염사키원숭이―이 없었다. 함께 무리를 이루어 이동하는 긴꼬리우드크리퍼와 올리브등폴리지글리너는 작은 단편에서는 거의 사라지고 큰 단편에서도 수가 크게 줄었다. 페커리가 뒹구는 웅덩이에서 서식하던 개구리들은 페커리와 함께 사라졌다. 빛을 좋아하는 나비는 수가 늘어났지만, 빛이나 열의 작은 변화에도 민감한 많은 종들은 단편의 가장자리로 갈수록 크게 감소했다.

BDFFP의 범위를 다소 벗어난 이야기이기는 하지만, 단편화와 지구 온난화 간에는 지구 온난화와 해양 산성화, 지구 온난화와 침입종, 침입종과 단편화 사이에서 나타나는 것과 마찬가지로 부정적인 시너지 효과가 있다. 기온 상승에 따라 서식지를 옮겨야 하는 종이 단편화된 숲―아무리 규모가 큰 단편이라고 해도―에 발이 묶이면 이주 가능성이 낮아진다. 인류세를 규정하는 특징 중 하나는 세계가 종의 이동을 강요하면서 동시에 그러한 이동을 가로막는 장벽―도로, 개벌(皆伐), 도시―을 만드는 방향으로 변화한다는 점이다.

러브조이는 이렇게 말했다. "제가 1970년대에 기후 변화에 관해 생각하고 있던 것에 완전히 새로운 하나의 층위가 더해졌습니다." 그리고 생물다양성에 관한 한 책에서는 이렇게 썼다. "인간 활동은 기후 변화―자연적인 기후 변화를 포함하여―에 따라 생물다양성이 확산할 수 있는 길에 장애물을 만들어 왔다.”[17] 그 결과는 “역사상 생물에게 닥친 그 어떤 위기보다 심각한 위기”가 될 수 있다.

그날 밤, 모두 일찌감치 잠자리에 들었다. 잠든 지 몇 분이 안 되었을 때—그렇게 느꼈지만 실제로는 몇 시간이었을지도 모른다. 나는 기이한 소음 때문에 잠이 깼다. 어디서 들리는지 알 수 없는, 그러나 사방에서 들려오는 듯한 소리였다. 그 소리는 점점 커지다가 줄어들고, 잠이 들 만하면 다시 커졌다. 나는 개구리가 짝짓기를 하는 소리라고 짐작하며 해먹에서 몸을 일으켜 손전등을 들고 주위를 둘러보았다. 어디서 나는 소리인지는 여전히 알 수 없었지만, 발광성 줄무늬가 있는 곤충 하나를 발견했다. 병 같은 것이 있었다면 거기에 담았을 것이다. 이튿날 아침, 콘하프트가 포접amplexus 상태에 있는 한 쌍의 개구리를 가리키며 마나우스가는다리청개구리라고 했다. 개구리는 오렌지색이 도는 갈색이었고, 얼굴은 삽 모양이었다. 수컷이 제 몸의 두 배 크기인 암컷 등에 찰싹 붙어 있었다. 얼마 전에 읽은 기사 한 편이 떠올랐다. 아마존 저지대에 사는 양서류들이 적어도 지금까지는 대체로 항아리곰팡이의 습격을 받지 않은 것 같다는 내용이었다. 다른 모든 사람들처럼 콘하프트도 소음 때문에 잠을 설친 모양이었다. 그는 그 개구리의 울음소리를 “우렁차게 포효하다가 킥킥거리며 웃으면서 끝나는 길고 긴 신음소리”라고 묘사했다.

우리는 커피를 몇 잔 마신 후 개미 퍼레이드를 보러 길을 나섰다. 러브조이도 동행할 계획이었는데, 긴소매 셔츠를 입으려고 들어갔다가 셔츠 안에 자리를 잡고 있던 거미에게 손을 물렸다. 특별할 것 없어 보이는 거미였지만 물린 부위가 붉게 변했고, 손이 얼얼하다고 했다. 결국 그는 캠프에 머무르기로 했다.

숲길을 걸으며 콘하프트가 말했다. "가장 좋은 방법은 개미들한테 자기 몸을 에워싸게 하는 겁니다. 그러면 도망갈 수 없거든요. 스스로를 막다른 길에 가두는 셈이지요. 개미들이 몸을 타고 올라와서 옷을 물어뜯을 겁니다. 그 소동의 한가운데 서 있다고 생각해보세요." 그는 멀리서 우는 붉은목개미새 소리를 감지했다. 쩍쩍과 킥킥의 중간쯤 되는 소리였다. 이름에서 알 수 있듯이 붉은목개미새는 반드시 개미를 따라다녀야 하는 종이므로 좋은 징조였다. 그러나 몇 분 후 우리가 전날 끝없는 개미 행진을 보았던 지점에 도착했을 때, 거기에는 아무것도 없었다. 숲에서 새소리가 다시 들렸다. 콘하프트가 다른 두 종의 개미새라고 했다. 휘파람 같은 높은 소리는 흰깃개미새, 경쾌하게 노래를 부르듯이 지저귀는 소리는 흰뺨우드크리퍼였다. 새들도 개미를 찾고 있는 것 같았다.

"저 새들도 우리만큼 혼란스러운가 봅니다." 콘하프트는 개미들이 야영지를 옮겨 정류기statary phase에 들어간 것 같다고 추측했다. 정류기란 개미들이 대체로 한 장소에 머무르며 새로운 세대를 키우는 시기를 말한다. 정류기는 최대 3주까지 지속되는데, 이것은 BDFFP의 또 한 가지 수수께끼, 군대개미 군집이 살아갈 수 있을 만큼 넓은 단편에서도 결국 개미새들이 사라지는 현상을 설명하는 열쇠가 된다. 절대적인 개미 추종자들은 따라다닐 개미들을 필요로

흰깃개미새.

하는데, 단편화된 숲에는 늘 이동 중인 개미들이 있을 만큼 여러 개미 군집이 있지 않다. 콘하프트는 이 역시 우림의 섭리를 보여주는 사례라고 했다. 개미새들은 "할 일을 정확히 해내는" 데 유능한 만큼 그 특정 형태의 일을 어렵게 만드는 변화가 일어나면 그것이 아무리 작은 변화라고 해도 큰 영향을 받는다는 것이다.

콘하프트는 이렇게 설명했다. "이것은 저것에, 저것은 또 다른 것에 의존하는 식의 관계에서 일련의 상호 작용 전체가 의존하는 것은 결국 불변입니다." 나는 캠프로 터덜터덜 걸어 나오며 생각했다. 콘하프트가 옳다면 개미-새-나비 퍼레이드는 그 서커스 같은 엄청난 복잡성으로 아마존의 안정성을 구현하고 있는 것이다. 게임의 규칙이 변함없이 고정되어 있어야만 새가 개미를 뒤따르도록 진화하고, 나비는 그 새의 배설물을 먹도록 진화할 시간이 확보된다. 개미를 찾지 못해 실망한 것은 사실이지만, 새들에 비하면 아무것도 아니었다.

CHAPTER 10

신 판게아

작은갈색박쥐
(마이오티스 루시푸구스 *Myotis lucifugus*)

박쥐 개체 수 조사의 최적기는 한겨울이다. 박쥐는 '진정한 동면가'로 알려져 있다. 수은주가 떨어지면 박쥐는 발가락으로 거꾸로 매달려 동면할 장소를 찾기 시작한다. 미국 북동부에서 일반적으로 가장 먼저 동면에 들어가는 박쥐는 작은갈색박쥐다. 10월 말이나 11월 초가 되면 작은갈색박쥐는 동굴이나 갱도처럼 안정된 환경의 은신처를 찾는다. 그리고 곧 삼색박쥐가, 그 다음에는 큰갈색박쥐와 작은발박쥐가 합류한다. 겨울잠을 자는 박쥐의 체온은 10~15°C 낮아지며, 거의 0°C에 가깝게 떨어지는 경우도 많다. 심장박동은 느려지고, 면역체계는 가동을 멈추며, 정지된 애니메이션 같은 상태가 된다. 동면하는 박쥐 숫자를 세려면 튼튼한 목, 좋은 헤드램프, 따뜻한 양말이 필요하다.

2007년 3월, 뉴욕주 올버니의 야생 동물 전문가 몇 명이 박쥐 개체 수 조사를 위해 도시 인근의 한 동굴로 갔다. 일상적인 작업이었으므로, 그들의 상관인 알 힉스는 사무실에 남아 있었다. 생물학자들은 동굴에 도착하자마자 휴대 전화를 꺼냈다.

뉴욕주 환경보전부 소속의 힉스는 이렇게 회상했다. "그들이 이렇게 말했습니다. '젠장, 온통 박쥐 사체뿐이에요.'" 힉스는 사체 몇 구를 사무실로 가져오라고 지시했다. 살아 있는 박쥐를 찾으면 사진을 찍으라고도 했다. 사진 속에는 땀띠약에 얼굴을 처박은 것처럼 코가 허옇게 된 박쥐들이 있었다. 한 번도 본 적이 없는 광경이었으므로 그가 생각해낼 수 있는 모든 박쥐 전문가에게 사진을 보냈다. 그러나 그런 것을 본 적이 있다는 사람은 하나도 없었다. 다른 주의 담당자들은 농담조로 뉴욕의 박쥐들이 무슨 냄새를 맡았길래 그렇게 코를 킁킁거린 거냐고 묻기도 했다.

봄이 왔다. 뉴욕주와 뉴잉글랜드 전역의 박쥐들이 동면에서 깨어나 날아갔다. 흰 가루는 여전히 미스터리였다. "우리는 그저 그렇게 지나가기를 바랐습니다." 힉스는 당시의 심정을 이렇게 전했다. "부시 정권처럼요. 그런데 부시 정권처럼 또 돌아왔습니다." 그뿐 아니라 더 확산되었다. 이듬해 겨울, 흰색 가루가 묻은 박쥐는 네 개 주, 31개 동굴에서 발견되었다. 그러는 동안 박쥐들은 계속 죽어갔다. 어떤 동면처에서는 박쥐 수가 90% 이상 감소했다. 버몬트주의 한 동굴에서는 천장에서 수천 구의 박쥐 사체가 떨어져 눈더미처럼

흰코증후군에 걸린 작은갈색박쥐.

바닥에 쌓였다.

박쥐의 떼죽음은 그다음 해 겨울에도 이어졌고, 또 다른 다섯 개 주로 더 확산되었다. 2010년 겨울에는 세 개 주가 더 추가되었고, 이제는 남은 박쥐도 얼마 없지만, 여전히 계속되고 있다. 흰 가루는 유럽에서 우연히 유입된 호냉성psychrophile 균류의 일종으로 밝혀졌다. 처음 이 곰팡이를 분리했을 때에는 지오마이세스속Geomyces이라는 것만 확인했을 뿐, 이름도 없었다. 이후에 박쥐에게 끼친 파괴적인 영향을 고려하여 지오마이세스 데스트룩탄스Geomyces destructans라고 명명되었다.

대부분의 종에게 인간의 도움 없이 장거리 여행을 하는 일은 불가능에 가깝다. 이 사실은 다윈의 이론에서 핵심적인 요소였다. 변화를 동반한 계승descent with modification에 관한 그의 이론은 각 종이 단일 장소 한 곳에서 출현한다는 것을 전제로 한다. 각 종은 미끄러지거나 헤엄치거나 달리거나 기거나 바람에 종자를 날려보냄으로써 발생한 곳으로부터 여러 곳으로 분산되었을 것이다. 다윈은 균류 같은 정주성 생물도 충분한 시간만 주어지면 널리 퍼질 수 있다고 보았다. 그러나 상황을 흥미롭게 만드는 것은 확산의 한계였다. 이 한계는 생명의 풍부함을 낳는 동시에 그 다양성에 특정 패턴을 만든다. 예를 들어, 대양에 의해 생긴 장벽은 남미, 아프리카, 호주 등의 방대한 지역이 다윈의 표현대로 "전적으로 유사한" 기후와 지형을 가졌음에도 불구하고 전적으로 상이한 동식물의 서식지가 된 이유를 설명해준다. 각 대륙의 생물들은 제각기 진화했으며, 그 과정에서 물리적 격리가 생물학적 차이로 전환되었다. 이와 유사하게, 육지가 만든 장벽은 동태평양과 카리브해 서쪽이 "좁지만 통과할 수는 없는 파나마 지협일 뿐"—이 역시 다윈의 표현이다—인데도 서로 다른 어종을 갖게 된 연유를 설명해준다. 더 국지적인 수준에서도, 산맥이나 큰 강의 양쪽에서는 대개 친척 관계이고 상당히 가까운 친척이기는 해도 엄연히 상이한 종이 발견될 때가 많다. 다윈은 이렇게 예를 들었다. "마젤란 해협 근처의 평원에는 레아(타조목에 속하는 날지 못하는 새.-옮긴이)의 한 종이 서식하고, 북쪽으로 라플라타의 평원에는 같은 속의 또 다른 종들이 서식한다. 동일한 위도 상에 있는 아프리카나 오스트레일리아에서 발견되는 것들과 같은 진짜 타조나 에뮤는 하나도 없다."

다윈은 또 한 가지 측면에서 확산의 한계를 주목했다. 이것은 설명하기가 더 난해했다. 그는 갈라파고스 같은 외딴 화산섬이 생명체들로 가득한 것을 직접 목격했다. 실제로 세계에서 가장 놀라운 여러 동식물이 섬에 서식한다. 다윈의 진화론이 맞다면, 이 생물들은 이주종의 자손일 것이다. 그런데 최초의 이주종은 어떻게 그곳에 왔을까? 갈라파고스 군도와 남아메리카 해안 사이에는 800km에 걸친 개방 해역이 가로막고 있다. 이 문제로 골치를 썩이던 다윈은 1년 넘게 켄트의 자택 정원에 틀어박혀 바다를 건널 수 있는 조건을 재현해보려고 애썼다. 그는 씨앗을 수집하여 소금물이 든 수조에 담갔다. 그리고 며칠에 한 번씩 씨앗 몇 개를 건져 땅에 심었다. 한 친구에게 보내는 편지에 이렇게 썼을 만큼 시간이 많이 걸리는 작업이었다. "물에서 지독한 냄새가 나서 이틀에 한 번씩 물을 갈아 주어야 한다네."[1] 그러나 결과는 희망적이었다.[2] 씨앗들이 "놀라운 양의 점액을 배출하기는 했지만" 보리 씨앗은 4주 동안, 갓 씨앗은 6주 동안 소금물에 담근 후에도 싹을 틔웠다. 해류가 1시간에 약 1.6km씩 흐른다면, 씨앗이 6주 동안 이동할 수 있는 거리는 1600km가 넘는다. 동물은 어떨까? 다윈의 실험은 훨씬 더 기괴해졌다. 그는 오리 발 한 쌍을 잘라 새끼 달팽이를 가득 채운 수조에 매달았다. 오리 발을 잠시 물에 담갔다 뺀 다음 자녀들에게 거기에 붙어 있는 새끼 달팽이가 몇 마리인지 세어보라고 했다. 그는 작은 연체동물이 물 밖에서 20시간까지 생존할 수 있다는 사실을 알아냈으며,[3] 그만한 시간이면 오리가 1000~1100km를 이동할 수 있다는 계산이 나왔다. 다윈이 보기에 많은 외딴 섬에 날 줄 아는 박쥐 외에 토착 포유류가 없다는 것은 우연의 일치가 아니었다.[4]

"지리적 분포geographical distribution"에 대한 다윈의 아이디어에 들어 있는 깊은 함의는 사후 수십 년이 지나서야 제대로 인식되었다. 19세기 후반, 고생물학자들은 서로 다른 대륙에서 나온 화석들이 여러 흥미로운 상응 관계를 보여준다는 것을 발견하고 이를 목록화하기 시작했다. 예를 들어 페름기에 살았던 메소사우루스는 벌어진 이빨을 지닌 날씬한 파충류로 그 화석은 아프리카와 바다 건너 남미에서 동시에 나타난다. 글로소프테리스는 혀 모양의 양치식물로 이 역시 페름기에 살았다. 이 화석은 아프리카, 남미, 호주에서 볼 수 있다. 거대한 파충류가 어떻게 대서양을 건널 수 있었는지, 어떻게 식물이 대서양과 태평양을 건넜는지를 설명하려면 수천 킬로미터 길이의 초대형 다리가 필요했다. 그렇게 방대한 다리가 왜 사라졌으며 어디로 갔는지는 아무도 알지 못했다. 어쩌면 파도 밑에 가라앉았을 것이다. 20세기 초, 독일 기상학자 알프레드 베게너가 더 설득력 있는 아이디어를 내놓았다.

베게너의 주장은 다음과 같았다. "대륙들이 이동한 것이 틀림없다.[5] 남미와 아프리카는 연접하여 하나의 지괴block를 형성했을 것이다. (…) 그 후 갈라진 유빙처럼 수백만 년에 걸쳐 두 부분이 점차 멀어졌을 것이다." 베게너는 오늘날의 모든 대륙이 판게아라는 하나의 거대한 초대륙을 형성하고 있었다고 가정하기에 이르렀다. 베게너의 대륙 이동설은 그가 살아 있는 내내 많은 이들의 조롱거리였지만, 이후에 등장한 판 구조론에 힘입어 불명예를 씻었다.

인류세의 두드러진 특징 중 하나는 지질학적 분포라는 원리를 한데 뒤섞어 버린다는 점이다. 고속도로, 개벌, 대두 농장이 이전에 존재하지 않았던 섬을 만들었다면 국제 무역과 해외여행은 그와 반대로 그 어떤 외딴 섬도 홀로 내버려 두지 않는다. 전 세계의 동식물을 재혼합하는 과정은 오래전 인간의 이주 경로를 따라 천천히 시작했지만 최근 수십 년 동안 급격하게 속도를 높여 이제는 토착종보다 외래종이 많은 지역이 생길 정도로 진전되었다. 선박 평형수만 보더라도, 24시간 안에 전 세계적으로 1만 종의 동식물을 이동시킬 수 있는 것으로 추정된다.[6] 초대형 유조선 한 척(또는 제트 여객기 한 대)이면 수백만 년에 걸쳐 이루어진 지리적 분리를 무효화할 수 있는 것이다. 맥길 대학교의 유입종 전문가 앤서니 리차디는 지금 일어나고 있는 지구 생물상 재편을 지구 역사상 "유례가 없는" "대규모 침략 사건"이라고 규정했다.[7]

✦

마침 나는 올버니의 바로 동쪽에 살고 있으며, 박쥐 사체 더미가 처음 발견된 동굴도 그리 멀지 않다. 내가 박쥐의 떼죽음에 관해 알게 된 것은 이미 흰코증후군이 웨스트버지니아주까지 확산되어

100만 마리의 박쥐가 죽은 후였다. 나는 알 힉스와 통화를 했고, 그는 박쥐 개체 수 조사 기간이라면서 다음 번 조사 때 함께 가겠느냐고 물었다. 어느 춥고 흐린 날 아침, 우리는 그의 사무실 근처 주차장에서 만나 정북 방향인 애디론댁 주립 공원으로 향했다.

2시간쯤 지나 우리는 샘플레인호에서 멀지 않은 어느 산 어귀에 도착했다. 애디론댁산맥은 19세기와 2차 세계 대전 동안 철광석의 주요 공급원이었고, 갱도는 산속 깊이 묻혀 있었다. 철광석이 고갈되어 버려진 갱도를 차지한 것은 박쥐들이었다. 우리는 바턴힐 광산이었던 한 갱도에 들어가 개체 수 조사를 할 예정이었다. 입구는 산 중턱에 있었는데 1m 넘는 눈으로 덮여 있었고, 그 앞에서 추위에 발을 동동 구르며 서 있는 사람이 열댓 명은 되어 보였다. 대부분은 힉스처럼 뉴욕주 공무원이었지만 미국 어류및야생동물관리국 소속의 생물학자 두 명, 그리고 흰코증후군에 관한 내용을 소설에 담고 싶어서 자료 조사차 나왔다는 지역 소설가도 있었다.

소설가 외에는 모두 스노슈즈를 신고 있었다. 그는 스노슈즈를 준비하라는 공지를 놓친 모양이었다. 눈이 얼어붙어 천천히 갈 수밖에 없었기 때문에 800m를 가는 데 30분이나 걸렸다. 1m나 되는 눈 더미와 씨름하느라 뒤처진 소설가를 기다리면서 우리의 대화는 폐광 갱도에 들어갈 때 일어날 수 있는 위험한 상황에 관한 이야기로 흘러갔다. 낙석에 깔릴 수도 있고, 누출 가스에 중독되거나 30m 높이에서 추락하는 일도 있다고 했다. 30분 남짓 더 걸은 끝에 우리는 산허리에 뚫은 거대한 구멍에 도착했다. 그렇게 보이지 않았지만 광산 입구였다. 입구 앞의 돌들은 새똥 때문에 하얗고, 눈에는 동물의 발자국이 가득했다. 까마귀와 코요테가 저녁거리를 얻기 쉬운 곳임을 알아차린 게 틀림없었다.

"이런, 젠장." 힉스가 말했다. 박쥐들이 광산을 드나들며 날아다니는 가운데 몇 마리는 눈 위에서 뒤뚱거리고 있었다. 힉스가 박쥐를 잡으러 다가갔는데 한 번의 시도 만에 잡힐 정도로 무기력한 상태였다. 그는 엄지와 검지로 박쥐를 잡고 목을 꺾어 지퍼락 봉지에 넣었다. 그리고 모두를 향해 말했다. "오늘은 금방 끝나겠네요."

우리는 스노슈즈를 벗고 안전모, 헤드램프를 착용한 채 경사진 긴 터널을 따라 줄지어 갱도로 들어갔다. 램프 불빛이 바닥 여기저기를 정신없이 비추고, 박쥐들은 어둠을 뚫고 우리를 향해 튀어나왔다. 힉스가 모두에게 경계를 늦추지 말라고 주의를 주었다. "잘못 들어서면 되돌아 나올 수 없는 구역들이 있습니다." 터널은 구불구불하고, 때로는 공연장만 한 방이 나타났다가, 거기서 다시 샛길로 이어졌다. 몇몇 방에는 이름이 있었다. 돈 토머스 구역이라고 불리는 음산한 구간에 이르렀을 때, 우리는 몇 개 조로 나뉘어 조사를 시작했다. 가능한 한 많은 박쥐의 사진을 찍는 것이 우리의 임무였다. (올버니로 돌아가면 누군가 컴퓨터 모니터 앞에 앉아 사진 속의 박쥐 수를 세어야 한다.) 묵직한 카메라를 들고 있는 힉스, 레이저 포인터를 가지고 있는 어류및야생동물관리국 소속 생물학자 한 명이 나와 같은 조였다. 고도로 사회적인 동물인 박쥐들은 광산 안의 바위 천장에 서로 찰싹 붙어 빼곡하게 매달려 있었다. 대부분은 작은갈색박쥐*Myotis lucifugus*였는데, 개체 수 조사원들은 "루시스*lucis*"라고 줄여 불렀다. 미국 북동부의 우점종 박쥐로 여름밤에 가장 흔히 볼 수 있는 박쥐 종류다. 이름에서 알 수 있듯이 작고—길이 13cm, 무게 6g밖에 안 된다—갈색이며, 배쪽의 털은 더 밝은색이다. (시인 랜달 자렐은 "크림을 넣은 커피색"이라고 묘사했다.[8]) 날개를 접고 천장에 매달려 있는 작은갈색박쥐들은 눈에 젖은 털모자 방울 같았다. 얼굴이 유난히 까만 작은발박쥐*Myotis leibii*와 흰코증후군이 창궐하기 전부터 이미 멸종 위기종으로 분류된 인디애나박쥐*Myotis sodalis*도 있었다. 우리의 계속되는 방해 때문이었는지 박쥐들은 잠투정하는 어린아이처럼 끽끽거리거나 부스럭거렸다.

이름과 달리 흰코증후군이 코에만 나타나는 것은 아니었다. 광산으로 깊숙이 들어가면서 날개와 귀에 곰팡이로 인한 반점이 있는 박쥐가 속속 발견되었다. 그중 몇 마리는 엄지와 검지에 잡혀 연구 목적으로 소환되었다. 죽은 박쥐는 성별을 확인한 후—수컷은 작은 성기로 식별할 수 있다—지퍼락에 담았다.

지오마이세스 데스트룩탄스가 박쥐를 죽이는 방법은 아직 완전히 밝혀지지 않았다. 알려진 사실은 흰코증후군에 걸린 박쥐가 동면에서 깨어나 대낮에 이리저리 날아다닐 때가 종종 있다는 것이다. 곰팡이가 박쥐의 피부를 먹어치우면서 박쥐를 자극하여 흥분하게 만든다는 가설이 있다. 그러면 겨울을 나기 위해 저장해 둔 지방이 소모되고, 아사의 위기에 처한 박쥐들은 곤충을 잡아먹기 위해 밖으로 나오지만, 한겨울에 곤충이 있을 리 없다. 곰팡이가 박쥐의 피부로부터 수분을 빼앗는다는 가설도 있다.[9] 그러면 탈수 증상을 일으켜 동면에서 깨어나 물을 찾으러 가게 된다. 이 역시 축적했던 에너지를 고갈시키므로 박쥐들은 쇠약해지고 결국 죽음에 이를 것이다.

우리는 오후 1시에 산중턱에서 바턴힐 광산에 들어갔고, 오후 7시쯤에는 우리가 맨 처음 출발했던 산기슭 근처까지 내려왔다. 다른 점은 우리가 아직 갱도 안에 있다는 사실이었다. 거기에는 광산이 가동되던 시절 철광석을 땅 위로 끌어올리는 데 사용했던 녹슨 대형 윈치가 있었고, 길은 스틱스강(그리스 신화에 나오는 죽음의 강.-옮긴이)처럼 깜깜한 저 아래 물웅덩이 속으로 사라졌다. 더 이상 갈 수 없었으므로 우리는 긴 오르막길에 올랐다.

✦

전 세계적인 종 이동은 러시안룰렛에 비유되곤 한다. 위험천만한 이 게임처럼 새로운 종의 출현이 가져올 결과는 도 아니면 모다. 첫 번째 가능성은 빈 약실이 걸리는, 즉 아무 일도 일어나지 않는 경우다. 기후가 맞지 않거나 먹이를 충분히 구할 수 없거나 포식자에게 잡아먹혀서 등 여러 이유로 새로 들어온 종이 살아남지 못할 수 있고, 살아남았다 하더라도 번식에 실패할 수 있다. 이러한 사례는 대개 기록되지 않고 사실 완전히 무시될 때가 많으므로 정확한 비율은 알기 힘들지만, 잠재적 침입자 대부분이 정착에 실패한다는 것은 거의 분명하다.

두 번째 가능성은 유입종이 살아남아 새로운 세대를 낳고, 또 그 자손을 퍼뜨리는 경우다. 침입종 전문가들은 이것을 '정착 establishment'이라고 부른다. 다시 말하지만, 다른 곳에서 들어온 종이 정착에 성공하는 확률을 알기란 불가능하다. 유입된 지점에만 머물러 사람들이 모르고 지나갈 수도 있고, 너무 무해하여 눈에 띄지 않을 수도 있다. 그런데 여기서 룰렛 게임이 또 한 번 등장한다. 생존한 종의 일부는 침입의 세 번째 단계인 '확산spread'에 성공하는 것이다. 1916년, 뉴저지주 리버턴 인근의 한 종묘장에서 낯선 딱정벌레 10여 마리가 발견되었다.[10] 이후에 왜콩풍뎅이*Popillia japonica*라는 이름이 붙은 이 딱정벌레는 사방으로 퍼져나가 이듬해에는 $8km^2$에 달하는 면적에서 발견되었다. 이 면적은 그다음 해에 약 $18km^2$, 또 그다음 해에는 약 $124km^2$로 넓어졌다. 딱정벌레는 해마다 동심원을 넓히며 기하급수적으로 영역을 확장해나가 20년 후에는 코네티컷주와 메릴랜드주에서도 발견되었다. (이후 남쪽으로는 앨라배마주, 서쪽으로는 몬태나주까지 확산되었다.) 매사추세츠 대학교의 침입종 전문가 로이 반 드리셰는 100건 당 5~15건의 유입이 정착에 성공할 것으로 추정했다.[11] 5~15건에 해당하는 종은 총알이 들어 있는 약실을 택하는 셈이다.

일부 유입종이 폭발적으로 증식하는 이유에 대해서는 논란이 있다. 그중 한 가지 가능성은 사기꾼이 자주 활동 영역을 옮기듯이 유입종도 옮겨다님으로써 얻는 이점이 있다는 것이다. 어떤 종이 새로운 장소, 특히 새로운 대륙으로 이동할 때는 이전의 서식지에 경쟁자와 포식자를 남겨두고 떠나게 된다. 이렇게 적으로부터, 사실상 진화사로부터 해방되는 것을 '천적 회피enemy release'라고 한다. 천적 회피를 통해 이점을 취한 것으로 보이는 사례는 많다. 19세기 초 유럽에서 미국 북동부로 이주한 털부처꽃도 그러한 사례 중 하나다. 털부처꽃의 자생지에는 검은줄무늬털부처잎벌레, 황금털부처잎벌레, 털부처뿌리바구미, 털부처꽃바구미 등 털부처꽃에 특화된 온갖 천적이 있었는데 미국에는 그러한 천적이 전혀 없었다. 이것은 털부처꽃이 웨스트버지니아주에서부터 워싱턴주에 이르기까지 습지란 습지는 모두 장악할 수 있었던 이유를 설명해준다. 최근 들어 미국에서는 털부처꽃 확산을 제어하기 위해 특화된 포식자 몇 종을 도입하고 있다. 침입종에 의한 침입종 통제 전략의 성과는 완전히 엇갈려서 매우 성공적인 경우도 있었지만, 오히려 또 다른 생태학적 재앙을 불러일으킨 경우도 있었다. 1950년대 후반 하와이에 유입된 늑대달팽이Euglandina rosea가 바로 후자의 예다. 중앙아메리카가 원산지인 늑대달팽이를 하와이에 들여온 것은 이전에 유입되어 농업에 해를 끼치고 있던 아프리카왕달팽이Achatina fulica를 잡아먹을 것으로 기대했기 때문이었다. 그러나 늑대달팽이는 아프리카왕달팽이는 내버려 둔 채 작고 색이 화려한 하와이 토착종을 노렸다. 그 결과 700종이 넘는 하와이 고유종 달팽이 중 90%가 멸종되었으며, 남아 있는 종들도 급격히 감소하고 있다.[12]

낯선 곳에 남게 된 포식자는 순진한 다른 희생양을 찾는다. 유명하고 무시무시한 예로 호주갈색나무뱀Boiga irregularis을 들 수 있다.

이 가늘고 긴 뱀은 파푸아뉴기니와 호주 북부가 원산지로 1940년 대에 군수품 화물에 섞여 괌에 진출한 것으로 보인다. 괌의 토착종 뱀은 벌레처럼 작고 앞도 못 보는 한 종이 유일했으므로 괌의 동물 들은 갈색나무뱀과 그 탐욕스러운 식성에 아무런 대비가 되어 있지 않았다. 호주갈색나무뱀은 괌의 토착 조류 대부분을 먹어 치웠다. 괌딱새는 1984년 이후로 찾아볼 수 없게 되었고, 괌뜸부기는 사육 번식 프로그램에 의해 목숨을 부지하고 있으며, 마리아나과일비둘기는 괌에서 사라졌다(두 곳의 작은 섬에만 남아 있다). 갈색나무뱀 이 등장하기 전, 괌에는 세 종의 토착 포유류가 있었고 모두 박쥐였는데 지금은 마리아나큰박쥐 한 종만 남아 있고 그마저도 멸종 위기에 처한 것으로 보인다. 그 사이에 천적 회피 효과를 누리게 된 갈색나무뱀은 미친 듯이 증식했고, 그 폭발적 증가가 절정에 이르렀을 때는 개체군 밀도가 1에이커 당 40마리에 이르렀다. 갈색나무뱀의 파괴력은 더 이상 먹어 치울 토착종이 없을 정도여서 요즘은 파푸아뉴기니에서 유입된 도마뱀인 블루텅스킹크 등 다른 침입종을 먹이로 삼고 있다. 작가 데이비드 쿼먼은 갈색나무뱀을 악마로 몰아세우기 쉽지만, 이 동물에게는 죄가 없다고 말한다. 이 뱀에게 도덕관념을 적용할 수 없으며, 단지 잘못된 위치에 놓인 것뿐이기 때문이다. 쿼먼은 갈색나무뱀이 괌에서 저지른 일이 "인간이라는 종이 지구 곳곳에서 자행한 일을 그대로 보여준다"고 일갈했다.[13] 그것은 바로 "다른 종들을 희생시키며 번영을 누려왔다는 점"이다.

외래 병원균의 경우도 같은 상황이다. 병원균과 숙주 사이의 오랜 관계는 군사 용어에 빗대어지곤 한다. 병원균과 숙주 모두 자신의 생존을 위해서는 상대방이 너무 앞서가지 못하게 해야 하는 "진화에서의 군비 경쟁"에 묶여 있다는 것이다. 완전히 새로운 병원균이 나타난다는 것은 칼싸움에 총을 가져오는 것과 같다. 이전에 그 균류(또는 바이러스나 박테리아)를 마주친 적이 없으므로 숙주는 그에 대한 방어 수단을 갖고 있지 않다. 이 "낯선 상호 작용"은 치명적인 결과를 낳을 수 있다. 1800년대에 미국밤나무는 미국 동부 숲의 주요 낙엽수였고, 코네티컷 등지에서는 입목의 거의 절반을 차지했다.[14] (밤나무는 아무리 벌목을 해도 뿌리만 남아 있다면 다시 싹을 틔웠고, 식물 병리학자 조지 헵팅이 "갓난아기는 밤나무 요람에서 잘 것이고, 죽은 자는 밤나무 관에 들어가게 될 것"이라고 썼을 정도로 흔히 쓰이는 나무였다.[15]) 그런데 세기가 바뀔 무렵, 밤나무줄기마름병을 일으키는 균류*Cryphonectria parasitica*가 미국에 유입되었다. 이 곰팡이는 일본에서 온 것으로 추정되었으며, 아시아의 밤나무들은 밤나무줄기마름병원균과 공진화했으므로 곰팡이를 견뎌낼 수 있었지만, 미국밤나무에는 거의 100%의 치사율을 나타냈다. 1950년대에는 미국의 밤나무가 사실상 전멸했다. 약 40억 그루의 밤나무가 죽은 것이다. 밤나무에 의존하여 살아가던 수 종의 나방도 함께 사라졌다. 이러한 치명성을 가져온 것은 항아리곰팡이에서와 같은 '낯섦'일 것이다. 왜 사우전드 프로그 스트림에서 갑자기 황금개구리가 사라졌으며, 왜 양서류가 지구상에서 가장 심각한 위기에 처한 강(綱)class이 되었는지도 이 낯섦에서 답을 찾을 수 있다.

알 힉스와 그의 동료들은 흰코증후군의 원인이 확인되기 전부터 유입종을 의심했다. 치사율이 그렇게 높다면 박쥐가 처음 접하는 무엇인가가 원인이 된 것이 틀림없었다. 한편 이 증후군은 뉴욕주 북부로부터 전형적인 동심원 패턴을 그리며 퍼져나가고 있었다. 살인마가 올버니 근처까지 다가왔다는 뜻이었다. 박쥐들의 떼죽음이 전국적인 뉴스가 되기 시작할 때, 한 동굴 탐험가가 올버니에서 약 60km 떨어진 곳에서 찍은 사진 몇 장을 힉스에게 보내왔다. 힉스의 동료들이 "젠장, 온통 박쥐 사체뿐이에요"라며 전화를 걸어오기 꼭 1년 전인 2006년에 찍은 그 사진들 속에는 흰코증후군의 징후가 분명한 박쥐들이 있었다. 동굴탐험가는 하우 동굴에 연결된 한 작은 동굴에서 이 사진을 찍었다고 했다. 하우 동굴은 손전등 투어와 선상 투어로 인기 있는 관광 명소다.

힉스는 이렇게 말했다. "이 비극에 대한 최초의 기록이 연간 20만 명이 방문하는 관광지에서 찍힌 사진이라니, 흥미로운 일이지요."

✚

유입종은 이제 창문만 열면 볼 수 있을 정도로 흔해졌다. 내가 지금 앉아 있는 곳—매사추세츠 서부—에서 창밖으로 보이는 잔디의 원산지도 분명 뉴잉글랜드가 아닐 것이다. (미국의 잔디는 거의 다 켄터키블루그래스를 비롯한 외래종이다.) 우리 집 마당의 잔디밭은 그다지 잘 관리되어 있는 편이 아니라서 유럽에서 건너와 미국 전역에 퍼진 민들레나 마늘냉이, 왕질경이도 많이 보인다. (왕질경이는 최초의 백인 정착민과 함께 건너온 것으로 보이며, 왕질경이가 있는 곳에는 틀림없이 백인이 있었던 까닭에 원주민 사이에서 "백인의 발자국"이라고 불렸다.) 책상에서 일어나 잔디밭 가장자리를 따라 걸으면 아시아에서 온 성깔 있는 침입종인 찔레꽃, 유럽에서 유입된 당근과 우엉, 아시아 출신의 노박덩굴도 볼 수 있다. 매사추세츠주 식물 표본에 관한 한 연구에 따르면 매사추세츠에서 확인된 식물 종 중 귀화 식물이 3분의 1에 육박한다.[16] 흙을 몇 센티미터만 파면 지렁이가 나올 텐데 그 역시 이곳 출신이 아닐 것이다. 유럽인들이 오기 전에는 뉴잉글랜드에 자생하는 지렁이가 없었다. 이 지역의 지렁이는 마지막 빙기 때 전멸했고, 그 후 1만 년 동안 비교적 따뜻한 기후가 이어졌지만, 북아메리카 토종 지렁이는 다시 정착하지 못했다. 새롭게 유입된 지렁이도 여느 지렁이처럼 낙엽을 먹으면서 삼림 토양의 구성을 완전히 바꾸어왔을 것이다. (정원사들은 바로 이 점 때문에 지렁이를 사랑하지만, 최근의 연구에 따르면 외래 지렁이의 유입은 미국 북동부 토종 도롱뇽 감소에 영향을 끼쳤다고 한다.[17]) 지금 이 순간에도 휜코증후군을 일으키는 지오마이세스 데스트룩탄스뿐 아니라, 잠재적 재앙의 불씨를 갖고 있는 여러 침입종들이 매사추세츠에 퍼지고 있다. 중국산 유리알락하늘소는 다양한 활엽수를 먹고 살고, 역시 아시아에서 건너온 호리비단벌레의 애벌레는 물푸레나무에 구멍을 내 결국 죽게 만들며, 동유럽에서 온 민물조개인 얼룩말홍합은 달라붙을 수 있는 온갖 곳에 달라붙어 물속에 떠다니는 플랑크톤을 먹어 치운다.

우리 동네에 호수가 하나 있는데, 그리로 내려가는 길옆에는 "수

표지판에는 다음과 같이 적혀 있다. "보트 이용자 주의사항: 모든 보트 이용자는 사전에 청정 보트 인증 양식을 작성해야 합니다. 얼룩말홍합 확산 방지에 협조해 주십시오."

중 히치하이킹을 근절하기 위해 모든 레크리에이션 장비를 깨끗하게 청소하십시오"라고 적힌 표지판이 있다. 그 문구 아래에는 마치 페인트칠을 한 것처럼 얼룩말홍합으로 완전히 뒤덮인 배 사진도 있다.

이러한 상황은 전 세계 어디에서나 비슷하다. DAISIE(유럽 침입종 데이터베이스)는 1만 2000종 이상의 침입종을 추적하고 있으며, APASD(아시아태평양 외래종 데이터베이스), FISNA(아프리카 삼림 침입종 네트워크), IBIS(섬 생물다양성 및 침입종 데이터베이스), NEMESIS(국립 해양 및 하구 외래종 정보 시스템)에 의해 추적되는 종도 수천 종에 이른다. 이 문제가 심각한 호주에서는 유치원에 다니는 아이들도 침입종 통제에 나선다. 수수두꺼비는 1930년대에 사탕수수에 피해를 주는 딱정벌레를 퇴치하기 위해 의도적으로 도입했으나 처참한 결과를 낳았고, 브리즈번 북부의 타운즈빌 시의회는 아이들이 참여하는 '수수두꺼비 잡는 날' 행사를 추진한 적도 있다. (북부주머니고양이 같은 순진한 토착종이 독성이 있는 수수두꺼비를 먹고 죽는다.) 시의회가 두꺼비를 인도적으로 처리하기 위해 채택한 방법은 아이들에게 "잡아 온 두꺼비를 12시간 동안 냉장고에 둔" 다음 "냉동실로 옮겨 12시간 동안 두라"고 하는 것이었다.[18] 남극 대륙 방문자들에 대한 최근의 한 조사에 따르면 관광객과 연구자들이 여름 한 철에만 7만 개가 넘는 종자를 다른 대륙에서 들여왔다고 한다.[19] 유럽에서 온 새포아풀은 이미 남극 대륙에 정착했으며, 이전까지 토착 식물은 단 두 종밖에 없었으므로, 남극 대륙의 식물 중 3분의 1이 침입종인 셈이다.

세계 생물상의 관점에서 보면, 사람들의 전 지구적인 이동은 완전히 새로운 현상인 동시에 아주 오래전에 일어난 한 현상의 재현이기도 하다. 베게너가 화석 기록으로부터 추론해 낸 대륙의 분리가 이제는 역전되고 있는 것이다. 이는 인류가 빠른 속도로 지질사를 되돌리고 있는 또 한 가지 방식이며, 판이 없는, 그러나 더 강력한 지각판 이동이다. 아시아의 종들을 북아메리카로, 북아메리카의 종들을 호주로, 호주의 종들을 아프리카로, 유럽의 종들을 남극 대륙으로 옮겨 놓으며, 우리는 사실상 이 세계를 하나의 거대한 초대

류으로 재편하고 있다. 생물학자들은 이 초대륙을 신 판게아라고 부르기도 한다.

✦

버몬트주 도싯의 숲이 우거진 언덕에 있는 에올러스 동굴은 뉴잉글랜드 최대의 박쥐 동면처로 알려져 있다. 흰코증후군 창궐 전에는 온타리오, 로드아일랜드처럼 먼 곳에서 찾아오는 경우를 포함하여 거의 30만 마리에 달하는 박쥐가 이곳에서 겨울을 났다. 힉스와 함께 바턴힐 광산에 다녀온 몇 주 후, 힉스가 에올러스 동굴 탐사에 동행할 것을 제안했다. 버몬트주 어류및야생동물부가 주관한 탐사였는데, 이번에는 스노슈즈를 신는 대신 모두 스노모빌을 타고 언덕을 올랐다. 스노모빌은 계속 급커브가 이어지는 산길을 지그재그로 올라갔다. 영하 4°C의 기온은 박쥐가 활동하기에는 너무 낮은 온도였지만, 동굴 입구 근처에 도착하자 푸드득거리는 박쥐들이 보였다. 버몬트주 담당자 중 가장 높은 사람인 스콧 달링이 여기서부터는 라텍스 장갑과 타이벡 보호복을 착용해야 한다고 공지했다. 나는 지난번에 소설가가 흰코증후군 발생 구역에서 보였던 태도를 기억하며 달링도 그 소설가처럼 편집증적이라고 생각했지만 얼마 안 가 그의 말을 이해하게 되었다.

에올러스는 계곡을 흐르는 물이 수백만 년에 걸쳐 만들어 낸 동굴이다. 이 동굴의 소유주인 국제자연보호협회The Nature Conservancy는 사람들이 들어가지 못하도록 거대한 철판으로 진입로를 막았다. 자

물쇠를 열어 가로로 놓인 철판 중 하나를 제거하니 기어서 들어갈 수 있는 좁은 틈이 생겼다. 모든 것이 얼어붙었을 것 같은 날씨인데도 입구에서 역겨운 냄새가 풍겼다. 사냥터 같기도 하고 쓰레기장 같기도 한 냄새였다. 입구까지 이어지는 돌길에는 얼음이 얼어 있어서 발을 내딛기 힘들었다. 곧 내 차례가 되었는데, 철판 사이에 몸을 구겨 넣자마자 부드럽고 축축한 무엇인가에 미끄러졌다. 몸을 일으키면서 나는 그것이 쌓여 있는 박쥐 사체들임을 깨달았다.

구아노홀이라고 불리는 동굴의 전실 같은 방은 입구에서 볼 때는 폭이 9m, 높이가 6m쯤 되는데, 뒤쪽으로 갈수록 좁고 낮아진다. 그곳에서 갈라져 들어가는 터널들에는 동굴 탐험가만 접근할 수 있고, 그 터널에서 또 다시 갈라지는 터널에는 박쥐만 접근할 수 있다. 구아노홀을 들여다보고 있자니 거대한 식도를 들여다보고 있는 느낌이 들었다. 어둠 속에서 점차 윤곽을 드러낸 장면은 소름이 끼쳤다. 천장에는 긴 고드름들이 매달려 있었고, 바닥에는 돌기처럼 커다란 얼음 덩어리들이 튀어나와 있었다. 바닥은 죽은 박쥐들로 뒤덮여 있었는데, 얼음 돌기 중에는 그 안에 박쥐가 얼어붙어 있기도 했다. 천장에서 쉬고 있는 무기력한 박쥐가 있는가 하면 멀쩡히 깨어 있는 박쥐도 있었는데, 깨어 있는 박쥐들은 날개를 펴고 우리 근처로, 때로는 우리 정면으로 날아왔다.

박쥐 사체가 어떤 곳에서는 쌓이고 어떤 곳에서는 다른 동물의 먹이가 되거나 다른 방식으로 사라지는데 그 이유는 불분명하다. 힉스는 에올러스의 환경이 너무 혹독해서 박쥐들이 동굴에서 나오지도 못한 채 죽어서 떨어졌으리라고 추측했다. 힉스와 달링은 구아노홀의 박쥐 개체 수를 조사할 계획이었지만, 이 계획은 금방 폐기되었고 대신에 표본만 수집하기로 했다. 달링은 표본을 미국 자연사박물관으로 보낼 것이라고 했다. 그곳에는 에올러스에서 겨울을 보낸 작은갈색박쥐, 북부긴귀박쥐, 삼색박쥐에 대한 기록이 최소 수십만 건 소장되어 있기 때문이다. 그는 "이번이 마지막 기회일지도 모른다"고 했다. 광산은 기껏해야 몇백 년 되었지만, 에올러스는 수천 년 전부터 그곳에 있었다. 마지막 빙하기가 끝나면서 동굴의 입구가 드러났을 것이고, 박쥐들은 그때부터 대대로 이곳에서 동면했을 것이다.

"이 일을 더 극적으로 만드는 지점이 바로 이것입니다. 흰코증후군이 진화의 사슬을 끊고 있는 것이지요." 달링이 말했다. 그와 힉스는 죽은 박쥐를 집어 올리기 시작했다. 너무 심하게 부패한 것은 다시 내버렸고, 비교적 온전한 것들은 성별을 확인한 후 1리터짜리 지퍼락에 넣었다. 나는 암컷용 봉지를 잡고 있는 일을 맡았다. 곧 봉지가 가득 차 새 봉지를 꺼냈다. 표본이 약 500개쯤 되었을 때 달링이 이제 그만 가자고 했다. 힉스는 뒤로 물러나 가지고 온 커다란 카메라를 꺼내 들고는 사진을 더 찍고 싶다고 했다. 동굴 안을 헤집고 돌아다닐수록 대학살의 현장은 더욱 더 기괴해졌다. 박쥐 사체 중 다수는 뭉개어져 있었고, 피가 흘러나오는 것들도 있었다. 입구를 향해 올라올 때 힉스가 나를 불렀다. "죽은 박쥐를 밟지 마세요." 나는 꽤 시간이 지나서야 농담이었다는 것을 알아차렸다.

신 판게아가 만들어지기 시작한 때를 정확히 꼬집어 말하기는 힘들다. 호모사피엔스가 "생물 역사상 가장 성공적인 침입자임에 틀림없다"[20]라고 말한 과학 저술가 앨런 버딕처럼 인간을 침입종으로 본다면 그 과정은 현생 인류가 최초로 아프리카를 벗어나 이주한 12만 년쯤 전에 시작되었다고 할 수 있다. 인류는 1만 3000년 전쯤 북아메리카로 진출할 때 길들여진 개를 데리고 베링 육교를 건넜다.[21] 약 1500년 전 하와이에 정착한 폴리네시아인은 쥐, 이, 벼룩, 돼지를 대동했다. 신대륙 '발견'은 방대한 생물학적 스와핑—이른바 콜럼버스 교환Columbian Exchange—을 촉발함으로써 그 과정을 완전히 새로운 차원으로 끌어올렸다. 다윈이 지리적 분포의 원리를 정교화하고 있는 동안에도 그 원리는 순응회acclimatization society라고 불리던 집단에 의해 인위적으로 깨트려지고 있었다. 《종의 기원》이 출판된 바로 그 해에 멜버른의 한 순응회 회원은 호주에 최초의 토끼들을 방사했다. 그 후 그 토끼들은 여느 토끼처럼 빠르게 번식했다. 1890년에는 "유용하거나 흥미로울 것으로 기대되는 해외 동식물 품종을 도입하고 순응한다"는 사명을 내세운 뉴욕의 한 집단이 유럽찌르레기를 미국에 도입했다.[22] (이 순응회의 회장은 셰익스피어의 작품에 언급된 모든 조류를 미국에 데려오고 싶어 했다고 한다.) 그들이 센트럴 파크에 풀어놓은 100마리의 찌르레기는 현재 2억 마리 이상으로 늘어났다.

오늘날에도 미국인들은 종종 "유용하거나 흥미로울 것으로 기대되는 해외 품종"을 의도적으로 수입한다. 원예 카탈로그에는 외래 식물이, 수족관 카탈로그에는 외래 어종이 가득하다.《침입종 백과 사전Encyclopedia of Biological Invasions》의 반려동물 항목에 따르면 해마다 토착종보다 많은 비 토착종 포유류, 조류, 양서류, 거북, 도마뱀, 뱀이 미국으로 유입되고 있다.[23] 한편, 국제 무역의 속도와 규모가 증가하면서 우발적인 동식물 유입도 늘어난다. 카누의 밑바닥이나 포경선 선창에 매달려서는 살아서 대양을 건널 수 없던 종들도 이제는 현대적 화물선의 평형수 탱크나 항공기 격실, 승객의 여행 가방에 몸을 싣고 쉽게 바다를 건널 수 있다. 북미 연안 해역의 비 토착종에 관한 최근의 한 연구에 따르면 "침입종 유입 속도가 지난 200년 동안 기하급수적으로 상승했다."[24] 운송 화물의 양과 운송 속도가 증가했기 때문이다. UC리버사이드의 침입종연구센터는 60일에 한 종씩 새로운 침입종이 캘리포니아에 유입되고 있다고 추정한다. 이마저도 매월 새로운 침입종이 추가되는 하와이에 비하면 느린 편이다. (인류가 하와이에 정착하기 전에는 약 1만 년 동안 단 한 종만이 하와이 군도에 정착하는 데 성공했다는 점에 주목하라.[25])

이 모든 재편의 즉각적인 결과는 지역의 종 다양성 증가다. 지구상의 어떤 곳이든, 그곳이 호주든 남극이든 동네 공원이든 지난 수백 년 동안 그 지역에서 발견되는 종의 수는 십중팔구 증가했을 것이다. 인간이 등장하기 전에는 하와이에 전혀 없는 생물 범주가 많았다. 설치류도 없었고, 양서류나 육상 파충류, 유제류도 없었으며, 개미, 진딧물, 모기도 없었다. 그런 의미에서 인간은 하와이의 생물상을 대단히 풍요롭게 만들었다. 그러나 인간이 오기 전의 하와이는 지구상의 다른 어떤 곳에도 존재하지 않는 수천 종의 터전이었지만 그러한 고유종 다수가 지금은 사라졌거나 사라지고 있다. 수백 종의 달팽이와 수십 종의 조류, 100종 이상의 양치식물 및 종자식물이 사라진 것이다. 국지적 다양성은 증가했지만, 같은 이유로 인해 전 지구적 다양성—전 세계에서 볼 수 있는 종의 총 수—은 감소했다.

침입종에 관한 연구는 1958년에 기념비적 저서 《동물과 식물에 의한 침입의 생태학The Ecology of Invasions by Animals and Plants》을 출간한 찰스 엘턴과 함께 시작되었다고들 한다. 엘턴은 종의 이동이 낳는 역설적으로 보이는 두 결과를 설명하기 위해 유리 수조의 비유를 사용한다. 각 수조에 서로 다른 화학 물질 용액이 채워져 있다고 하자. 각 수조는 인접한 수조와 길고 가는 관으로 연결되어 있다. 관의 꼭지를 매일 1분씩 열어 놓으면 용액은 천천히 섞일 것이다. 화학 물질 사이에 반응이 일어나, 새로운 화합물이 형성되기도 하고, 원래 있던 화학 물질 중 어떤 것은 제거될 것이다. "시스템 전체가 평형 상태에 이르려면 상당한 시간이 걸릴 수도 있다." 그러나 결국에는 모든 수조가 동일 용액으로 채워질 것이고 다양성은 사라질 것이다. 이것이 바로 오랫동안 격리되었던 동식물이 접촉할 때 일어날 수 있는 일이다.

엘턴은 이렇게 썼다. "먼 미래를 내다보자면, 생물계는 궁극적으로 더 복잡해지기보다는 더 단순하고 빈곤한 상태가 될 것이다."[26]

엘턴이 활동했던 시대 이래 생태학자들은 사고 실험을 통해 전 지구적 균질화의 영향을 계량화하려고 시도해왔다. 이 실험의 첫 단계는 전 세계의 모든 땅덩어리를 거대한 하나의 대륙으로 압축한 다고 가정하는 것이다. 그 다음에는 종-면적 관계를 이용해 그만한 면적의 육지가 가질 수 있는 종 다양성 수준을 추정한다. 이 수치와 실제 종 다양성의 차이는 완전한 상호 연결성이 가져올 손실을 말 해준다. 육상 포유류의 경우 이 차이는 66%로 나타나는데, 이는 단 일 대륙 세계가 되면 현존 포유류 종의 3분의 1만 남게 된다는 뜻이 다.[27] 육상 조류는 50% 미만의 차이를 보이므로 대륙 간의 모든 경 계가 사라진다고 해도 지금 있는 종의 절반 이상이 남을 것이다.

우리가 엘턴보다 훨씬 더 멀리, 수백만 년 후까지 내다본다면 생 물계는 십중팔구 다시 복잡해질 것이다. 여행과 무역이 중단된다면 신 판게아가 해체되기 시작할 것이다. 대륙들은 다시 분리되고, 섬 들은 다시 고립될 것이다. 전 세계에 분산되어 있는 침입자들은 새 로운 종으로 진화하여 퍼져나갈 것이다. 하와이에는 초대형 쥐가, 호주에는 초대형 토끼들이 출몰하게 될지도 모른다.

✛

알 힉스, 스콧 달링과 에올러스를 방문한 이듬해 겨울, 나는 또 다른 야생 동물 연구팀과 다시 그곳을 찾았다. 이번에 본 동굴의 풍 경은 사뭇 달랐지만 섬뜩하기는 마찬가지였다. 1년 사이에 피 흘리 는 박쥐 사체 더미가 거의 완전히 부패되어 바닥에는 솔잎처럼 가

늘고 앙상한 뼈들만 카펫처럼 깔려 있었다.

이번 조사의 책임자는 버몬트주 어류및야생동물부의 라이언 스미스와 미국 어류및야생동물관리국 소속 수지 폰 외팅엔이었다. 그들은 구아노홀의 가장 넓은 구역에 매달려 있는 박쥐 무리부터 조사하기 시작했다. 더 가까이 다가가 보니 이 무리 중 대부분은 이미 죽어 있었다. 스미스는 박쥐들이 그 작은 발로 바위에 매달린 채 사후 경직 상태에 이른 것이라고 했다. 그러나 사체들 사이에 살아 있는 박쥐도 있는 것 같았다. 스미스는 연필과 인덱스 카드를 갖고 있는 폰 외팅엔에게 그 숫자를 불러 주었다.

"루키스 둘"이라고 스미스가 외치면 폰 외팅엔이 "루키스 둘"이라고 복창하며 숫자를 카드에 적었다.

스미스는 동굴 안쪽으로 더 깊이 들어갔다. 폰 외팅엔이 나를 불러서 가까이 다가가니 암벽이 갈라진 틈을 가리켰다. 그 속에서 박쥐 수십 마리가 동면하고 있었던 모양으로 지금은 이쑤시개만 한 뼈들이 군데군데 박힌 검은 부패물뿐이었다. 폰 외팅엔은 예전에 이 동굴에 왔을 때 살아 있는 박쥐들이 죽은 박쥐들에게 코를 비비는 모습을 본 것을 떠올리며 이렇게 말했다. "가슴이 미어지더군요."

박쥐의 사회성은 지오마이세스 데스트룩탄스에게 큰 도움이 되었다. 박쥐들은 겨울에 한데 모여서 곰팡이를 서로 옮기고, 봄까지 살아남으면 곰팡이에 감염된 채 흩어진다. 지오마이세스 데스트룩탄스는 이런 방식으로 박쥐에서 박쥐로, 동굴에서 동굴로 전해진다.

거의 텅 빈 구아노홀을 조사하는 데에는 약 20분밖에 안 걸렸다.

조사를 마친 후 폰 외팅엔이 카드에 적은 숫자를 집계했다. 루키스 88, 북부긴귀박쥐 1, 삼색박쥐 3, 미확인 종 20으로 총 112마리였다. 흰코증후군이 창궐하기 전에 비해 30분의 1로 줄어든 숫자였다. 우리가 철판 사이를 빠져나올 때 폰 외팅엔이 말했다. "이 정도 치사율이라면 극복이 불가능합니다." 루키스는 암컷 한 마리가 1년에 한 마리밖에 새끼를 낳지 못할 정도로 번식이 더디기 때문에 일부 박쥐가 흰코증후군에 내성을 보인다 하더라도 개체 수의 반등이 일어나기 힘들다.

그해(2010년) 겨울 이후 지오마이세스 데스트룩탄스가 유럽에서부터 확산된 것으로 밝혀졌다. 유럽에는 터키에서부터 네덜란드까지 분포하는 생쥐귀박쥐 같은 자생 박쥐들이 있다. 생쥐귀박쥐도 흰코증후군에 감염되었지만 별다른 피해를 입지 않은 것으로 보인다. 이는 이 균류와 박쥐가 공진화했음을 시사한다.

반면에 뉴잉글랜드의 상황은 여전히 암울하다. 나는 2011년 겨울에 다시 에올러스 동굴 조사에 참여했다. 구아노홀에 남은 살아 있는 박쥐는 고작 35마리였다. 2012년에 또 갔다. 동굴 입구까지 올라갔지만 나와 동행한 생물학자가 더 이상 진행하지 않는 게 좋겠다고 결정했다. 남아 있는 박쥐가 혹시라도 있다면 그 박쥐를 세는 것보다 방해하지 않는 것이 더 중요하다고 판단했기 때문이었다. 나는 2013년 겨울에도 다시 그 길에 올랐다. 미국 어류및야생동물관리국에 따르면 흰코증후군이 미국의 22개 주와 캐나다의 5개 주에 퍼져 600만 마리의 박쥐가 죽음에 이른 시점이었다. 영하

왼쪽부터 차례로 2009년, 2010년, 2011년 겨울에 찍은 구아노홀의 동일 구역 사진. 2009년 사진에는 동면 중인 박쥐들이 빼곡한데 2010년에는 그 수가 대폭 줄었고 2011년에는 박쥐가 사라졌다.

의 기온인데도 박쥐 한 마리가 철판 앞에 서 있는 나에게 날아왔다. 입구 근처 암벽에 박쥐 10마리가 매달려 있었는데 대부분이 자그마한 미라처럼 말라붙어 있었다. 에올러스 동굴 진입로의 나무 두 그루에는 버몬트주 어류및야생동물부가 달아 놓은 표지판이 있었다. 하나에는 "추후 다른 공지가 있을 때까지 이 동굴을 폐쇄합니다", 다른 하나에는 위반 시 "박쥐 한 마리당 최대 1000달러"를 벌금으로 부과한다는 경고가 쓰여 있었다. (여기서 말하는 박쥐가 살아 있는 박쥐인지 그보다 훨씬 더 많은 죽은 박쥐인지는 불분명했다.)

얼마 전, 스콧 달링에게 전화하여 현재 상황을 물었다. 그는 한때 주 전역에서 흔히 볼 수 있었던 작은갈색박쥐가 이제는 버몬트주의 공식적인 멸종 위기종으로 등재되었다고 했다. 북부긴귀박쥐와 삼색박쥐도 마찬가지다. 그는 이렇게 토로했다. "요즘 저는 '절망적'이라는 단어를 자주 쓰게 됐어요. 우리는 지금 절망적인 상황에 처해 있습니다."

"그런데 말입니다." 그가 말을 이었다. "요전 날, 이런 기사 하나를 읽었어요. 버몬트생태연구센터라는 단체가 웹사이트를 개설했다는 내용이었습니다. 사람들이 버몬트에 있는 것이라면 무엇이든 동식물 사진을 찍어서 올릴 수 있게 해놓았다더군요. 몇 년 전에 그런 기사를 봤다면 웃었을 겁니다. '흔해빠진 소나무 사진이라도 모으겠다는 건가?'라고 생각했겠지요. 그런데 작은갈색박쥐에게 일어난 일을 보고 난 지금은 그런 활동이 더 일찍 시작되었어야 했다는 생각이 들어요."

CHAPTER 11

코뿔소에게 초음파 검사를

수마트라코뿔소
(디케로르히누스 수마트렌시스*Dicerorhinus sumatrensis*)

수치를 처음 보았을 때 내 눈에 가장 먼저 들어온 것은 육중한 엉덩이였다. 폭이 1m 가까이 되었고, 붉고 거친 털이 듬성듬성 나 있었다. 적갈색 피부는 자갈이 박힌 리놀륨 바닥재 같은 질감이었다. 수마트라코뿔소 수치는 2004년 신시내티 동물원에서 태어나 지금도 이 동물원에 산다(안타깝게도 2014년, 미국에서 이 책이 출간된 직후 죽었다.-옮긴이). 내가 신시내티 동물원을 방문했던 오후, 수치의 가공할 만한 엉덩이 주위에는 나 말고도 몇 사람이 더 있었다. 그들이 엉덩이를 어루만지고 있길래 나도 손을 뻗어 쓰다듬어 보았다. 나무줄기를 만지는 것 같았다.

신시내티 동물원 산하 멸종위기야생동물보전및연구센터 센터장인 테리 로스 박사가 수술복을 입고 사육장으로 왔다. 키가 크고 마른 체구에 긴 갈색의 올림머리를 한 그는 오른손에 투명 비닐장갑을 끼고 있었는데 장갑이 팔꿈치를 넘어 거의 어깨까지 올라왔다. 수치의 사육사 한 명이 꼬리를 주방용 랩 같은 것으로 감싸 옆으로 치웠다. 또 다른 사육사는 양동이를 들고 수치의 입 옆에 자리를 잡았다. 수치의 엉덩이 너머가 잘 보이지는 않았지만 누군가가 사과 조각을 먹이고 있다고 설명해 주었고, 씹어먹는 소리도 들렸다. 그렇게 주의를 돌려놓은 사이에 로스는 장갑 하나를 더 겹쳐 끼고 비디오 게임 리모컨처럼 생긴 도구를 집어 들어 코뿔소의 항문에 밀어 넣었다.

수마트라코뿔소 *Dicerorhinus sumatrensis*는 현존하는 다섯 종의 코뿔소 중 가장 수가 적으며, 가장 오래되었다고 볼 수 있다. 수마트라코뿔소속은 2000만 년 전에 출현했다. 수마트라코뿔소의 계통이 마이오세 때부터 크게 변하지 않고 이어져 왔다는 뜻이다. 유전자 분석에 따르면 수마트라코뿔소의 가장 가까운 친척은 마지막 빙하기 동안 스코틀랜드에서부터 한국까지 유라시아 전역에 분포했던 털코뿔소다.[1] E. O. 윌슨은 신시내티 동물원에서 수치의 어미와 한 때를 보낸 후 그 털 한 뭉치를 가져와 책상 위에 두었다. 그에게 수마트라코뿔소는 '살아 있는 화석'이었다.[2]

수마트라코뿔소는 수줍음이 많고 혼자 지내기를 좋아하는 동물이어서 야생에서는 울창한 덤불을 찾아다닌다. 두 개의 뿔 중 큰 뿔은 코 끝에 있고, 작은 뿔은 그 뒤에 있으며, 나뭇잎이나 나뭇가지를 잡을 때는 뾰족한 윗입술을 사용한다. 이 동물의 성생활은—적어도 인간의 관점으로 보면—예측 불가능하다. 무엇보다 암컷이 유도 배란 동물induced ovulator이어서 적당한 수컷이 주위에 있다고 감지하지 않으면 난자가 배출되지 않는다. 수치의 경우 가장 가까이 있는 수컷도 1만 6000km나 떨어져 있다. 로스가 이곳에 서서 코뿔소의 직장에 손을 집어넣고 있는 것이 바로 이 때문이다.

수치는 일주일 전쯤 난소 자극을 위한 호르몬 주사를 맞았다. 그로부터 며칠 후, 로스는 인공 수정을 시도했다. 먼저 자궁 경부의 주름 사이에 가늘고 긴 튜브를 끼우고 그 안에 해동된 정액 한 병을 주입했다. 당시에 로스가 기록한 바에 따르면 수치는 시술을 진행하는 동안 "얌전했다." 그리고 이제는 그 후 어떻게 되었는지를 초음파로 알아보려는 것이다. 로스의 팔꿈치 쪽에 세워 놓은 컴퓨터 화면에 거친 영상이 나타났다. 로스는 화면상에서 어두운색의 거품처럼 보이는 코뿔소 방광을 찾은 다음 검사를 계속 진행했다. 로스는 인공 수정 당시에 수치의 오른쪽 난소에서 보였던 난자가 배출되었기를 기대했다. 난자가 배출되었다면 임신할 가능성이 있었다. 그러나 검정색 원은 여전히 회색 구름 속에 있었다. 난자가 그 자리에 그대로 있다는 뜻이었다.

"수치가 배란을 하지 않았네요." 로스는 오른팔 전체를 코뿔소 몸 안에 넣은 상태로 도와주러 온 여섯 명의 사육사들을 향해 이렇게 말했다. 모두 동시에 탄식을 내뱉었다. "아, 이런." 로스는 팔을 빼고 장갑을 벗었다. 결과는 실망스러웠지만 놀란 것 같지는 않았다.

✚

　수마트라코뿔소는 한때 지금의 부탄, 인도 북동부에 해당하는 히말라야산맥 기슭을 비롯하여 미얀마, 태국, 캄보디아, 말레이반도, 수마트라섬과 보르네오섬에서도 발견되었다. 19세기까지만 해도 농업에 피해를 주는 동물로 인식될 만큼 흔한 동물이었다. 코뿔소가 살 만한 곳이 줄어들고 파편화된 것은 동남아시아의 삼림이 개간되면서부터였다. 1980년대 초반에는 그 개체 수가 몇백 마리 수준으로까지 줄어들었고 대부분이 수마트라섬 등 말레이시아의 외부와 차단된 보호 구역에 서식한다. 이 동물의 멸종은 피할 수 없어 보였고, 그래서 1984년에는 환경 보전 활동가들이 구제 전략을 세우기 위해 싱가포르에 모였다. 그들은 여러 대책을 내놓았으며, 특히 이 종 전체가 사라지는 일을 방지하기 위한 사육 번식 프로그램 시행을 촉구했다. 그 결과, 수마트라코뿔소 40마리가 포획되었고, 그중 일곱 마리는 미국의 동물원들로 보내졌다.

　사육 번식 프로그램은 출발부터 처참했다. 3주도 안 되어 말레이반도의 사육 시설에서 다섯 마리가 트리파노소마증—파리가 옮기는 기생충 감염병—에 쓰러졌다. 10마리는 보르네오섬 동쪽 끝의 말레이시아 사바주에서 포획되었는데, 그중 두 마리는 포획 과정에서 입은 부상으로 죽었다. 3분의 1은 파상풍으로, 4분의 1은 알 수 없는 이유로 생을 마감했으며, 10년 후까지 한 마리도 새끼를 낳지 못했다. 미국에서는 죽은 비율이 훨씬 더 높았다. 동물원들에서는 이 코뿔소들에게 건초를 먹였는데, 수마트라코뿔소는 건초를 먹고 살 수 없음이 밝혀졌다. 신선한 잎과 나뭇가지가 있어야 했다. 누군 가가 이 사실을 깨달았을 때는 이미 일곱 마리 중 세 마리만이 제 각기 다른 동물원에 생존해 있었다. 1995년, 학술지 〈보전 생물학〉 에 사육 번식 프로그램에 관한 논문 한 편이 게재되었다. 그 제목은 '종의 멸종을 돕다'였다.

그해에 브롱크스 동물원과 로스앤젤레스 동물원은 최후의 방법 으로 살아남은 코뿔소—둘 다 암컷이었다—를 이푸라는 유일한 수컷 수마트라코뿔소가 있는 신시내티 동물원으로 보냈다. 로스의 임무는 바로 이들을 어떻게 해야 할지 알아내는 것이었다. 단독 생 활을 하는 습성이 있으므로 한 우리 안에 두면 안 되지만, 그들이 함께 있지 않으면 짝짓기를 할 수 없다는 것도 분명했다. 로스는 코 뿔소의 생리학 연구와 혈액 및 소변 분석, 호르몬 수치 측정 등에 몰두했다. 그러나 코뿔소에 대해 알면 알수록 풀어야 할 문제가 더 쌓여만 갔다.

초음파 검사가 끝난 후 로스의 사무실에 갔을 때 그는 이렇게 말 했다. "수마트라코뿔소는 아주 까다로운 동물입니다." 사무실 벽 선 반에는 목각 인형, 점토 인형, 봉제 인형 등 온갖 종류의 코뿔소가 가득했다. 브롱크스에서 온 라푼젤이라는 암컷은 새끼를 낳기에는 너무 나이가 많았다. 로스앤젤레스에서 온 에미는 알맞은 나이였지 만 도무지 배란을 하지 않는 것 같았고, 로스는 이 수수께끼를 풀기 위해 거의 1년을 보냈다. 수컷이 주변에 있다는 것을 감지해야만 배란이 이루어진다는 사실을 깨달은 그는 세심한 모니터링 하에

에미와 이푸가 짧은 "데이트"를 가질 수 있게 했다. 몇 달 만에 드디어 에미가 임신했다. 그러나 곧 유산했다. 다시 임신했지만, 결과는 같았다. 이 패턴은 계속 반복되었고 유산만 다섯 번을 했다. 에미와 이푸 모두 눈에 이상이 생겼는데 로스는 코뿔소들이 태양 아래에서 너무 많은 시간을 보낸 결과라고 판단했다. (야생에서 수마트라코뿔소는 숲이 우거진 그늘에 산다.) 신시내티 동물원은 50만 달러를 들여 맞춤형 그늘막을 설치했다.

에미는 2000년 가을에 다시 임신했다. 로스는 에미의 호르몬 보충을 위해 프로게스테론에 적신 빵조각을 먹였다. 16개월의 임신 기간 끝에 드디어 수컷 새끼를 출산했다. 안달라스라는 이름이 주어졌다. 둘째의 이름은 인도네시아어로 '신성함'을 뜻하는 수치였고, 수컷인 셋째는 하라판이었다. 안달라스는 2007년에 수마트라섬의 웨이캄바스 국립 공원 내 사육 번식 시설로 보내졌으며, 2012년 안다투의 아빠가 되었다. 에미와 이푸의 손자가 생긴 것이다.

신시내티에서 태어난 세 마리, 웨이캄바스에서 태어난 한 마리로 그 과정에서 죽은 수십 마리의 코뿔소를 대신할 수는 없지만, 이 네 마리 외에는 세계 어느 곳에서도 지난 30년 사이에 새로 태어난 수마트라코뿔소는 알려진 바 없다. 야생의 수마트라코뿔소 숫자는 1980년대 중반 이래로 가파르게 줄어들었으며, 이제는 전 세계에 100마리도 안 남은 것으로 보인다. 이 동물의 수를 이토록 줄여 놓은 것도 인간이지만, 그렇기 때문에 거꾸로 영웅적인 인간의 힘으로만 그들을 구제할 수 있게 되었다는 점은 아이러니하다. 수마

신시내티 동물원의 수치.

트라코뿔소에게 미래가 있다면, 그것은 코뿔소의 직장에 팔을 넣어 초음파 검사를 할 줄 아는 로스 같은 몇 사람 덕분일 것이다.

수마트라코뿔소뿐 아니라 모든 코뿔소가 거의 똑같은 처지다. 일찍이 동남아시아 전역에서 볼 수 있었던 자바코뿔소는 이제 자바섬 보호 구역에만 남아 있으며 그 수가 50마리도 채 안 되는, 지구상에서 가장 희귀한 동물 중 하나가 되었다. (그 외의 장소에 존재했다고 알려진 최후의 자바코뿔소는 2010년 겨울, 베트남에서 어느 밀렵꾼에게 희생당했다.) 다섯 종 중 가장 크고, 러디어드 키플링이 묘사했듯이 주름진 코트를 입은 것처럼 보이는 인도코뿔소는 약 3000마리로 줄어들었으며, 대부분 아삼주의 네 개 공원에만 남아 있다. 100년 전 아프리카에 100만 마리 가까이 있었던 검은코뿔소도 지금은 약 5000 마리밖에 안 된다. 흰코뿔소도 아프리카가 원산지이며 유일하게 아직 멸종 위기종으로 분류되지 않은 코뿔소다. 19세기에 거의 절멸될 만큼 사냥에 희생되었으나 20세기에 놀라운 재기에 성공했고, 21세기에는 암시장에서 500g당 2만 달러 이상에 팔리는 뿔 때문에 다시 밀렵꾼의 표적이 되었다. (손톱처럼 케라틴 성분으로 이루어진 코뿔소의 뿔은 전통 중의학에서 오래전부터 사용되었으며, 근래에는 고급 파티에서 즐기는 '약물'—동남아시아 클럽들에서 코뿔소 뿔 분말을 코카인처럼 흡입한다—로써의 수요가 훨씬 더 많아졌다.[3])

물론 코뿔소만의 문제는 아니다. 사람들은 '카리스마 있는' 대형 포유류에 대해 깊고 신비롭기까지 한 유대감을 느끼며, 철창 안에 가두어서라도 그 유대감을 느끼려는 사람들 때문에 동물원들은 판다나 고릴라 그리고 코뿔소를 전시하는 데 거금을 투자한다. (윌슨은 신시내티에서 에미와 보낸 저녁 한때를 그의 인생에서 "가장 기억에 남는 사건 중 하나"라고 술회했다.) 그러나 갇혀 있지 않은 거의 모든 곳에서 카리스마 넘치는 대형 포유류들은 곤경에 처해 있다. 전 세계의 곰 여덟 종 중 여섯 종이 절멸에 '취약'하거나 '위기' 상태에 있는 것으로 분류된다. 아시아코끼리는 지난 3세대 동안 50%가 감소했다. 그보다 형편이 나은 아프리카코끼리도 코뿔소처럼 밀렵의 위협이 점점 더 커지고 있다. (최근의 한 연구에 따르면 최근 10년 동안 둥근귀코끼리—사바나 코끼리와 둥근귀코끼리는 아프리카코끼리속의 별개의 두 종으로 간주된다—개체 수가 60% 감소했다.[4]) 사자, 호랑이, 치타, 재규어 등 대형 고양잇과 동물들도 줄어들고 있다. 한 세기 후에는 판다, 호랑이, 코뿔소가 동물원 또는 톰 러브조이가 "준(準)동물원"이라고 표현한 소규모 야생동물 보호 구역에만 남게 될지도 모른다.[5]

✦

수치의 초음파 검사 다음 날, 나는 다시 수치를 보러 갔다. 추운 겨울 아침이어서 수치는 "집"—말이 좋아 집이지, 유치장 같은 방들로 이루어진 나지막한 콘크리트 건물에 불과했다—에 틀어박혀 있었다. 내가 그곳에 도착한 오전 7시 반경은 마침 먹이를 주는 시간이었고, 수치는 무화과나무 잎사귀를 우적우적 먹고 있었다. 코뿔소 사육장의 수장인 폴 라인하트는 수치가 하루에 먹는 무화과나무 잎이 평균 45kg쯤 되는데 샌디에이고에서 특별히 공수해 온다고 말해주었다. (운송비만 연간 10만 달러에 육박한다.) 수치가 하루에 먹는 과일의 양도 선물용 과일 바구니 네댓 개 분량에 달한다. 이날의 메뉴는 사과, 포도, 바나나였다. 수치가 먹은 것은 또 한 가지가 있었는데, 내가 보기에는 잘못된 판단인 것 같았다. 무화과나무 잎이 떨어지자 가지를 먹기 시작한 것이다. 두께가 5cm나 되는 것도 있었지만 사람으로 치면 프레첼을 깨물듯 가뿐히 씹어먹었다.

라인하트는 수치가 2009년에 죽은 엄마 에미와 지금도 신시내티 동물원에 살고 있는 이푸의 좋은 점들을 물려받았다고 했다. "에미는 물불 안 가리고 달려드는 편이었지요. 수치도 장난꾸러기지만 아빠를 닮아 냉정한 면이 있답니다." 다른 사육사가 김이 모락모락

나는 적갈색 분뇨 수레를 밀며 옆으로 지나갔다. 수치와 이푸가 간밤에 만들어 놓은 배설물이었다.

라인하트는 그가 다른 업무를 보러 가 있는 동안 내가 수치와 함께 시간을 보내도 좋다고 했다. 수치가 사람들―간식을 주는 사람이든 직장에 손을 찔러넣는 사람이든―과 함께 지내는 데 익숙하기 때문에 가능한 일이었다. 나는 수치의 옆구리 털을 쓰다듬으면서 거대한 개 같다고 생각했다. (사실 코뿔소는 말과 가장 가까운 친척이다.) 장난꾸러기의 모습을 볼 수는 없었지만 나를 좋아하는 것 같았고, 내가 그 검은 눈을 바라보았을 때 수치가 눈을 깜빡인 것은 틀림없는 눈 맞춤이었다고 맹세할 수 있다. 그러나 동시에, 거대한 머리로 들이받으면 내 팔쯤은 거뜬히 부러뜨릴 수 있다는 동물원 담당자의 경고도 떠올랐다. 잠시 후, 체중 측정 시간이 되었다. 옆방으로 가니 바닥에 팰릿형 저울이 설치되어 있고 그 앞에 바나나 몇 개가 놓여 있었다. 수치가 바나나를 먹으러 다가가니 저울 계기판에 684kg이라는 숫자가 떴다.

매우 큰 체구를 가진 동물에게는 그럴 만한 이유가 있다. 수치는 태어났을 때 이미 32kg이었다. 수마트라섬에서 태어났다면 태어나자마자 호랑이―지금은 수마트라호랑이도 심각하게 멸종의 위협을 받고 있지만―의 표적이 되었겠지만, 어미의 보호를 받았을 것이다. 다 자란 코뿔소는 천적이 없다. 다른 거대 초식 동물들도 마찬가지다. 다 자란 코끼리나 하마는 너무 커서 그 어떤 동물도 감히 덤비지 못한다. 곰과 대형 고양잇과 동물들도 같은 이유로 포식자의 공격을 피할 수 있다.

'큰 몸집이 곧 무기'라는 전략은 진화의 관점에서 보자면 꽤 승산 있는 도박일 수 있다. 그리고 실제로 지구가 거대한 동물로 가득했던 때가 여러 번 있었다. 예를 들어 백악기 말에는 우리가 잘 아는 티라노사우루스 외에도 여러 초대형 공룡이 살았다. 살타사우루스속의 공룡들은 무게가 7톤에 달했고, 테리지노사우루스속 중에는 길이가 9m가 넘는 것도 있었으며, 사우롤로푸스속은 훨씬 더 길었던 것으로 추정된다.

훨씬 더 최근인 마지막 빙하기가 끝나갈 무렵에는 지구상의 거의 모든 지역에서 초대형 동물이 발견되었다. 유럽에는 털코뿔소와 동굴곰 외에 오록스, 큰뿔사슴, 자이언트하이에나가 살았고, 북아메리카에는 마스토돈, 매머드, 그리고 현존 낙타의 육중한 사촌인 카멜롭스가 있었다. 북아메리카는 오늘날의 회색곰만큼 큰 자이언트비버, 검치호랑이의 일종인 스밀로돈, 무게가 1톤에 육박하는 자이언트땅늘보의 서식지이기도 했다. 남아메리카에도 고유의 거대 땅늘보가 있었고, 코뿔소 같은 몸에 하마 같은 머리를 지닌 톡소돈, 최대 길이가 1m 정도인 아르마딜로의 친척이지만 피아트 500 같은 소형 자동차만큼 컸던 글립토돈트가 살았다. 가장 기이하고 다양한 거대 동물들은 호주에서 발견되었다. 유대목의 일종으로 흔히 코뿔소웜뱃이라고 불리는 디프로토돈, 호랑이 크기의 육식 동물인 주머니사자 *Thylacoleo carnifex*, 키가 3m나 되었던 자이언트캥거루가 대표적인 호주의 거대 동물이었다.

비교적 작은 섬들에도 고유의 거대 동물들이 있었다. 키프로스섬에는 난쟁이코끼리와 난쟁이하마가 있었고, 마다가스카르는 세 종의 피그미하마, 날지 못하는 거대한 코끼리새, 여러 종의 자이언트여우원숭이가 살았다. 뉴질랜드의 거대 동물은 특이하게도 모두 조류였다. 호주 고생물학자 팀 플래너리는 이 사실을 일종의 사고 실험이 실제로 구현된 것으로 보았다. "6500만 년 전에 공룡뿐 아니라 포유류까지 모두 사라져 조류가 이 세계를 물려받았다면 어떻게 되었을지를 보여준다."[6] 뉴질랜드에서는 모아라는 새가 서로 다른 여러 종으로 진화함으로써 다른 곳이었다면 코뿔소나 사슴 같은 네발 달린 짐승들이 차지했을 생태학적 틈새를 메웠다. 모아 중 가장 큰 북섬자이언트모아와 남섬자이언트모아는 키가 3.6m나 되었다. 흥미롭게도 암컷의 크기가 수컷의 두 배 가까이 되며 알을 품는 일이 수컷의 몫이었던 것으로 추정된다.[7] 뉴질랜드에는 하스트수리라는 거대 맹금류도 있었는데, 이 새는 모아를 먹이로 삼았으며 날개폭이 2.4m가 넘었다.

이 모든 브롭딩낵(《걸리버 여행기》의 거인국.-옮긴이)의 동물들에게 무슨 일이 일어난 것일까? 이들의 실종을 가장 먼저 주목했던 퀴비에는 가장 최근의 재앙, 즉 역사가 기록되기 직전에 일어난 "지표면의 혁명" 때문에 이 동물들이 사라졌다고 보았다. 후대의 박물학자들은 퀴비에의 격변설을 기각했으나 여전히 풀지 못한 수수께끼가 있었다. 그렇게 많은 거대 동물들이 비교적 짧은 기간 안에 사라진 이유가 무엇일까?

모아는 최대 3.6m까지 자랐다.

앨프리드 러셀 월리스는 이렇게 주장했다. "가장 거대하고 가장
사납고 가장 기이한 모든 동물이 사라졌다는 점에서 우리는 동물
학적으로 빈곤한 세계에 살고 있다.[8] 그 동물들이 사라진 지금이 우
리에게는 의심의 여지없이 더 나은 세상이다. 그러나 한 지역이 아
니라 지구상의 육지 절반이 넘는 곳에서 그렇게 많은 대형 포유류
가 갑자기 죽어버렸다는 것은 분명 놀라운 사실이며 이 점에 대해
충분히 숙고된 적이 없다.

✦

우연찮게 신시내티 동물원에서 차로 40분만 가면 링게유가 마스

토돈의 이빨을 찾아내 퀴비에의 멸종 이론에 영감을 주게 된 빅본 릭이 있다. 현재 주립 공원인 빅본릭은 "미국 척추동물 고생물학의 발상지"라고 선전하며, 공원 웹사이트에는 이 장소의 역사적 의미 를 기리는 시 한 편이 실려 있다.

> 빅본릭에서 최초의 탐험가들이
> 코끼리 뼈를 발견했다, 그들은
> 털매머드의 갈비뼈와 엄니라고 했다.
> (⋯)
> 그 뼈는
> 장대한 꿈의 잔해,
> 황금시대의 묘지였다.[9]

수치를 만났던 날 오후에 나는 빅본릭 주립 공원에 가 보기로 했 다. 롱게유의 시대에 지도에도 나오지 않았던 이곳이 지금은 점차 신시내티 교외로 편입되고 있다. 외곽으로 나가면서 눈에 익은 체 인점들과 주택 단지들을 지나쳤고, 개중에는 이제 막 짓기 시작하 여 아직 뼈대만 있는 집도 있었다. 그렇게 계속 달리다 보니 드디어 인적이 드물어진, 말들의 세상이 나타났다. 나는 털매머드 나무 농 장이라는 곳을 지나 공원 입구로 들어섰다. "사냥 금지"라는 표지판 이 먼저 보였고, 그 외에 캠핑장, 호수, 기념품점, 미니 골프장, 박물 관, 들소 떼가 있는 곳 등을 가리키는 이정표들이 있었다.

18세기와 19세기 초, 마스토돈 대퇴골, 매머드 엄니, 메가테리움 두개골 등 수많은 표본이 이 빅본릭 늪지대에서 채취되었다. 그 표본들은 파리와 런던으로 또는 뉴욕이나 필라델피아로 보내졌지만, 일부는 유실되었다. (식민지 상인들이 원주민인 키카푸족의 공격을 받아 싣고 가던 모든 물품이 한꺼번에 사라진 적도 있고, 미시시피강에 가라앉기도 했다.) 토머스 제퍼슨은 빅본릭에서 발견된 뼈를 아주 자랑스럽게 여겨 백악관의 리셉션홀에 해당하는 이스트룸에 간이 박물관을 마련해 전시했다. 라이엘은 1842년 미국 여행 때 빅본릭을 방문하기로 마음먹었고 여기서 새끼 마스토돈의 이빨을 구입했다.[10]

그 후로도 여러 수집가가 거쳐갔으므로 이제 '빅 본big bone'은 거의 남아 있지 않다. 주립 공원의 고생물학 박물관에는 전시실이 하나밖에 없는데, 그마저도 전시물이 별로 없어 휑하다. 한쪽 벽면에는 어딘가 우울해 보이는 매머드 떼가 툰드라를 횡단하는 모습이 그려져 있고, 반대편 벽에는 몇 개의 유리장 안에 깨진 상아 조각들과 땅늘보 등뼈가 진열되어 있다. 그 옆에는 박물관과 거의 같은 넓이의 기념품점이 있어서 "나는 뚱뚱한 게 아니라 뼈가 큰 거예요"라는 문구가 새겨진 목각 기념품과 사탕, 티셔츠를 팔고 있다. 기념품점 계산대에는 활달한 금발의 점원이 있었다. 그는 사람들이 "이 공원의 중요성"을 잘 모른다면서 호수나 미니 골프—아쉽게도 내가 그곳에 간 겨울에는 운영을 하지 않았다—에만 관심이 있다고 했다. 점원은 나에게 지도를 건네주면서 탐방로를 따라가 보라고 했다. 나는 안내를 해줄 수 있는지 물었지만 그는 바쁘다며—내가 아는 한 공원 안에는 우리 둘밖에 없었는데—거절했다.

나는 탐방로로 나섰다. 박물관 바로 뒤에는 플라스틱으로 만든 실물 크기 마스토돈이 있었다. 금방이라도 돌격할 듯 고개를 숙이고 있었다. 그 옆에는 위협적인 모습의 3m짜리 플라스틱 땅늘보가 뒷다리로 서 있었고, 겁에 질려 늪에 몸을 숨기려는 듯한 매머드도 있었다. 죽어서 썩어가는 플라스틱 들소, 플라스틱 독수리, 흩어져 있는 플라스틱 뼈들까지 더해져 소름 끼치는 광경을 완성했다.

좀 더 걸어가니 빅본 계곡이 나왔다. 개울은 얼어붙어 있었고, 얼음 밑으로 여유롭게 졸졸 흐르는 물이 보였다. 샛길은 습지 위에 설치된 목재 데크로 이어졌다. 넓어진 개울에서 유황 냄새가 났고, 석회질 같은 흰 막이 떠 있었다. 데크에 붙어 있는 안내문에 따르면, 오르도비스기에 이 지역은 바다였다. 그 먼 옛날 해저에 축적되었던 염분이 동물들을 빅본릭으로 이끌었고, 대부분 이곳에서 죽음에 이른 것이다. 두 번째 안내문에는 이곳에서 발견되는 유해 중 "최소 여덟 종이 약 1만 년 전에 멸종한 동물"이라고 적혀 있었다. 탐방로를 따라 계속 이어지는 안내문들은 사라진 거대 동물의 미스터리에 대한 설명을 제공했는데, 두 가지 다른 설명이 있었다. 한 안내문에는 이렇게 쓰여 있었다. "침엽수림에서 활엽수림으로의 변화 또는 그 변화를 일으킨 기후 온난화가 빅본릭의 멸종 동물들을 대륙 전역에서 사라지게 했다." 그런데 다른 안내문은 멸종의 원인을 다른 데서 찾았다. "인류가 등장하고 1000년이 못 되어 대형 포유류들이 사라졌다. 팰리오인디언(플라이스토세 말에 아메리카 대륙으로 이

주한 최초의 아메리카 원주민.-옮긴이)이 적어도 어느 정도는 그 죽음에 영향을 미쳤을 것이다."

거대 동물 멸종에 관한 두 가지 학설은 일찍이 1840년대에 나왔다. 라이엘은 첫 번째 학설 쪽이었다. 그는 빙하기에 "대규모의 기후 변동"이 일어났다고 주장했다.[11] 다윈은 늘 그랬듯 라이엘 편이었지만, 이번만큼은 조금 주저했다. 그는 이런 글을 남겼다. "빙기와 대형 포유류 멸종의 관계는 그렇게 간단하지 않은 것 같다."[12] 월리스도 처음에는 기후 변동설을 지지했다. 1876년에 그는 이렇게 썼다. "이렇게 대대적인 변화가 일어난 데에는 분명 어떠한 물리적 원인이 있었을 것이다. (…) '빙하 시대'라고 알려진 가장 최근의 대규모 물리적 변화가 바로 그러한 원인이다."[13] 그런데 나중에 생각이 바뀐다. 월리스는 마지막 저서 《생명의 세계The World of Life》에서 이렇게 주장했다. "이 주제를 전체적으로 다시 생각해 볼 때, (…) 나는 그렇게 많은 대형 포유동물이 급격히 절멸한 것이 사실 인간이라는 행위자 때문이었다고 확신한다."[14] 그는 그 모든 것이 사실 "매우 명백하다"고 강조하기까지 했다.

라이엘 이래로 이 문제를 둘러싸고 숱한 논쟁이 이어졌고 여기에는 고생물학을 넘어서는 함의가 있다. 만일 기후 변화가 거대 동물 멸종을 초래한 것이라면 이것은 인류가 지구의 온도를 높이고 있는 현 상황을 우려해야 할 또 한 가지 이유가 된다. 그게 아니라 인간이 저지른 일이라면—그랬을 가능성이 점점 높아지고 있다—문제는 더 복잡해진다. 그렇게 되면 이 멸종 사건이 마지막 빙하기

디프로토돈 옵타툼(*Diprotodon optatum*)은 역사상 가장 큰 유대목 동물이다.

중반에 이미 일어나기 시작했다는 뜻이고, 인간이 처음부터 살육범—사실 늘 살육범이었던 것은 기정사실이므로 '과잉 살육범'이라고 하는 것이 맞겠지만—이었다는 것을 의미한다.

✦

인류를 범인으로 지목하는 몇 가지 증거가 있다. 그중 하나는 사건 발생 시점이다. 라이엘이나 월리스가 생각했던 것처럼 거대 동물의 멸종이 한 번에 일어나지 않았다는 점은 이제 확실해졌다. 멸종은 여러 차례에 걸쳐 파동을 이루며 발생했다. 그중 첫 번째 파동은 약 4만 년 전 호주에서 일어났으며 두 번째 파동은 그보다 2만

5000년쯤 후 남북 아메리카를 강타했다. 마다가스카르의 자이언트 여우원숭이, 피그미하마, 코끼리새는 중세까지, 뉴질랜드의 모아는 르네상스 시대까지 생존했다.

이렇게 순차적으로 일어난 멸종을 하나의 기후 변동 사건과 꿰어 맞추기는 힘들다. 반면에 이러한 일련의 파동과 인간 정착의 연대기는 거의 정확히 일치한다. 고고학적 증거에 따르면 호주에는 5만 년 전 처음 인류가 정착했다. 인간이 아메리카 대륙에 발을 들인 것은 훨씬 후의 일이며, 그로부터 또 수천 년이 지나서 마다가스카르와 뉴질랜드에 인류가 도착했다.

애리조나 대학교의 폴 마틴은 이 주제를 다룬 중요한 논문인 '선사 시대의 과잉 살육Prehistoric Overkill'에서 "멸종의 연대기를 인간 이주의 연대기에 대비하여 정밀하게 검토하면" 거대 동물 절멸의 이유에 대한 "합리적인 답을 인류의 도래에서 찾을 수밖에 없다"라고 썼다.[15]

재레드 다이아몬드가 다음과 같이 말한 것도 같은 맥락이라고 볼 수 있다. "개인적으로, 나는 왜 수천만 년 동안의 숱한 가뭄에도 살아남았던 호주의 거대 동물들이 공교롭게도 정확히 최초의 인류가 도착하자 거의 동시—수백만 년을 단위로 하는 지질사적 의미에서—에 죽음을 선택했는지를 가늠할 수 없다.[16]

시기적인 증거 외에, 인간을 지목하는 물질적인 증거도 있다. 그 중 하나는 똥이다.

코뿔소 뒤에 서 있어 보았다면 확실히 알 수 있을 텐데, 거대 초식 동물은 어마어마한 양의 똥을 생산한다. 이 배설물은 스포로르미엘라*Sporormiella*라는 균류의 자양분이 된다. 스포로르미엘라의 포자는 육안으로 볼 수 없을 정도로 작지만, 보존성이 매우 좋아서 수만 년 동안 묻혀 있던 퇴적물 속에서도 식별할 수 있다. 이 포자가 많다는 것은 많은 대형 초식 동물이 많이 먹고 많이 배설했음을, 포자가 거의 또는 전혀 없다는 것은 대형 초식 동물이 존재하지 않았음을 뜻한다.

몇 해 전, 한 연구팀이 호주 북동부의 린치 분화구에서 채취한 퇴적물 코어 시료를 분석했다. 그들은 이곳의 스포로르미엘라 수치가 5만 년 전에는 훨씬 높았던 반면, 4만 1000년 전 급격히 떨어져 0에 가까워졌다는 사실을 알게 되었다.[17] 운석 같은 무엇인가가 충돌하여 이 일대가 불타기 시작했던 것이다. (그 증거는 아주 작은 숯 알갱이들이었다.) 이후 이 지역의 식생은 열대 우림에서 볼 수 있는 종류의 식물들에서 아카시아처럼 더 건조한 기후에 적응한 식물들로 변화했다.

기후가 거대 동물들을 멸종에 이르게 한 것이라면 스포로르미엘라가 감소하기 전에 식물군 변화가 선행되어 풍경이 먼저 바뀐 다음 이전의 식생에 의존했던 동물들이 사라졌어야 한다. 그러나 실제는 반대였다. 연구자들은 이러한 데이터에 부합하는 유일한 설명이 '과잉 살육'이라는 결론에 이르렀다. 거대 동물들의 죽음이 풍경 변화의 **원인**이었기 때문에 스포로르미엘라 수치 변화가 풍경의 변화에 선행한 것이다. 숲을 먹어 치우던 거대 초식 동물이 사라졌다는 것은 화재의 연료를 축적한 셈이었고, 이에 따라 화재는 더 잦아지고 더 강력해졌다. 식물상이 불에 강한 식물 종들로 변화한 것은 그다음 일이었다.

이 코어 시료 연구를 이끈 태즈메이니아 대학교 생태학 교수 크리스 존슨—그는 호바트에 있는 연구실에서 전화로 나의 인터뷰에 응해주었다—은 호주의 거대 동물 멸종 원인이 "기후 변화일 수 없다"고 말한다. 그는 이렇게 강조했다. "제 생각에는 결단코 그럴 리가 없습니다."

뉴질랜드에서 나온 증거는 훨씬 더 확실했다. 단테가 살던 시대에 뉴질랜드에 처음 상륙한 마오리족은 북섬과 남섬에서 모아 아홉 종을 발견했다. 1800년대 초, 유럽인들이 정착했을 때는 모아가 단 한 마리도 남아 있지 않았다. 남아 있는 것은 거대한 모아 뼈 무더기와 큰 새를 잡아 통으로 구워 먹은 듯한 커다란 옥외 화덕의 잔해뿐이었다. 한 최근 연구에 따르면 모아가 사라지는 데에는 수십 년밖에 걸리지 않았다. 마오리어에는 이 새의 도륙을 간접적으로 말해 주는 관용어구도 있다. "쿠아 나로 이 테 나로 오 테 모아Kua ngaro i te ngaro o te moa." "모아처럼 사라졌다"라는 뜻이다.

✦

기후 변화가 거대 동물들을 죽음에 이르게 했다는 입장을 견지하는 학자들은 마틴, 다이아몬드, 존슨이 잘못 짚은 것이라고 말한다. 그들은 거대 동물 멸종에 관해 확실한 것은 아무것도 없으며,

상기한 학자들의 주장이 과도하게 단순화되어 있다고 주장한다. 우선 멸종의 시기가 명확하지 않고, 인류의 이주와 깔끔하게 맞아떨어지지도 않으며, 혹여 시기적으로 일치한다 해도 서로 인과 관계가 아니라는 것이다. 근본적으로 그들은 초기 인류의 살상력 자체를 의심한다. 기술적으로 원시적이었던 소수의 인간이 그렇게 크고 힘이 세며 때로는 사납기까지 한 수많은 동물을 호주나 북아메리카 같은 광활한 땅 전역에서 쓸어버릴 수 있었단 말인가?

호주 맥쿼리 대학교에 재직 중인 미국 고생물학자 존 앨로이는 오랫동안 이 질문에 대한 답을 탐구해왔다. 그는 이것을 수학적인 문제로 본다. "번식률이라는 관점에서 볼 때 초대형 포유동물의 삶은 아슬아슬합니다. 예를 들어 코끼리는 임신 기간이 22개월이에요. 쌍둥이를 낳지도 않고, 10살이 넘어야 번식을 시작하지요. 따라서 아무 문제가 없다 하더라도 번식 속도에 절대적인 한계가 있습니다. 그런데도 생존할 수 있는 것은 몸집이 어느 정도 커지기만 하면 잡아먹히지 않을 수 있기 때문입니다. 공격에 취약하지 않게 되는 것이지요. 번식의 측면에서 보면 끔찍한 전략이지만, 포식자 회피라는 측면에서는 대단한 이점입니다. 그런데 인간이 나타나면 이 이점이 완전히 사라집니다. 인간은 아무리 덩치가 큰 동물도 먹을 수 있으니까요." 이것은 수백만 년 동안 작동한 평화 협정이 일순간에 깨질 수 있음을 보여주는 또 다른 예다. V자 모양의 필석이나 암모나이트, 공룡처럼 거대 동물들에게도 아무런 잘못이 없다. 인간이 등장하면서 '생존 게임의 규칙'이 바뀌었을 뿐이다.

앨로이는 컴퓨터 시뮬레이션으로 '과잉 살육' 가설을 검증했다.[18] 그는 인류가 큰 힘을 들이지 않고도 거대 동물들을 해치울 수 있었음을 밝혔다. 앨로이는 또 이렇게 말했다. "지속적으로 공급되는 먹잇감이 한 종이라도 있으면 다른 종들이 절멸에 이르더라도 인간은 굶지 않을 수 있습니다." 예를 들어 북아메리카에 서식하는 흰꼬리사슴은 번식률이 높은 편이므로 매머드 수가 감소할 때에도 여전히 많은 수가 남아 있었을 것이다. "매머드는 송로버섯처럼 어쩌다 한번 즐기는 고급 별미가 되었습니다."

앨로이는 북아메리카 지역에 대한 시뮬레이션에서 초기에 아주 적은 수―100명 남짓―의 인구만 있어도 1000~2000년만 주어지면 기록에서 나타난 거의 모든 멸종을 설명할 만한 규모로 늘어날 수 있음을 알아냈다. 인간이 썩 훌륭한 사냥꾼이 못 된다고 가정해도 마찬가지였다. 인간이 할 일은 이따금 기회가 닿을 때 매머드나 메가테리움을 사냥하는 것, 그리고 수 세기 동안 그 일을 지속하는 것뿐이었다. 그렇게만 하면 번식이 느린 종의 개체 수가 줄어들고, 결국 절멸에 이르게 된다. 크리스 존슨이 호주 지역의 시뮬레이션을 실행했을 때도 비슷한 결과가 나왔다. 1년에 사냥꾼 10명당 한 마리꼴로 디프로토돈을 죽이면, 700년 안에 수백 킬로미터 안의 모든 디프로토돈이 사라진다. 존슨은 호주의 각 지역에서 사냥이 이루어진 시기가 서로 달랐으므로 대륙 전체의 멸종에는 수천 년이 걸렸으리라고 추정한다. 수백 년이든 수천 년이든 지구의 역사라는 관점에서 보면 한순간이다. 그러나 인간의 관점에서 그것은 방대한 시간이다. 당사자들에게는 거대 동물의 감소가 감지할 수 없을 정도로 느렸을 것이고, 수백 년 전에 매머드와 디프로토돈이 훨씬 더 흔한 동물이었음을 알 길도 없었을 것이다. 앨로이는 거대 동물 멸종이 "지질학적으로는 한순간에 일어난 생태적 재앙이었으나, 그것을 초래한 인간이 감지하기에는 너무나 점진적이었다"라고 설명했다. 그가 보기에 이 멸종은 인간이 "어떤 대형 포유류 종이든 절멸에 이르게 할 수도 있지만, 그렇게 되지 않도록 노력할 수도 있다는 것"을 증명한다.[19]

인류세는 통상적으로 산업 혁명, 혹은 그보다도 훨씬 늦은 2차 세계 대전 후의 폭발적 인구 증가와 함께 시작되었다고 본다. 이 관점에서 보면 인류에게 세계를 바꾸는 힘을 부여한 것은 터빈, 철도, 전기톱 같은 근대적 기술이다. 그러나 거대 동물 멸종은 그렇지 않음을 시사한다. 인간이 등장하기 전에는 큰 몸집과 느린 번식이 매우 성공적인 전략이었고 거대한 동물들이 지구를 지배했다. 그런데 지질학적 시간 개념으로 말하자면 한순간에 이 전략이 패배의 원인이 된 것이다. 게임의 새로운 규칙은 지금도 유효하다. 바로 이것이 코끼리, 곰, 대형 고양잇과 동물들이 곤경에 처하고, 수치가 최후의 수마트라코뿔소 중 하나가 된 이유다. 한편 거대 동물의 멸종은 그 동물들만의 비극으로 끝나지 않았다. 적어도 호주에서는 생태학적 도미노 현상을 일으켜 생태계 전체를 바꾸었다. 인간이 자연과 조화롭게 살았던 시절이 있었다고 상상하면 기분은 좋겠지만, 실제로 그런 때가 있었는지는 의문이다.

광기의 유전자

네안데르탈인
(호모 네안데르탈렌시스 *Homo neanderthalensis*)

콜른에서 북쪽으로 30km 정도 가면 고요히 흐르
는 라인강 지류인 뒤셀강이 돌아 나가는 곳에
네안데르 계곡—독일어로 네안데르탈das Neandertal이 있다. 이 골짜
기는 최근까지 석회암 절벽으로 둘러싸여 있었고, 1856년에 네안
데르탈인을 세상에 알린 뼈가 발견된 곳이 바로 이 절벽 한쪽에 면
한 동굴이다. 오늘날 이 계곡은 일종의 구석기 시대 테마파크다. 녹
색 유리벽이 눈에 확 띄는 현대적인 건물의 네안데르탈 박물관과
네안데르탈표 맥주를 파는 카페, 빙하기에 번성했던 관목이 식재
되어 있는 정원, 네안데르탈인 유골 발굴 현장—비록 이제는 뼈도,
동굴도 심지어 절벽도 사라졌지만—으로 가는 탐방로가 있다. 이

곳의 석회암은 채석되어 건축 자재로 팔렸다. 박물관 입구 바로 안쪽에는 인자하게 미소를 지으며 장대를 짚고 서 있는 나이 지긋한 네안데르탈인 전신상이 서 있는데 덥수룩한 머리만 빼면 요기 베라(1950년대에 활약한 전설적인 미국 야구 선수.-옮긴이)를 좀 닮았다. 그 옆에 이 박물관에서 가장 인기 있는 얼굴 변환 체험 부스가 있다. 3유로를 내고 옆얼굴 사진을 찍으면 자신의 얼굴과 마주 보는 또 하나의 얼굴이 생성된다. 가공된 사진 속의 얼굴은 턱이 뒤로 물러나고 이마 각도가 더 기울어져 있으며, 뒤통수는 더 튀어나와 있다. 아이들은 네안데르탈인으로 변한 자신의 얼굴이나 형제자매 얼굴을 아주 재미있어 한다.

네안데르탈인의 유골은 네안데르 계곡에서 처음 발견된 후 북쪽으로는 웨일스, 남쪽으로는 이스라엘, 동쪽으로는 캅카스산맥에 이르기까지 유럽과 중동 전역에서 발굴되었다. 아몬드 모양의 주먹 도끼, 날을 세운 끌, 아마도 손잡이 달린 창이었을 석촉 등 네안데르탈인이 쓰던 방대한 수의 도구도 발견되었다. 이 도구들은 고기를 자르고, 나무를 다듬고, 가죽을 무두질하는 데 쓰였을 것이다. 네안데르탈인은 적어도 10만 년 동안 유럽에 살았다. 그동안은 거의 내내 추웠고, 스칸디나비아반도가 빙상에 덮여 있던 시기에는 특히 더 추웠다. 확실치는 않지만, 네안데르탈인들은 자신을 보호하기 위해 보금자리를 만들고 옷 같은 것을 입었을 것으로 보인다. 그리고 약 3만 년 전, 네안데르탈인들이 사라졌다.

네안데르탈인이 왜 사라졌는지를 설명하려는 온갖 학설이 등장했다. 종종 기후 변화가 용의선상에 올랐다. 어떤 이들은 이른바 마지막 최대 빙하기를 초래한 일반적인 기후 불안정이 문제였다고 보았고, 또 다른 이들은 이스키아섬과 멀지 않은 캄피 플레그레이라는 지역에서 대규모 화산 폭발이 일어나 그로 인해 '화산 겨울 volcanic winter' 현상이 발생했다고 설명했다. 질병 때문이었다고 말하는 사람도 있었고, 단순한 불운이었다고 주장하는 이들도 있었다. 그러나 최근에 네안데르탈인이 메가테리움, 아메리카마스토돈 등 여러 비운의 거대 동물과 같은 길을 걸었다는 사실이 점점 더 명확해지고 있다. 한 연구원은 그것을 이렇게 표현했다. "우리가 바로 그들에게 닥친 불운이었다."

현생 인류는 4만 년 전에 유럽에 도착했고, 고고학적 기록은 또한 번의 실종 사건을 보여준다. 현생 인류가 네안데르탈인이 사는 지역에 등장하면 곧바로 그곳의 네안데르탈인이 사라진 것이다. 직접 죽임을 당했을 수도 있고, 그저 경쟁에서 밀려난 것일지도 모른다. 어느 쪽이든 그들의 몰락은 익숙한 패턴에 꼭 들어맞는다. 그런데 한 가지 중대한 (그리고 불안 요소가 될) 차이점이 있었다. 현생 인류는 네안데르탈인을 완전히 몰아내기 전, 그들과 섹스를 했다. 그 결과 오늘날 우리 안에는 네안데르탈인의 피가 미량(최대 4%) 흐르게 되었다. 얼굴 변환 체험 부스 옆에서 판매하는 티셔츠에는 이러한 사실을 가장 긍정적으로 받아들이는 독일어 문장(ICH BIN STOLZ, EIN NEANDERTHALER ZU SEIN)이 굵은 대문자로 인쇄되어 있다. "나는 네안데르탈인이라 자랑스러워요"라는 뜻이다. 나는 그 티셔츠가

네안데르탈 박물관에 진열된 네안데르탈인 전신상.

아주 마음에 들어서 남편 선물로 하나 샀다. (남편이 그 옷을 입은 것을
거의 본 적이 없다는 사실은 최근에서야 깨달았다.)

✦

막스 플랑크 진화인류학연구소는 네안데르 계곡에서 동쪽으로

500km쯤 떨어진 라이프치히 시내에 있다. 연구소는 바나나를 연상시키는 모양의 멋진 신축 건물에 자리를 잡고 있는데, 동독의 흔적이 남아 있는 주변의 풍경과 대비되어 눈에 확 띈다. 건물 북쪽에는 소련풍의 아파트 단지가 인접해 있으며, 남쪽에는 황금 첨탑이 있는 방대한 홀이 보이는데, 소비에트 파빌리온이라고 불렸던 건물로 지금은 비어 있다. 연구소 로비에는 카페테리아와 유인원 전시실이 있다. 카페테리아의 TV에서는 라이프치히 동물원 오랑우탄을 실시간으로 보여준다.

스반테 페보는 이 연구소의 진화 유전학 분과장이다. 그는 키가 크고 호리호리한 체구에 긴 얼굴과 좁은 턱과 풍성한 눈썹을 지녔고, 반어법임을 강조할 때마다 그 풍성한 눈썹을 치켜뜨곤 했다. 페보의 연구실은 두 개의 피규어가 점령하고 있다. 하나는 실물보다도 큰 그의 모습으로 50세 생일에 대학원생들이 선물로 준 것이라고 했다. (대학원생이 각자 한 부분씩 맡아서 만들었다는데 전반적으로 매우 훌륭하지만, 색상이 군데군데 달라서 피부 질환이 있는 것처럼 보인다.) 다른 하나는 네안데르탈인의 실물 크기 골격으로 지지대로 받쳐 놓은 까닭에 발이 공중에 떠 있다.

스웨덴인인 페보는 종종 "고(古)유전학의 아버지"로 불린다. 그는 고대 DNA 연구 분야의 개척자이다. 그는 대학원생 시절에 이집트 미라에서 유전학적 정보를 추출하는 연구에 몰두했다. (그는 파라오들 사이의 관계를 알고 싶어 했다.) 이후 그의 관심사는 태즈메이니아주머니늑대와 메가테리움으로 옮겨갔다. 그는 매머드와 모아의 뼈에서 DNA를 추출했다. 당시로서는 그 자체로도 획기적인 연구였지만, 이 모든 연구는 페보가 지금 가장 야심차게 추진하고 있는 네안데르탈인의 완전한 유전체 시퀀싱 작업을 위한 준비 운동이었다고 볼 수 있다.

페보는 네안데르탈인 최초 발견 150주년이었던 2006년에 이 프로젝트를 발표했다. 인간 유전체 시퀀싱은 이미 완전히 밝혀졌고 침팬지, 생쥐, 쥐의 유전체도 분석을 마친 때였다. 그러나 인간이나 침팬지, 생쥐, 쥐는 살아 있는 유기체이므로 사정이 달랐다. 죽은 생물의 유전체 시퀀싱은 훨씬 더 어렵다. 생명체가 죽으면 유전 물질이 분해되기 시작하여 긴 DNA 가닥 대신 기껏해야 단편들만 남는다. 그 모든 단편이 원래 어떻게 연결되어 있었는지를 밝히는 일은 문서 파쇄기를 통과한 다음 과거의 쓰레기들과 뒤섞여 매립지에서 썩어가고 있는 종이 조각들을 가지고 맨해튼 전화번호부를 복원하는 일에 견줄 수 있다.

이 프로젝트의 완료는 인간 유전체와 네안데르탈인의 유전체를 나란히 놓고 염기쌍 하나하나를 대조해 정확히 어느 지점에서 달라졌는지 확인할 수 있게 됨을 뜻한다. 네안데르탈인은 현생 인류와 매우 비슷했다. 아마도 그들은 우리 종의 가장 가까운 친척이었을 것이다. 그러나 그들이 인간이 아니었다는 점도 분명했다. 우리의 DNA 어딘가에 우리와 그들을 구별하는 핵심 돌연변이가 하나 이상 있어서 우리에게 가장 가까운 친척을 몰살시킬 수 있는 능력과 그 뼈를 다시 파내 유전체를 재조립할 수 있는 능력을 부여했을 것이다.

페보는 이렇게 말한다. "나는 현생 인류와 네안데르탈인의 차이가 무엇에 의해 만들어졌는지 알고 싶습니다. 우리가 이 거대한 사회를 건설하고 전 세계를 종횡무진하며 인간만의 독보적인 기술을 개발할 수 있었던 이유가 무엇일까요? 분명히 거기에는 유전적인 근거가 있을 것이고, 그 근거는 이 목록 어딘가에 숨겨져 있습니다."

✦

네안데르 계곡의 뼈는 채석장 인부에 의해 발견되었는데 당시 그들은 그 뼈를 쓰레기 취급했다. 채석장 소유주가 그 뼈에 관해 듣지 못했거나 듣고도 그냥 내버려 두었다면 두개골 하나, 쇄골 하나, 팔뼈 네 개, 대퇴골 두 개, 갈비뼈 다섯 개의 일부, 골반뼈 반 개는 완전히 유실되었을 것이다. 채석장 소유주는 동굴곰의 뼈라고 생각하며 부업으로 화석 수집을 하던 동네 고등학교 교사 요한 카를 풀로트에게 이 뼈들을 보냈다. 풀로트는 낯설지만, 곰보다는 친숙하기도 한 느낌을 받았다. 그는 이 유해가 "선사시대 인간"의 것이라고 선언했다.

마침 이 즈음에 다윈의 《종의 기원》이 출간되면서 이 뼈들은 곧바로 인간의 기원에 대한 논쟁에 휘말리게 되었다. 진화론에 반대하는 쪽에서는 풀로트의 주장을 묵살했다. 그들은 그 뼈들이 평범한 인간의 것이라고 주장했다. 어떤 사람은 나폴레옹 전쟁 이후 이어진 혼란 속에서 이 지역으로 흘러들어온 코사크인일 것이라고 했다. 그는 뼈가 특이해 보이는 까닭을—네안데르탈인의 대퇴골은 눈에 띄게 굽어 있다—코사크인이 말 위에서 너무 오랜 시간을 보냈기 때문이라고 설명했다. 어떤 사람은 그 뼈를 남긴 사람이 구루병에 걸렸으며, 너무 고통스러워서 이마를 계속 찡그렸고, 그래서 눈썹뼈가 돌출된 것이라고 했다. (구루병에 걸려 만성 통증에 시달리는 사람이 어떻게 절벽을 올라 동굴에 들어갔는지는 설명하지 못했다.)

그 후 수십 년에 걸쳐 네안데르 계곡에서 나온 것과 비슷한—현생 인류에 비해 뼈가 더 두껍고, 두개골 모양이 이상한—뼈가 계속 나타났다. 길 잃은 코사크인이나 구루병에 걸린 동굴 탐험가 이야기로는 그 모든 뼈를 설명할 길이 없었다. 그러나 진화론자에게도 이 뼈들이 난해하기는 마찬가지였다. 네안데르탈인의 두개골은 매우 크고, 평균적으로 오늘날의 인간에 비해서도 컸다. 따라서 유인원의 작은 뇌가 빅토리아 시대까지 진화하면서 점차 커졌다는 스토리에 꿰맞출 수가 없었다. 1871년에 출간한《인간의 유래와 성선택》에서 다윈은 네안데르탈인을 잠시 언급만 하고 지나갔다. 그 대목은 다음과 같다. "그 유명한 네안데르탈인의 두개골처럼 매우 오래된 두개골 중에도 매우 잘 발달되고 크기도 큰 경우가 있었음을 인정해야 한다."[1]

인간이면서 동시에 인간이 아니었던 네안데르탈인의 존재는 분명 모순적이었고,《인간의 유래와 성선택》이후 네안데르탈인을 다룬 많은 저작이 이 불편한 관계를 반영했다. 1908년, 남프랑스의 라샤펠오생 인근 한 동굴에서 거의 완전한 유골 한 구가 발견되었다. 이 유골은 파리 자연사박물관의 고생물학자 마르슬랭 불의 손에 들어갔다. 불은 일련의 논문에서 우리가 "네안데르탈인처럼 굴지 마"라고 할 때 떠올리는 네안데르탈인, 즉 구부정하고 무릎도 구부리고 있는 짐승 같은 이미지를 만들어냈다.[2] 불은 네안데르탈인의 뼈가 "확실히 유인원 같은 모습"을 띠고 있지만, 두개골의 모양은 "그 두뇌가 동식물 같은 기능밖에 하지 못했다는 것"을 알려준다고 주장했다.[3] 불에 따르면 이렇게 아둔해 보이는 생물에게 창의력이나 "예술적, 종교적 감수성", 추상적 사고 능력이 있을 리 없었다. 이러한 불의 주장은 많은 동시대인에 의해 학습되고 되풀이되었다. 예를 들어 영국의 인류학자 그래프턴 엘리엇 스미스 경은 네안데르탈인이 "기묘하게 보기 흉한 다리"로 "반쯤 구부린 채" 걷는다고 묘사했다. (스미스는 "네안데르탈인에 대한 '비호감'이 몸의 대부분을 덮고 있는 덥수룩한 털 때문에 더욱 심해진다"라고 주장하기도 했는데, 네안데르탈인에게 실제로 그런 털이 있었다는 구체적인 증거는 당시에도 없었고, 지금도 없다.)

1950년대, 윌리엄 스트라우스와 알렉산더 케이브라는 두 해부학자가 라샤펠에서 나온 뼈를 재조사하기로 했다. 1, 2차 세계 대전은 현생 인류 중에서도 가장 현대적인 인간이 얼마나 야만적일 수 있는지를 보여주었고 이것은 네안데르탈인에 대한 재평가의 계기가 되었다. 불은 네안데르탈인의 구부정한 자세가 그들에게 자연스러운 자세였다고 보았으나, 스트라우스와 케이브는 관절염 때문이었을 것이라고 추측했다. 그들이 보기에 네안데르탈인은 허리나 무릎을 구부리고 걷지 않았다. 그들은 네안데르탈인이 면도를 하고 새

1909년에 묘사된 네안데르탈인.

수트를 입고 있다면 뉴욕에서 지하철을 타더라도 전혀 눈길을 끌지 않았을 것이라고 주장했다.[4] 더 최근의 학자들 사이에서도 네안데르탈인이 (뉴욕 지하철에 신분을 속이고 탈 수 있을 정도까지는 아니더라도) 우리와 비슷한 걸음걸이로 직립 보행을 했을 것이라는 의견이 우세하다.

면도를 하고 새 수트를 입은 네안데르탈인.

1960년대에는 미국 고고학자 랠프 솔레키가 이라크 북부의 한 동굴에서 네안데르탈인 유골 몇 구를 발견했다. 그중 한 명인 샤니다르 I("낸디"라고도 불렸다)은 심각한 머리 부상을 당한 것으로 보이는데 적어도 부분적인 실명을 야기했을 것으로 추측되었다. 부상이 치료된 흔적도 있었는데 이는 그 사회의 다른 구성원에 의해 보살핌을 받았다는 것을 시사했다. 또 한 명인 샤니다르 IV는 매장된 것으로 보였다. 솔레키는 그가 묻힌 곳의 토양 분석 결과를 토대로 샤니다르 IV가 꽃과 함께 매장되었다고 확신했다. 그는 이것을 네안데르탈인에게 영혼에 대한 깊은 믿음이 있었다는 증거로 보았다.

솔레키는 자신의 발견을 다룬 저서 《샤니다르: 최초의 조화(弔花)

Shanidar: The First Flower People》에서 이렇게 썼다. "우리는 인류의 보편성과 아름다움에 대한 사랑이 우리 종의 경계를 초월한다는 사실을 갑자기 깨닫게 되었다."[5] 솔레키의 발견 중 일부에 대해서는 이후에 반론이 제기되었다. 일례로 꽃을 동굴로 가져온 것은 비탄에 잠긴 친척이 아니라 굴을 파는 습성이 있는 설치류였을 가능성이 높아 보인다. 그러나 그의 주장은 광범위한 영향력을 발휘했으며, 네안데르 계곡의 전시물에서도 솔레키가 말한 대로 영혼이 있는, 인간에 가까운 존재로 묘사되었다. 박물관의 디오라마에서 네안데르탈인은 천막집에 살며 가죽 요가 바지 같은 옷을 입고 얼어붙은 풍경을 사색적으로 응시한다. 전시물의 설명에서도 이렇게 충고한다. "네안데르탈인은 선사 시대의 람보가 아니라 지적인 존재였다."

✛

DNA는 종종 텍스트에 비유된다. '텍스트'의 정의를 말이 안 되는 글자의 나열까지도 포함하는 개념으로 본다면 적절한 비유다. DNA는 사다리 모양—그 유명한 이중 나선—으로 짜여진 뉴클레오타이드라는 분자들로 구성된다. 각 뉴클레오타이드에는 아데닌, 티민, 구아닌, 사이토신이라는 네 종의 염기 중 하나가 들어 있다. 각 염기는 *A, T, G, C*로 표시된다. 예를 들어 인간 유전체의 한 부분은 *ACCTCCTCTAATGTCA*다. (이것은 10번 염색체 서열로, 이와 비교하여 코끼리의 해당 부분 염기 서열은 *ACCTCCCCTAATGTCA*이다.) 인간 유전체는 30억 개의 염기, 정확히 말하면 염기쌍으로 이루어져 있다. 지금까지 밝혀진 바에 따르면 그 대부분에는 유전 정보가 들어 있지 않다.

어떤 유기체가 생명을 잃으면 거의 즉시 하나의 '텍스트', 즉 긴 DNA 가닥이 색종이 조각 같은 단편으로 분해되는 프로세스가 시작된다. 그러한 파괴의 상당 부분은 죽은 후 몇 시간 안에 체내 효소에 의해 진행된다. 얼마 안 지나 단편들만 남게 되고, 더 시간이 지나면—그 기간은 부패 환경에 따라 다르다—그 단편들마저 해체된다. 그렇게 되고 나면 아무리 집요한 고유전학자라 하더라도 할 수 있는 일이 없다. 페보는 이렇게 설명했다. "어쩌면 영구 동토에서는 50만 년 전의 흔적을 추적할 수 있을 겁니다. 하지만 아무리 길어도 100만 년이 한계입니다." 50만 년 전으로 돌아가도 공룡은 이미 6500만 년 전에 죽었으므로 영화 〈쥬라기 공원〉은 완전히 판타지다. 반면 50만 년 전이라면 현생 인류는 아직 존재하기 전이다.

페보는 네안데르탈인 유전체 프로젝트를 위해 크로아티아의 한 동굴에서 발견된 네안데르탈인 뼈 21개를 힘들여 입수했다. (DNA를 추출하려면 뼈를 잘라낸 다음 녹여야 하므로 박물관이나 화석 수집가들이 주저할 수밖에 없다.) 그리고 단 세 개에서만 네안데르탈인의 DNA를 얻을 수 있었다. 그 DNA마저도 3만 년 동안 뼈에 붙어 기식하던 미생물들의 DNA로 뒤덮여 시퀀싱의 대부분이 폐기될 판이었다. 페보는 이렇게 회고했다. "절망스러운 때도 있었습니다." 한 문제를 해결하고 나면 곧 다른 문제가 떠올랐다. 수년 동안 이 프로젝트에 참여한 UC산타크루즈 생체 분자공학자 에드 그린은 "롤러코스터를 탄 기분"이었다고 술회했다.

이 프로젝트가 마침내 유의미한 결과—즉, *A, T, G, C*로 이루어진 긴 목록—가 나오고 있을 때, 페보의 연구팀 일원인 하버드 의학 전문 대학원 소속 유전학자 데이비드 라이크가 뭔가 이상한 점을 알아차렸다. 네안데르탈인의 염기 서열은 예상대로 인간과 흡사했다. 그런데 특정 인간들과는 더 비슷했다. 유럽인과 아시아인은 아프리카인에 비해 더 많은 DNA가 네안데르탈인과 일치했다. "우리는 이 결과를 기각해보려고 했습니다." 라이크는 이렇게 말했다. "우리는 '뭔가 잘못된 게 틀림없어'라고 생각했습니다."

지난 약 25년 동안 인간의 진화에 관한 연구는 대중 매체에서 "아웃 오브 아프리카설"이라고 부르고, 학계에서는 "단일 기원설" 또는 "대체설"이라고 부르는 하나의 학설이 지배했다. 이 이론은 모든 현생 인류가 약 20만 년 전 아프리카에 살던 한 작은 인구 집단의 후손이라고 본다. 약 12만 년 전, 그들 중 일부가 중동으로 이주했고 거기에서 또 일부가 북서쪽의 유럽, 동쪽의 아시아, 더 동쪽의 호주로 퍼져나갔다는 것이다. 그들은 북쪽과 동쪽으로 옮겨가면서 이전부터 그곳에 살고 있던 네안데르탈인, 이른바 구인류와 마주쳤다. 그리고 현생 인류는 구인류를 '대체'—멸종시켰다는 말의 완곡한 표현이다—했다. 이러한 이주와 '대체' 모델은 오늘날을 살아가는 사람 모두가 그 출신지와 관계없이 네안데르탈인과 동일한 유연관계(類緣關係)(생물체 사이에 연고가 있는 것.-옮긴이)를 갖는다는 뜻을 담고 있다.

페보의 연구팀 구성원 다수는 유라시아 편향이 시료 오염의 결과일 것으로 의심했다. 시료가 연구진의 손에 주어지기까지 유럽인과 아시아인의 손을 여러 번 거쳤으므로, 그들의 DNA가 네안데르탈인의 DNA에 섞였을 가능성이 있었다. 연구진은 이 가능성을 평가하기 위해 수차례 검사를 시행했는데, 결과는 모두 부정적이었다. 라이크에 따르면 "그 패턴은 계속해서 나타났고, 데이터가 쌓이면 쌓일수록 통계적으로 무시할 수 없게 되었다." 그러다 보니 다른 연구진들도 점차 생각을 바꾸기 시작했다. 그들은 2010년 5월 〈사이언스〉에 게재된 한 논문에서 페보가 "구멍 난 대체설"이라고 이름 붙인 가설을 소개했다.[6] (이 논문은 〈사이언스〉로부터 '올해의 최우수 논문'으로 선정되어 연구진은 상금 2만 5000달러를 받았다.) 현생 인류가 네안데르탈인을 "대체"하기 전에 그들 사이에는 교잡이 있었다. 이 정사로 태어난 아이들은 유럽과 아시아, 신대륙의 인구 구성에 기여했다.

구멍 난 대체설이 맞다고 가정하면 네안데르탈인과 현생 인류의 유전적 인접성에 대한 가장 강력한 증거가 될 수 있다. 두 종이 사랑에 빠졌는지까지는 알 수 없지만, 어쨌든 2세를 만들었다. 그 혼혈아는 괴물 취급을 받았을지도 모르지만, 어쨌든 누군가―처음에는 네안데르탈인이 키웠을 수도 있지만, 대체로는 인간―에 의해 키워졌다. 그 아이들 중 일부는 살아남아 자식을 낳고, 그 아이들도 또 자식을 낳아 현재에 이르렀을 것이다. 3만 년도 더 지난 일이지만, 그 징후는 지금도 포착할 수 있다. 뉴기니인, 프랑스인, 중국 한

족에 이르기까지 모든 비 아프리카인은 DNA 안에 네안데르탈인의 DNA를 1~4% 가지고 있다.

페보가 가장 좋아하는 영어 단어 중 하나는 "cool"이다. 마침내 네안데르탈인이 유전자 일부를 현생 인류에게 남겨주었다는 데 생각이 미쳤을 때 그는 이 단어를 떠올렸다. "아주 멋진cool 일이라는 생각이 들었습니다. 그들이 완전히 사라진 것이 아니라 우리 안에서 살고 있다는 뜻이니까요."

✤

라이프치히 동물원과 진화인류학연구소는 도시 내에서 서로 반대편에 있지만, 동물원 안에 연구소의 분소가 설치되어 있으며 유인원 사육장 안에도 퐁고란트Pongoland라는 특수 설계 실험실이 있다. 현생 인류의 가장 가까운 친척 종들은 (우리 안에 남아 있는 조각들을 제외하면) 지구상에 남아 있지 않으므로 그들에 관해 알아보려면 그 다음으로 가까운 친척인 침팬지와 보노보, 약간 먼 친척인 고릴라와 오랑우탄으로 실험하는 수밖에 없다. (대개 인간 유아를 대상으로 동일하거나 적어도 유사한 실험을 수행한 후 두 데이터를 비교한다.) 어느 날 아침, 나는 실험 현장을 볼 수 있으리는 기대를 품고 라이프치히 동물원에 갔다. BBC 제작진도 동물 지능에 관한 프로그램을 촬영하러 퐁고란트에 와 있었는데 유인원 사육장에 나뒹굴고 있는 카메라 케이스에 "동물 아인슈타인"이라고 적혀 있었다.

엑토르 마린 만리케라는 연구원은 촬영을 위해 이전에 순수하게 과학적인 목적으로 수행했던 일련의 실험을 재연하고 있었다. 그는 암컷 오랑우탄인 도카나를 실험실로 데려갔다. 도카나의 구릿빛 털과 세파에 찌든 듯한 표정은 여느 오랑우탄과 다를 바 없었다. 붉은색 주스와 가느다란 플라스틱 빨대를 가지고 진행한 첫 번째 실험에서 도나카는 제대로 된 빨대와 그렇지 않은 빨대를 구별할 수 있음을 보여주었다. 두 번째 실험에서는 더 많은 주스와 더 많은 빨대가 투입되었는데 도나카는 빨대에 꽂혀 있는 막대를 빼낸 다음 빈 빨대로 주스를 빨아먹음으로써 빨대의 '개념'을 이해하고 있음을 보여주었다. 도나카는 마지막 실험에서 멘사 수준의 창의력을 발휘해 긴 플라스틱 실린더 바닥에 있는 땅콩을 꺼내먹었다. (실린더는 벽에 고정되어 있었으므로 넘어뜨릴 수 없었다.) 도나카는 특유의 주먹 걸음으로 마실 물이 있는 곳으로 가더니 입에 물을 머금고 돌아와 실린더 안에 뱉었다. 이 과정은 손가락이 닿을 만큼 땅콩이 떠오를 때까지 반복되었다. 나중에 TV를 보니 BBC 제작진은 5세 아동을 대상으로 이 실험을 재연했다. 이번에는 작은 플라스틱 통에 땅콩 대신 사탕을 넣었는데 물을 가득 담은 통을 눈에 띄게 옆에 두었는데도 아이 중 여자아이 단 한 명만 사탕을 물에 띄우는 방법을 알아냈고, 그마저도 여러 차례의 힌트를 받은 후의 일이었다. (한 남자아이는 포기하기 직전에 의아한 표정으로 "도대체 물을 어디에 쓰라는 거예요?"라고 물었다.)

"무엇이 우리를 인간일 수 있게 하는가?"라는 질문에 답하는 한 가지 방법은 "우리가 유인원과 다른 점이 무엇인가?"라고 질문하는 것이다. 인간도 유인원에 **속하므로** '인간이 아닌 유인원과 다른 점'

이라고 하는 편이 더 정확할 것이다. 이제는 거의 모든 인간이 알게 되었듯이—그리고 도나카의 실험이 다시 한번 확인시켜 주었듯—인간이 아닌 유인원은 매우 영리하다. 그들은 추론을 할 수 있고, 복잡한 퍼즐을 풀 수 있으며, 다른 유인원이 무엇을 아는지 (혹은 모르는지) 추측할 수 있다. 라이프치히의 연구자들은 침팬지, 오랑우탄, 두 살 반짜리 아이들을 대상으로 한 일련의 실험을 통해 유인원들과 인간 어린아이가 물리적 세계의 이해와 관련된 광범위한 과제를 비슷한 수준으로 수행한다는 사실을 알아냈다.[7] 예를 들어, 실험자가 컵 세 개 중 하나의 안에 보상에 해당하는 물건(땅콩이나 사탕)을 넣고 컵들을 섞었을 때 유인원들은 아이들만큼 자주 보상을 찾아냈다. 사실 침팬지는 아이들보다 성공 빈도가 더 높았다. 유인원들은 어떤 것의 양—유인원들은 더 많은 간식이 있는 접시를 계속해서 찾아냈고, 약간의 산수가 필요한 경우에도 마찬가지였다—이나 인과 관계도 아이들만큼 잘 이해했다. (예를 들어 흔들면 달그락거리는 컵이 그렇지 않은 컵보다 음식이 들어 있을 가능성이 더 크다는 것을 알았다.) 또한 그들은 간단한 도구를 다룰 때에도 아이들만큼 능숙했다.

아이들이 일관되게 유인원보다 높은 점수를 얻는 경우는 사회적 단서를 읽어내는 것과 관련한 과제에서였다. 어디에서 보상을 찾을 수 있는지에 관한 힌트—누군가가 보상이 들어 있는 용기를 가리키거나 그쪽을 바라보는 식으로—가 주어지면 아이들은 힌트를 이용할 줄 알았다. 유인원은 도움을 받고 있다는 사실을 이해하지 못하거나 그 단서를 이용하지 못했다. 이와 유사하게 아이들에게 상자를 뜯는 모습을 보여준다든가 하는 식으로 보상을 획득할 방법을 보여주었을 때 아이들은 요점을 파악하고 그 행위를 모방하는 데 어려움이 없었다. 그러나 유인원들은 이번에도 혼란스러워했다. 물론 실험자가 아이들과 같은 인간이라는 점이 아이들에게 매우 유리하게 작용했으리라는 점은 인정해야 할 것이다. 그러나 일반적으로 유인원은 인간 사회에서 매우 중요한 요소인 집단적 문제 해결을 향한 욕구가 결여된 것으로 보인다.

막스 플랑크 진화인류학연구소의 발달 및 비교 심리학 분과장인 마이클 토마셀로는 그 차이에 관해 이렇게 말했다. "침팬지는 엄청나게 많은 일을 영리하게 해냅니다. 그러나 우리가 본 가장 주된 차이는 '머리를 맞댈 줄 아는가'에 있습니다. 오늘 동물원에서 침팬지 두 마리가 뭔가 무거운 것을 함께 나르는 것을 본 적이 있습니까? 침팬지에게는 그런 협업이 존재하지 않습니다."

✤

페보는 보통 늦게까지 일을 하며, 대개 저녁 식사도 7시까지 여는 연구소 구내 카페테리아에서 먹는다. 하지만 어느 날, 일찍 일을 마치고 나에게 라이프치히 시내를 구경시켜 주겠다고 했다. 우리는 바흐가 묻혀 있는 교회를 거쳐《파우스트》5장에서 메피스토펠레스가 파우스트를 데려갔던 아우어바흐 켈러라는 술집에 갔다. (괴테의 대학생 시절 단골집이었던 것으로 추정된다.) 나는 그날 낮에 동물원에서 본 실험을 떠올리며 페보에게 가상 실험에 관한 질문을 던졌다. 만일 네안데르탈인을 대상으로 퐁고란트에서 본 것 같은 실험을 할 기회가 주어진다면 어떻게 하겠는지, 네안데르탈인은 어땠을 것 같은지, 그들이 말을 할 줄 알았을지 물었다. 그는 의자에 등을 기대고 팔짱을 꼈다. 그리고 이렇게 말했다.

"누구에게나 추측하고 싶은 욕구가 있습니다. 제가 '그들이 말을 했을 것 같나요?' 같은 질문을 거부하는 건 그런 욕구에 대한 일종의 저항이지요. 솔직히 저도 모르기도 하고, 어떤 의미에서는 누구나 저만큼 추측할 수 있으니까요."

네안데르탈인의 유해가 발견된 여러 현장은 네안데르탈인에 대해 추측하고 싶어 하는 사람들에게 수많은 단서를 제공한다. 네안데르탈인은 매우 강건했고—뼈의 두께가 그것을 입증한다—현생 인류를 대번에 때려눕힐 수 있었을 것이다. 그들은 석기를 만드는 데 능숙했지만, 수만 년 동안 같은 종류의 도구들만 만들고 또 만들었던 것 같다. 늘 그랬는지는 알 수 없지만, 죽은 자를 매장했다. 또 때로는 서로를 죽이고 잡아먹기도 한 것으로 보인다. 낸디(샤니다르 I)뿐 아니라 여러 유골에서 질병 또는 기형의 징후를 볼 수 있다. 가장 처음 발견된 네안데르 계곡의 네안데르탈인은 머리와 왼팔에 중상을 입은 것으로 보이며, 라샤펠의 네안데르탈인은 관절염 외에 갈비뼈와 슬개골 골절의 흔적도 있었다. 이러한 부상들은 한정된 무기를 가진 네안데르탈인의 사냥이 얼마나 고되었는지 반영하는 것일지도 모른다. 네안데르탈인은 화살처럼 먼 거리에서 공격하는 무기를 개발한 적이 없는 것으로 보인다. 따라서 먹잇감을 죽이려면 그 위에 올라타야 했을 것이다. 낸디처럼 네안데르 계곡과 라샤 펠의 네안데르탈인도 부상에서 회복된 흔적이 있었는데 이것을 통해 그들이 서로를 보살펴야 했고, 따라서 공감 능력도 있었으리라고 짐작할 수 있다. 고고학적 기록에 따르면 네안데르탈인은 유럽 또는 서아시아에서 진화해 다른 곳으로 퍼져나가다가 바다와 같은 큰 장애물을 만나 확산을 멈춘 것으로 추정된다. (그들이 영국까지 도달할 수 있었던 것은 마지막 빙기의 해수면이 지금보다 훨씬 낮아 영국 해협이 존재하지 않았기 때문이다.) 이것은 현생 인류와 네안데르탈인의 가장 기본적인 차이 중 하나이며 페보가 가장 흥미롭게 여기는 부분이기도 하다. 현생 인류의 호주 상륙은 빙하기가 한창이었던 때이기는 했어도 대양을 건너지 않고서는 불가능한 일이었기 때문이다.

호모 에렉투스 *Homo erectus* 같은 구인류는 다른 여러 포유류와 마찬가지로 구대륙 안에서만 확산되었다는 것이 페보의 설명이다. "그들은 마다가스카르에도, 호주에도 진출하지 못했습니다. 네안데르탈인도 마찬가지였지요. 위험을 무릅쓰고 육지가 보이지 않는 대양으로 나간 것은 현생 인류가 유일합니다. 물론 그렇게 할 수 있었던 요인 중 하나는 기술입니다. 우선 배가 있어야 하니까요. 그러나 거기에는 어떤 광기 같은 것도 작용했다고 생각합니다. 그렇지 않을까요? 이스터섬을 발견하기 전에 태평양을 항해하다가 사라진 사람이 얼마나 많았겠습니까? 터무니없는 모험이었을 겁니다. 대체 왜 그런 짓을 하지요? 영광을 위해? 불멸을 얻으려고? 호기심 때문에? 그리고 지금 우리는 화성으로 가려고 하고 있습니다. 인간

인간

TACACTCACATTTTTTTGCATATTATCTAGTCCCATGACATTA

네안데르탈인

TACACTCACATTTTTTTTACATATTATCTAGCCCCATGACATTA

침팬지

TACACTCACA-TTTTTTACATATTATCTAGTCCCCATGACATTA

인간, 네안데르탈인, 침팬지 유전체의 5번 염색체 중 동일 구간.

은 결코 멈추지 않습니다."

페보는 끊임없이 변화를 갈구하는 파우스트의 성향이 현생 인류를 규정하는 특징 중 하나라면 일종의 파우스트 유전자가 존재할 것이라고 말한다. 그는 네안데르탈인과 인간의 DNA를 비교하면 "광기"의 실체를 확인할 수 있을 것이라고 여러 번 말했다. 한 번은 이런 말도 했다. "우리가 언젠가 어떤 별난 돌연변이가 인간의 광기와 탐험을 가능케 했다는 것을 알게 된다면 이 모든 일을 일어나게 하고 지구 생태계 전체를 바꾸고 우리가 만물을 지배하게 한 것이 염색체의 작은 자리바꿈이었다는 사실이 놀라울 것입니다." 또 어느 날은 이렇게 말했다. "우리는 어떤 면에서 미쳤습니다. 무엇이 우리를 미치게 만들까요? 그것이 제가 정말 알고 싶은 것입니다. 그걸 알게 된다는 건 정말이지 멋진 일이 될 겁니다."

어느 날 오후 내가 페보의 연구실에 들렀을 때 그가 사진 한 장을 내밀었다. 최근에 어느 아마추어 화석 수집가가 라이프치히에서 약 30분 떨어진 곳에서 발견한 머리덮개뼈 사진이었다. 페보는 이메일로 받은 그 사진을 보고 매우 오래된 뼈라고 판단했다. 초기 네안데르탈인이거나 어쩌면 인간과 네안데르탈인의 공통 조상으로 간주되는 하이델베르크인 *Homo beidelbergensis*일지도 몰랐다. 그리고 그 뼈를 입수해야겠다고 생각했다. 머리덮개뼈는 어느 채석장의 물웅덩이 안에서 발견되었는데 그러한 환경 덕분에 뼈가 온전히 보존되었을 수 있고, 그가 빨리 입수하기만 하면 DNA를 추출할 수 있을지도 모른다고 생각했던 것이다. 그러나 그 두개골은 이미 마인츠의 한 인류학 교수에게 보내기로 약속되어 있었다. 어떻게 하면 그 교수를 설득하여 DNA를 추출할 만큼의 뼈를 확보할 수 있을까?

페보는 그 교수를 알 만한 지인 모두에게 전화했고, 비서에게 그 교수의 비서와 연락해서 개인 휴대 전화 번호를 알아내게 했다. 독일 전역으로 1시간 반 넘게 전화를 돌린 끝에 마침내 그 교수의 연구실에서 일하는 한 연구원과 연락이 닿았다. 그 연구원은 머리덮개뼈를 직접 보았는데 그렇게 오래된 뼈가 아니라고 했고, 페보는 곧바로 관심을 잃었다.

오래된 뼈에서 무엇을 얻게 될지는 예단이 불가능하다. 페보는 몇 해 전 인도네시아 플로레스섬에서 발견된, 이른바 호빗의 유골에서 이빨 조각을 하나 찾아낸 적이 있다. 2004년에 발견된 호빗은 체구가 작은 구인류, 플로레스인 *Homo floresiensis*으로 알려져 있다. 그 치아는 1만 7000년 전의 것으로 추정되었으며, 이는 크로아티아의 네안데르탈인 뼈보다 훨씬 최근에 살았던 존재라는 뜻이다. 그러나 페보는 그 치아에서 어떤 DNA도 추출할 수 없었다.

그로부터 1년 후, 페보는 시베리아 남부의 한 동굴에서 발굴된 손가락뼈 단편과 인간의 것과 묘하게 닮은 이상한 어금니 한 개를 입수했다. 연필 끝에 달린 지우개만 한 그 손가락뼈는 4만 년 이상 된 것이었다. 페보는 그것이 현생 인류나 네안데르탈인의 것이라고 생각했다. 만일 후자임이 밝혀진다면 그것이 발굴된 장소는 네안 데르탈인의 유해가 발견된 가장 동쪽의 지점이 될 것이었다. 호빗 의 이빨과 달리 그 손가락 단편에서는 엄청나게 많은 양의 DNA가 나왔다. 1차 분석이 완료되었을 때 페보는 미국에 있었다. 그는 자 신의 연구실로 전화했고, 동료 중 한 사람이 이렇게 말했다. "마음 의 준비가 되셨나요?" 그 DNA는 현생 인류나 네안데르탈인의 것 이 아니었다. 그 주인은 상상해 본 적 없는 완전히 새로운 인류였 다. 페보는 2010년 12월 〈네이처〉에 발표한 논문에서 이 인류 집단 을 데니소바인이라고 명명했다.[8] 그 뼈가 발견된 데니소바 동굴 이 름을 딴 것이었다. 이 발견을 다룬 신문 기사 제목 중 하나는 "기존 의 선사 시대 역사를 향한 손가락 욕"이었다. 놀랍게도—사실 이제 는 능히 짐작할 수 있는 일이 되었지만—현생 인류는 데니소바인 과도 유전자를 섞은 것으로 밝혀졌다. 오늘날의 뉴기니인에게서 데 니소바인 DNA가 최대 6%까지 검출되기 때문이다. (시베리아 원주민이나 아시아인과 달리 뉴기니인만 유독 데니소바인의 DNA를 많이 갖고 있는 이유는 불분명하지만 아마도 인류의 이주 패턴과 관련이 있을 것이다.)

호빗과 데니소바인의 발견으로 현생 인류는 새로운 형제 둘을 얻었다. 그리고 다른 오래된 뼈들을 더 분석하면 더 많은 인류의 친척이 발견될 것으로 보인다. 영국의 저명한 고인류학자 크리스 스트링어는 "우리는 앞으로 더 많이 놀라게 될 것"이라고 확신한다.

아직까지 데니소바인이나 호빗이 왜 멸종했는지를 알려주는 증거는 없다. 그러나 그들이 사라진 시기와 플라이스토세 후기 멸종의 일반적 패턴은 유력한 용의자 하나를 지목한다. 우리 종과의 유연관계를 볼 때 데니소바인이나 호빗도 임신 기간이 길었을 것이고, 이는 거대 동물의 가장 큰 취약점이었던 낮은 번식률이 이들에게도 해당되었음을 뜻한다. 번식력이 있는 성체의 수가 지속적으로 감소했다는 점만으로도 그들의 몰살을 설명하기에 충분하다.

그다음으로 우리와 가까운 친척도 같은 상황에 처해 있다. 그것이 바로 오늘날 인간을 제외한 모든 대형 유인원이 멸종 위기에 직면한 이유다. 야생의 침팬지 수는 50년 전에 비해 절반 가까이 줄어들었다고 추정되며, 산악고릴라의 수도 비슷한 추세를 따르고 있다. 저지대고릴라류의 감소세는 훨씬 더 빨라서, 지난 20년 동안 60%가 줄어든 것으로 추정된다. 급격한 감소의 원인으로는 밀렵, 질병, 서식지 파괴 등을 들 수 있다. 여러 전쟁이 서식지 파괴 문제를 악화시켰고, 고릴라 난민들은 제한된 구역으로 밀려났다. 수마트라오랑우탄은 '절멸 위급종'으로 분류되는데, 이는 "야생에서 멸종될 위험이 매우 높다"는 뜻이다. 이들을 위협하는 것은 폭력이 아니라 오히려 평화다. 남아 있는 오랑우탄 대부분이 사는 인도네시아 아체 지방에서는 수십 년 동안 이어진 정치적 불안이 최근 해소되면서 합법과 불법을 막론하고 벌목이 급증하고 있다. 인류세의 의도치 않은 여러 결과 중 하나는 인류 가계도의 가지치기다. 오래전 네안데르탈인과 데니소바인이라는 두 형제를 죽인 우리는 이제 사촌과 육촌 형제들도 죽이려고 하고 있다. 그들까지 해치우고 나면 대형 유인원류는 단 한 종, 인간밖에 남지 않을 가능성이 높다.

✦

지금까지 네안데르탈인의 뼈가 한꺼번에 가장 많이 발견된 곳 중 하나는 프랑스 남서부의 라페라시로 한 세기 전 이곳에서 일곱 구의 유해가 발굴되었다. 라페라시가 있는 도르도뉴 계곡은 라샤펠에서도 멀지 않고, 라스코 동굴 벽화를 포함해 10여 곳의 고고학 유적지가 30분 거리 안에 있다. 페보의 동료도 포함되어 있는 한 연구팀이 최근 몇 년 동안 라페라시에서 발굴 작업을 해왔다고 해서 그 현장에 가 보기로 했다. 나는 저녁 식사 시간에 맞추어 담뱃잎 헛간을 개조한 그들의 본부에 도착했다. 우리는 뒤뜰의 간이 테이블에서 뵈프 부르기뇽(레드 와인에 쇠고기와 채소를 넣고 끓여서 만드는 스튜의 일종.-옮긴이)을 먹었다.

다음 날, 나는 고고학자들과 함께 라페라시로 갔다. 발굴 현장은 한적한 시골의 도로 바로 옆에 있었다. 수천 년 전에는 거대한 석회암 동굴이었지만 그 후로 한쪽 벽이 무너져 지금은 두 면이 트여 있다. 지면에서 6m 높이에 거대한 바위 선반이 튀어나와 있어서 마치 아치형 천장의 반쪽처럼 보인다. 주위를 에워싼 철조망과 방수포 때문에 범죄 현장 같은 모습이다.

무더위와 먼지 속에서 대여섯 명의 학생들이 긴 구덩이 안에 쪼그려 앉아 모종삽으로 흙을 긁어내고 있었다. 구덩이 옆에 쌓인 황토 사이사이로 뼛조각들이 튀어나와 있는 것이 보였다. 연구진의 설명에 의하면 가장 밑바닥에 있는 뼈는 네안데르탈인이 던져놓은 다른 동물의 뼈이고, 가장 위에 있는 뼈는 네안데르탈인이 사라진 후 동굴을 차지한 현생 인류의 유골이다. 네안데르탈인의 유골은 이미 오래전에 발굴되었지만, 아직 이빨 같은 작은 조각이 남아 있을 가능성이 있었다. 연구진은 헛간으로 가져가서 꼬리표를 달기 위해 발굴된 뼛조각들과 플린트석(석영의 일종으로 부싯돌로 쓰인다.-옮긴이) 조각 등 약간이라도 관심이 가는 모든 것들을 따로 모아두었다.

나는 학생들이 흙을 파내는 모습을 잠시 지켜보다가 그늘로 물러났다. 그리고 라페라시에서 네안데르탈인이 어떻게 살았을지 상상해보았다. 지금은 울창한 숲이지만 당시에는 나무 한 그루 없었을 것이다. 엘크가 계곡을 배회하고, 순록과 들소, 매머드도 있었을 것이다. 이런 것 외에는 별달리 떠오르는 것이 없었다. 나는 함께 간 고고학자들에게 질문을 던졌다.

막스 플랑크 연구소의 섀넌 맥페런이 먼저 입을 뗐다. "우선, 추

웠어요." 캐나다 사이먼 프레이저 대학교의 데니스 샌드게이스도
대답했다. "냄새가 났을 거예요." 펜실베이니아 대학교에서 온 해럴
드 디블은 이렇게 덧붙였다. "아마 배가 고팠을 겁니다." 샌드게이
스는 "나이 든 사람은 없었을 것"이라는 말도 했다.

우리는 헛간으로 돌아와 그들이 며칠에 걸쳐 파낸 조각들을 들
여다보았다. 하나하나 세척하고 번호를 매겨 각각 작은 비닐봉지에
넣어둔 수백 개의 동물 뼛조각이 먼저 눈에 들어왔고, 플린트석 조
각도 수백 개가 있었다. 대부분은 도구를 만들고 남은 잔해—오늘
날로 치면 대팻밥 같은—였을 테지만, 일부는 완성된 석기라고 했
다. 구별하는 요령을 듣고 나니 네안데르탈인의 손에 의해 깎인 경
사진 날이 눈에 들어왔다. 그중 하나가 유난히 눈에 띄었다. 손바닥
만 한 물방울 모양의 플린트석이었다. 고고학 용어로는 주먹 도끼
라고 불리지만, 아마 현대적인 의미의 도끼와는 쓰임새가 달랐을
것이다. 구덩이의 바닥 근처에서 발견되었으므로 약 7만 년 전 것
으로 추정되었다. 나는 비닐봉지에서 그것을 꺼내 뒤집어보았다.
거의 완벽한 대칭을 이루었고, 적어도 인간의 눈에는 매우 아름답
게 보였다. 나는 그것을 만든 네안데르탈인이 예리한 디자인 감각
을 가졌던 것 같다고 생각했지만, 맥페런은 동의하지 않았다.

"우리는 이 이야기의 결말을 압니다. 현대 문명의 모습을 알고
있으므로 우리가 어떻게 여기까지 왔는지를 설명하고 싶어 하지
요. 그런데 우리는 현재를 과거에 투사해 과거를 과잉 해석하는 경
향이 있어요. 그래서 아름다운 주먹 도끼를 보고는 '이 솜씨 좀 봐,

거의 예술 작품이야'라고 말하지만, 그것은 오늘날의 관점일 뿐입니다. 그러나 증명하려고 하는 대상을 기정사실처럼 다루면 안 됩니다."

지금까지 발굴된 네안데르탈인의 유물 수천 점 가운데 명확히 예술이나 장식의 목적을 드러낸 것은 한 점도 없으며, 그런 식으로 해석하는 일—예를 들어 프랑스 중부의 어느 동굴에서 발견된 상아 펜던트—이 생기면 끝도 없고 대개는 답도 없는 논쟁이 이어졌다. (일부 고고학자들은 그 펜던트를 현생 인류와의 접촉 후 네안데르탈인이 그들을 모방하여 만든 것이라고 주장했고, 또 어떤 고고학자들은 네안데르탈인이 사라진 후 그 자리를 차지한 현생 인류가 만든 것이라고 주장했다.) 어떤 이들은 증거가 없다는 것을 근거로 네안데르탈인에게 예술 혹은 그에 상응하는 것을 창조할 능력이나 관심이 없었다고 주장한다. 우리는 주먹 도끼를 보고 '아름답다'고 느끼지만, 그들에게는 유용한 도구였을 뿐이다. 유전체학적으로 말하자면 네안데르탈인에게는 미학적 돌연변이라고 할 수 있는 것이 결여되어 있었다.

도르도뉴에서의 마지막 날, 나는 인근의 또 다른 고고학 유적지를 방문했다. 그곳은 콩바렐 동굴이라고 불리는 현생 인류 유적지였다. 이곳은 석회암 절벽을 관통하여 300m 가까이 지그재그로 이어지는 매우 좁은 동굴이다. 19세기 후반에 재발견된 이 동굴은 이후에 확장되고 전등도 설치되어 아주 편안하지는 않더라도 안전하게 지나다닐 수 있게 되었다. 인류가 이 동굴에 처음 발을 들여놓았던 1만 3000년 전에서 1만 2000년 전 사이에는 상황이 달랐다.

당시에는 천장이 너무 낮아서 기어서 들어가야 했고, 칠흑 같은 어둠 속에서 뭔가를 보려면 불을 가지고 들어가는 수밖에 없었다. 그런데도 무엇인가—아마도 창작욕이나 영성 혹은 '광기'—가 그들을 동굴로 이끌었다. 동굴 깊숙한 곳의 벽은 수백 개의 암각화로 덮여 있다. 모두 동물 그림이며 그중 다수는 매머드, 오록스, 털코뿔소 등 멸종한 동물이다. 가장 세밀한 그림에서는 묘한 생명력이 느껴진다. 야생말은 금방이라도 고개를 들 것 같고, 순록은 머리를 숙여 물을 마실 것 같다.

흔히 콩바렐 동굴 벽에 그림을 그린 사람들이 그 그림의 마술적 힘을 믿었으리라고 추측된다. 그리고 어떻게 보면 정말 그런 힘이 있었을지도 모른다. 네안데르탈인은 10만 년 넘게 유럽에 살았지만, 그 기간 동안 주변 환경에 다른 대형 척추동물들보다 더 큰 영향을 끼치지 않았다. 인간이 그곳에 등장하지 않았다면 네안데르탈인이 야생말, 털코뿔소와 함께 여전히 살고 있으리라고 생각할 무수한 근거가 있다. 기호와 상징으로 세계를 재현하는 능력은 세계를 변화시킬 능력을 수반하며, 그것은 곧 세계를 파괴할 능력이 된다. 우리를 네안데르탈인과 구별하는 것은 아주 작은 유전적 변이지만, 그것은 엄청난 변화를 초래했다.

CHAPTER 13

희망을 찾아서

인간
(호모 사피엔스 *Homo sapiens*)

저술가 조너선 셸은 "미래학은 한 번도 진지한 학문 영역으로 존중된 적이 없다"고 지적했다.[1] 나는 그 말을 마음에 품고 샌디에이고에서 북쪽으로 50km 거리에 있는 샌디에이고 동물원 부설 보전연구소로 향했다. 연구소로 가는 길에 여러 개의 골프장과 와이너리, 타조 농장을 지나쳤다. 마침내 도착한 그곳은 병원처럼 정숙한 분위기였다. 조직 배양 전문가인 말리스 하우크는 긴 복도를 따라 창문 없는 어떤 방으로 나를 안내했다. 그가 튼튼한 오븐 장갑처럼 생긴 것을 양손에 끼고 커다란 금속 탱크 뚜껑을 열자 뿌연 증기가 올라왔다.

탱크 바닥에는 −196°C의 액체 질소가 담겨 있었다. 그 위에는 탑처럼 여러 층으로 이루어진 상자들이 매달려 있는데 각 층에는 작은 플라스틱 시약병이 각각 홈에 끼워져 있다. 하우크는 한 상자, 그 중에서도 한 층을 골라 내려놓았다. 그리고 두 개의 시약병을 꺼내 내 앞의 철재 실험대에 놓으면서 이렇게 말했다. "여기에 그 새가 들어 있어요."

그 시약병의 내용물은 이 세상에 남아 있는 포오울리 또는 검은 얼굴꿀새—앙증맞은 얼굴과 크림색 가슴을 가진 통통한 새로 한때 마우이섬에 서식했다—의 마지막 일부였다. "특별히 아름다울 것 없지만, 세계에서 가장 아름다운 새"라는 포오울리는 샌디에이고 동물원과 미국 어류및야생동물관리국의 필사적인 노력으로 사육 번식을 위해 포획했지만 2년을 채 버티지 못하고 2004년 가을에 멸종한 것으로 알려졌다. 포획 당시에 포오울리는 단 세 마리가 존재했는데, 그중 한 마리만 그물에 걸렸다. 암컷인 줄 알았던 그 새는 수컷으로 판명되었고, 어류및야생동물관리국 연구원들은 남아 있는 포오울리가 모두 수컷이라고 추정했다. 포획된 새는 추수감사절 다음 날 죽었고, 사체는 즉시 샌디에이고 동물원으로 보내졌다. 그리고 하우크가 연구소로 달려갔다. 그는 이렇게 생각했다고 회고한다. "마지막 기회야. 이건 우리 시대의 도도야." 하우크는 호오울리의 눈에서 세포 일부를 배양하는 데 성공했고, 지금 시약병에 들어 있는 것이 바로 그 결과물이다. 그는 세포가 손상되는 것을 원치 않았으므로 곧 시약병을 상자 안에 넣어 금속 탱크 안으로 돌려보냈다.

포오울리 세포가 사는—살아 있다고 할 수 있을지 모르겠지만—창문 없는 방은 "냉동 동물원"이라고 불린다. 이 이름은 상표 등록이 되어 있으므로 다른 기관이 함부로 사용할 수 없다. 냉동 동물원에는 하우크가 열었던 것과 같은 탱크가 여섯 개 있고, 그 안에는 거의 1000종의 세포주cell line가 차가운 질소 구름 안에 저장되어 있다. (사실 이것은 냉동 동물원의 절반일 뿐이고 나머지 절반은 다른 시설에 있는데 그 위치는 엄격하게 비밀에 부쳐져 있다. 어느 한 시설이 정전될 때를 대비해 모든 세포주는 두 시설에 나뉘어 보관한다.) 이 냉동 동물원이 세계에서 가장 많은 종을 보유한 냉동 보존 시설이기는 하지만, 신시내티 동물원의 크라이오바이오뱅크CryoBioBank, 영국 노팅엄 대학교의 프로즌 아크Frozen Ark 등 유사한 시설이 점점 더 많아지고 있다.

아직은 샌디에이고에 동결되어 있는 거의 모든 종에게 살아 있는 혈육이 존재한다. 그러나 앞으로 더 많은 동식물이 포오울리와 같은 길을 걷게 된다면 상황은 달라질 것이다. 하우크가 탱크를 다시 봉인하느라 분주한 사이에 나는 에올러스 동굴 바닥에서 수집되어 미국 자연사박물관의 냉동 수장고로 보내진 수백 구의 박쥐 사체를 생각했다. 나는 항아리곰팡이의 위협을 받고 있는 개구리, 산성화라는 위기를 맞이한 산호, 밀렵 때문에 궁지에 몰린 코끼리, 온난화와 침입종과 삼림 단편화가 위기에 몰아넣고 있는 수많은 종을 배양하여 저장하려면 소형 플라스틱 시약병과 액체 질소 탱크가 얼마나 많이 필요할지 계산해보려고 했지만, 곧 포기했다. 암산으로 가능한 정도의 수치가 아니었다.

✤

　　이렇게 끝나야만 하는 것일까? 이 세상에서 가장 멋진 생명체들—아니, 가장 평범한 생명체들이라고 해도—을 구할 마지막 희망이 정녕 액체 질소 속에 있단 말인가? 우리가 어떻게 다른 종들을 위태롭게 하고 있는지를 알게 되었다면 그들을 보호하기 위한 조치를 취할 수는 없을까? 위험을 미리 알면 그것을 피해 방향을 바꿀 수 있다는 점이 우리가 미래를 내다보려는 가장 큰 이유 아니었던가?

　　분명 인간은 파괴적이고 근시안적일 수 있지만, 미래지향적이고 이타적일 수도 있다. 사람들은 레이첼 카슨이 말한 "우리 지구를 다른 생물들과 공유하는 문제"에 관심이 있으며, 그 생물들을 위해 희생을 감수할 수도 있다는 것을 숱하게 증명해왔다.[2] 앨프리드 뉴턴은 영국 해안에서 일어난 학살을 알렸고 그 결과 '바닷새보호를위한법률'이 제정되었다. 존 뮤어는 캘리포니아 산지 파괴에 관해 글을 썼고 이는 요세미티 국립 공원 지정으로 이어졌다. 《침묵의 봄》은 합성 살충제의 위험성을 폭로했고 이 책이 출판된 후 10년이 못 되어 대부분의 DDT 사용이 금지되었다. (미국에 아직 흰머리수리가 존재한다는—게다가 개체 수가 증가하고 있다—사실이 이러한 노력으로 일군 행복한 결과 중 하나다.)

　　DDT 금지 2년 후인 1974년, 미국 의회는 '멸종위기종보호법'을 통과시켰다. 그때부터 사람들은 이 법에서 정한 동식물을 보호하기 위해 문자 그대로 믿기 힘든 노력을 경주했다. 많은 예가 있지만, 그중 하나로 점차 개체 수가 줄어 1980년대 중반에 단 22마리 밖에 남지 않았던 캘리포니아콘도르를 들 수 있다. 야생 동물 전문 가들은 북미 최대의 육상 조류인 이 종을 구하기 위해 인형으로 어미 콘도르를 흉내 내기까지 하며 새끼를 키웠다. 그들은 감전 사고를 방지하기 위해 가짜 전선을 만들어 새들을 훈련하고, 쓰레기에 가벼운 전기 충격 장치를 설치해 쓰레기를 먹지 않는 습성을 길러주었다. 현재 약 400마리에 이르는 모든 개체에게 웨스트나일바이러스에 대한 백신—인간을 위한 백신은 아직도 개발되지 않았다—도 접종했다. 그들은 정기적으로 이 새들의 납 중독 검사를 실시하며—콘도르는 죽은 사슴을 먹이로 삼는데, 사슴을 죽인 총탄의 납이 사체 전체에 퍼져 콘도르의 납 중독을 야기하는 일이 잦다—여러 콘도르를 킬레이트 요법으로 치료했다. 몇몇 콘도르는 여러 번이 치료를 받았다. 미국흰두루미 구조 활동에는 훨씬 더 많은 인력이 투입되었으며, 대부분 자원봉사자였다. 경비행기 조종사들은 사육 번식된 새끼 두루미들이 남쪽에서 겨울을 날 수 있도록 해마다 두루미들을 이끌고 위스콘신에서 플로리다까지 비행한다. 2000km에 육박하는 이 여정에는 최대 3개월이 걸리며 수십 번을 쉬어가야 하는데 새들에게 사유지를 내주는 이들이 있기에 가능한 일이다. 이러한 활동에 직접 참여하지 않더라도 세계야생동물기금, 국립야생동식물연합National Wildlife Federation, 야생동물보호협회Defenders of Wildlife, 야생동물보전협회Wildlife Conservation Society, 아프리카야생동물재단African Wildlife Foundation, 국제보전협회Conservation International, 국제

자연보호협회 같은 단체에 가입하여 간접적으로 도움을 주는 수백만 명의 미국인들이 있다.

현실적으로나 윤리적으로나 생물권 전체가 작은 플라스틱 시약병에 들어가는 우울한 미래를 그리기보다는 생물 종들을 구하기 위해 우리가 할 수 있거나 이미 하고 있는 일에 초점을 맞추는 편이 낫지 않을까? 알래스카의 한 환경단체 대표는 이렇게 말한다. "우리는 희망을 가져야 합니다. 저 역시 마찬가지이고요. 희망이 우리를 계속 앞으로 나아가게 하기 때문입니다."

✤

샌디에이고의 보전연구소 옆에는 비슷한 건물이 하나 더 있다. 그 회갈색 건물은 샌디에이고 동물원이 운영하는 동물 병원이다. 대개 동물들이 치료를 위해 잠시 거쳐 가는 이곳에 장기 투숙객이 한 마리 있다. 키노히라는 이름의 하와이까마귀다. 현재 하와이까마귀―현지어로는 "알랄라ʻalalā"라고 부른다―는 사육 시설에만 존재하며 약 100마리가 남아 있다. 나는 샌디에이고에 체류하던 어느 날, 동물원의 번식 생리학 분과장 바버라 듀랜트와 함께 키노히를 보러 갔다. 나는 그가 진정으로 키노히를 이해하는 유일한 사람이라고 들었다. 우리는 사육장에 가는 길에 일종의 매점 같은 곳에 들렀고, 듀랜트는 거기서 밀웜이라는 애벌레, 갓 태어나 털도 안 난 생쥐, 반으로 잘린 성체 생쥐 하반신―한쪽 끝에는 두 발이 있고 다른 쪽 끝에는 내장이 드러나 있는―등 키노히가 좋아하는 간식을 골랐다.

알랄라가 왜 야생에서 멸종했는지를 정확히 아는 사람은 없다. 포오울리와 마찬가지로 서식지 파괴, 몽구스 같은 침입종의 포식, 모기 등 다른 침입종에 의해 유입된 질병 등 여러 이유가 있었을 것이다. 어쨌든, 숲에 서식하던 마지막 알랄라는 2002년에 죽은 것으로 추정된다. 키노히는 20여 년 전 마우이섬의 한 사육 번식 시설에서 태어났다. 이 새는 매우 특이하다. 홀로 자란 탓에 다른 알랄라를 알아보지 못한다. 그렇다고 자신이 인간이라고 생각하는 것 같지도 않다. 듀랜트는 이렇게 말했다. "키노히는 혼자만의 세상에 산답니다. 한번은 저어새와 사랑에 빠진 적도 있죠."

키노히는 2009년에 샌디에이고에 왔다. 사육 시설의 다른 알랄라와 좀처럼 교미를 하지 않는 키노히가 이 종의 빈약한 유전자 풀에 기여하게 하려면 뭔가 새로운 조치가 필요하다고 판단되었기 때문이다. 듀랜트는 키노히의 마음을 얻는, 더 정확히 말하자면 생식샘을 자극하는 임무를 맡게 되었다. 키노히는 그의 노력—까마귀에게는 겉으로 드러나 있는 생식기가 없으므로 듀랜트는 배설강(배변, 배뇨, 생식이 모두 이루어지는 개구부.-옮긴이) 근처를 쓰다듬었다—에 꽤 빨리 반응을 보였지만, 당시까지는 (듀랜트의 표현에 따르면) "양질의 사정"을 달성하지 못한 상황이었다. 다시 번식기가 가까워지고 있었으므로 듀랜트는 일주일에 세 번째 최대 5개월까지 진행될 사정 유도 작업을 준비하고 있었다. 성공하면 듀랜트는 정자를 가지고 마우이섬으로 날아가 번식 시설에 사는 암컷과의 인공 수정

키노히라는 이름의 하와이까마귀.

을 시도할 것이다.

키노히 사육장은 스위트룸 같았다. 여러 명이 들어갈 수 있을 만큼 널찍한 대기실이 있고 뒷편에는 노끈 같은 놀잇감으로 가득한 내실이 있었다. 키노히는 우리에게 인사하듯 날아올랐다. 머리부터 발톱 끝까지 새까만 새였다. 내 눈에는 평범한 까마귀로 보였지만, 듀랜트는 이 새의 부리가 훨씬 더 두텁고 다리도 더 굵다고 했다. 키노히는 눈을 마주치지 않으려는 것처럼 고개를 숙이고 있었다. 키노히가 듀랜트를 쳐다보았을 때 나는 새도 음흉한 생각을 품는지 궁금했다. 듀랜트가 가져온 간식을 건넸다. 키노히가 깍깍거리는 소리가 묘하게 귀에 익었다. 까마귀는 인간의 말을 흉내 낼 줄 안다. 듀랜트는 그 울음소리를 "알았어"라고 번역했다.

"알았어, 알았어." 키노히가 반복했다.

✦

키노히의 웃지 못할 성생활은 인간이 멸종을 얼마나 심각하게 여기고 있는지에 대한 (더 필요할지는 모르겠지만) 또 하나의 증거다. 우리가 기꺼이 코뿔소의 몸에 손을 넣어 초음파 검사를 하고, 까마귀의 생식기를 애무하는 것은 한 종의 절멸이 엄청난 고통을 야기하기 때문이다. 테리 로스나 바버라 듀랜트 같은 사람들, 신시내티 동물원이나 샌디에이고 동물원 같은 기관의 헌신은 분명 미래를 낙관할 수 있는 이유를 제공한다. 이 책이 다른 장르의 책이었다면 나도 희망찬 미래를 그렸을지 모른다.

앞에서 여러 장을 파나마황금개구리, 큰바다쇠오리, 수마트라코뿔소 등 개별 생물 종의 멸종(혹은 멸종 위기)에 할애했지만, 나의 진짜 주제는 그들이 사라져 가는 과정이 보여주는 일정한 패턴이다. 나는 하나의 멸종 사건―홀로세 멸종 또는 인류세 멸종, 좀 더 완곡한 표현을 원한다면 '여섯 번째 멸종'이라고 해도 좋다―을 추적함으로써 그 사건을 생명의 역사라는 더 넓은 맥락 안에 위치시켜 보고자 했다. 그 역사는 동일 과정설이나 격변설 어느 하나를 따른

다기보다는 둘의 혼합으로 이루어져 있다. 역사를 통해 알 수 있는 사실은 부단한 부침 속에서 생명체들이 극강의 회복력을 발휘했다는 것, 그러나 또한 무한한 회복력은 아니었다는 것이다. 아무 사건도 일어나지 않은 기간도 매우 길었지만, 아주 가끔은 "지표면의 혁명"이 일어나기도 했다.

이러한 혁명의 원인은 매우 다양했다. 오르도비스기 말에는 빙하의 발달이, 페름기 말에는 지구 온난화와 해양의 화학적 변화가, 백악기 말에는 소행성 충돌이 멸종을 초래했다. 현재의 멸종은 완전히 새로운 원인에 의해 일어나고 있다. 그것은 소행성이나 대규모 화산 폭발이 아니라 "일개의 나약한 종"이다. 월터 앨버레즈가 말했듯이, "우리는 바로 지금 인간이 대량 멸종을 일으킬 수 있다는 사실을 목도하고 있"는 것이다.

그 이질적인 멸종 사건들의 공통된 특징 중 하나는 변화, 더 구체적으로 말하자면 변화의 속도가 문제였다는 점이다. 동식물들이 적응할 수 있는 것보다 세계가 빠르게 변하면 다수의 종이 낙오된다. 우주로부터 뭔가가 맹렬한 속도로 떨어져서 일어난 변화든, 매일같이 자동차로 출근하는 사람들 때문에 일어난 변화든 마찬가지다. 사람들이 더 신경을 쓰고 기꺼이 희생을 감내한다면 여섯 번째 대멸종을 막을 수 있다는 주장이 틀렸다고 할 수는 없지만, 문제의 핵심에서는 벗어나 있다. 사람들이 신경을 쓰든 안 쓰든, 크게 달라질 것이 없다. 중요한 것은 사람들이 세계를 변화시킨다는 점이다.

물론 이 능력은 근대 문명 이전부터 있었지만, 근대 문명은 그 능력을 완전히 구현했다. 사실 이것은 끊임없이 변화를 갈구하는 성향과 창조성, 문제를 해결하고 복잡한 과업을 완수하기 위해 협력할 줄 아는 능력 등 태초에 우리가 인간이 될 수 있도록 만든 자질과 별개가 아니다. 인류는 기호와 상징을 사용하여 자연 세계를 표상하기 시작하자마자 자연의 한계를 뛰어넘었다. 영국 고생물학자 마이클 벤턴은 "인간의 언어는 여러모로 유전 암호와 비슷하다"고 썼다.[3] "정보는 저장되었다가 변경된 상태로 다음 세대에 전해진다. 커뮤니케이션은 사회를 하나로 묶어 주고 인간이 진화의 흐름에서 벗어날 수 있게 해준다." 인간이 그저 부주의하거나 이기적이거나 폭력적이기만 한 존재였다면 보전연구소 같은 기관은 없었을 것이고 필요도 없었을 것이다. 인간이 다른 종들에게 왜 그렇게 위험한 존재인지를 알고 싶거든 AK-47 자동 소총을 든 아프리카 밀렵꾼이나 도끼를 쥔 아마존 벌목꾼을 떠올려보라. 아니, 어쩌면 책을 펴고 앉아 있는 자신의 모습을 되돌아보는 것만으로 충분할 것이다.

✦

미국 자연사박물관의 생물다양성 전시실 한가운데에는 바다 매립형 전시물이 있다. 그 전시물 중앙에 있는 금속판 안내문은 5억 년 전 다세포 동물이 등장한 이래로 다섯 번의 주요 멸종 사건이 있었음을 알려준다. 안내문에 따르면 "전 지구적 기후 변화 그리고 지구와 외계 물체 간의 충돌 등의 다른 원인"에 의해 그 멸종이 일어났다. 설명은 이렇게 이어진다. "바로 지금 우리는 여섯 번째 멸종의 한가운데 있다. 이번 멸종은 전적으로 인류가 일으킨 생태적 지형 변형에 기인한다."

금속판을 중심으로 해 방사형으로 튼튼한 아크릴판이 깔려 있고 그 밑에 각 멸종 사건에 의해 희생된 대표적인 동물들의 화석화된 유해가 들어 있다. 아크릴판에는 흠집이 많이 나 있다. 발밑을 신경 쓰지 않고 지나쳐간 수많은 박물관 관람객의 신발에 쓸린 자국일 것이다. 그러나 쪼그려 앉아서 잘 들여다보면 각 화석에 종 이름과 어느 멸종 사건에 의해 대가 끊기게 되었는지를 명기한 라벨이 붙어 있는 것을 볼 수 있다. 화석들은 중앙에서부터 연대순으로 배치되어 있으므로 가장 오래된 오르도비스기의 필석이 가장 중심부에 있고, 가장 최근인 백악기 말의 티라노사우루스 렉스의 이빨이 가장 바깥쪽에 있다. 이 순서 전체를 한눈에 보려면 맨 가장자리에 서야 하는데, 그곳이 바로 여섯 번째 대멸종의 희생자가 가게 될 위치다.

우리가 초래한 멸종이 우리에게는 어떤 결과를 가져올까? 한 가지 가능성—아마 상기한 전시물의 배치는 이렇게 예견하고 있는 것 같다—은 우리도 결국 우리가 일으킨 "생태적 지형 변경"에 의해 절멸에 이르는 것이다. 이러한 생각 이면의 논리는 이러하다. 진화의 제약에서 해방되기는 했어도 인류는 여전히 지구의 생물학적, 지구 화학적 시스템에 의존한다. 그런데 열대 우림을 베어내고 대기의 화학적 구성을 바꾸고 바다를 산성화하는 등 이러한 시스템을 교란함으로써 우리 자신의 생존을 위험에 몰아넣고 있는 것이다. 지질학적 기록에서 배운 가장 뼈아픈 교훈은 뮤추얼 펀드처럼 생명체의 운명도 과거의 성과로 미래의 결과를 확신할 수 없다는 것이다. 대량 멸종은 약자만 제거하는 것이 아니라 강자도 무너뜨린다. 도처에 있던 V자형 필석은 한순간에 아무 데도 없게 되었다. 수억 년 동안 헤엄쳐 다녔던 암모나이트도 어느 순간 사라졌다. 인류학자 리처드 리키는 "인간 *Homo sapiens*은 여섯 번째 대멸종을 일으키는 주체이기만 한 것이 아니라 자칫 그 희생자 중 하나가 될 수도 있다"라고 경고했다.[4] 생물다양성 전시실 안내문에도 스탠퍼드대학교 명예교수인 생태학자 폴 에얼릭의 다음과 같은 경고가 인용되어 있다. "인류는 다른 종들을 멸종으로 몰아가면서 자신이 앉아 있는 나뭇가지마저 잘라내고 있다."

좀 더 낙관적인 사람이 생각할 만한 다른 가능성은 인간의 독창성이 초래한 재앙을 막을 방법 또한 인간의 독창성에서 나올 수 있다는 것이다. 예를 들어 지구 온난화가 너무 심각한 위협이 된다면 대기를 재설계하여 대처할 수 있다고 주장하는 과학자들이 있다. 황산염을 성층권에 분사해 태양광을 우주로 반사한다거나, 태평양 상공에 물방울들을 쏘아 올려 구름의 색을 밝게 만드는 방법이 제안된 바 있다. 어떤 이들은 이런 방법들이 제대로 먹히지 않고 정말 상황이 나빠진다 해도 인류에게는 방법이 남아 있다고 주장한다. 지구에서 철수하여 다른 행성으로 떠나면 된다. 최근에 나온 한 책은 "화성이나 타이탄(토성의 위성.-옮긴이), 유로파(목성의 위성.-옮긴이), 달, 소행성 등 우리가 찾아낼 수 있는 모든 주인 없는 천체에" 도시를 건설하라고 권고한다.

그 책의 저자는 "걱정하지 말라"고 한다. "우리가 탐험을 멈추지 않는 한, 인류는 살아남을 것이다."[5]

분명 우리 종의 운명에 대해 체감하는 우려의 정도는 저마다 다르다. 그러나 반인간적이라는 비난을 감수하고라도—항변하자면, 나의 가장 친한 친구 중에도 인간이 많다!—나는 이렇게 말할 수밖에 없다. 가장 중요한 문제는 인류가 살아남는 것이 아니다. 바로 지금, 우리에게 현재로 인식되는 이 놀라운 순간에, 우리는 의도치 않게 어느 쪽의 진화 경로는 열어두고 어느 쪽은 영원히 차단해 버릴지를 결정하고 있다. 지금까지 그 어떤 생물도 하지 못했던 이 일은 불행히도 우리의 가장 장구한 유산이 될 것이다. 여섯 번째 대멸종은 인간이 쓰고, 그리고, 건설한 모든 것이 먼지가 되고, 초대형쥐 혹은 다른 어떤 생물이 지구를 물려받은 후에도 오랫동안 생명이 가는 길을 결정짓게 될 것이다.

현재로부터의
기간
(단위: 100만 년)

기 (紀)	대 (代)	사건
		현재 ── 빙하기 시작
제4기 신제3기		── 최초의 대형 유인원
		── 남극 빙하 형성
고제3기(팔레오기)	신생대	----50----
		── 최초의 영장류
		── 백악기 말 멸종
백악기		----100----------------
		── 최초의 종자식물
		── 최초의 조류
쥐라기	중생대	
		----200 ── 트라이아스기 후기 멸종
트라이아스기		
		── 페름기 말 멸종
페름기		
		----300----------------
석탄기		── 최초의 파충류
		── 데본기 후기 멸종
데본기	고생대	----400----------------
실루리아기		── 오르도비스기 말 멸종
		── 최초의 육상 식물
오르도비스기		
		----500----------------
캄브리아기		

저널리스트로서 대량 멸종에 관한 책을 쓰기 위해서는 많은 이들의 도움이 필요했다. 매우 식견 높고 너그러우며 참을성 있는 많은 사람이 나에게 시간과 전문 지식을 내주었다.

내가 양서류의 위기라는 현상을 이해할 수 있었던 데에는 에드가르도 그리피스, 하이디 로스, 폴 크럼프, 밴스 브리덴버그, 데이비드 웨이크, 캐런 립스, 조 멘델슨, 에리카 브리 로젠블럼, 앨런 페시어의 도움이 컸다.

파리의 자연사박물관에서 비공개 자료를 볼 수 있게 해준 파스칼 타시에게 고마움을 전한다. 엘데이섬에서 큰바다쇠오리와 그 서식지였던 곳을 보여준 그뷔드뮌뒤르 그뷔드뮌손, 레이니르 스베인손, 하들도르 아우르만손, 그리고 엘데이섬 방문을 가능하게 해준 망누스 베른하르손에게 감사를 표하고 싶다. 닐 랜드먼은 넓은 아량으로 뉴저지의 백악기 유적지와 그의 귀한 암모나이트 컬렉션을 보여주었다. 페름기 말 멸종과 백악기 말 멸종에 관한 지식을 공유해 준 린디 엘킨스탠턴과 앤디 놀, 닉 롱리치와 스티브 돈트에게도 감사하다.

얀 잘라시에비치에게는 특별한 빚을 졌다. 그는 필석 수집을 위한 스코틀랜드 답사에 나를 데려가 주었을 뿐만 아니라 지난 몇 해 동안 나의 수많은 질문에 답해주었다. 비가 올 때면 늘 생각나는 탐험을 선사해 준 댄 콘던과 이언 밀라, 자신이 창안한 인류세라는 개념에 관해 직접 설명해 준 파울 크뤼천에게도 고마움을 전한다.

해양 산성화는 벅찬 주제였다. 크리스 랭던, 리처드 필리, 크리스 서빈, 조니 클레이퍼스, 빅토리아 패브리, 울프 리베셀, 리 컴프, 마크 파가니의 도움이 없었다면 이 주제를 다루지 못했을 것이다. 매서운 추위 속에서 나를 카스텔로 아라고네세로 데려가 주고, 내 많은 질문에 참을성 있게 답해준 제이슨 홀스펜서에게 특히 감사하며, 더불어 그 여행을 주선해준 마리아 크리스티나 부이아에게도 무척 고맙게 생각한다.

나는 기후 과학 및 해양 화학 관련 주제를 이해하기 위해 켄 칼데이라를 끊임없이 괴롭혔다. 그와 그의 아내 릴리언을 비롯해 잭 실버먼, 케니 슈나이더, 타냐 리블린, 젠 리펠, 그리고 그 어느 누구와도 견줄 수 없는 러셀 그레이엄 등 원트리섬에서 만난 모든 이들에게 큰 빛을 졌다. 데이비 클라인, 브래드 옵다이크, 셀리나 워드, 오베 회그굴드버그에게도 감사드린다.

마일스 실먼은 지구상에서 가장 특별한 숲의 탁월한 안내자였다. 그가 할애해준 시간과 지식에 대해 어떻게 감사를 표해야 할지 모르겠다. 그의 박사 과정 학생들인 윌리엄 파르판 리오스와 카리나 가르시아 카브레라에게도 감사를 전하고 싶다. 크리스 토머스에게도 무척 고맙다.

톰 러브조이의 도움이 없었다면 이 책을 쓸 엄두도 못 냈을 것이다. 그는 무한한 관용과 인내를 보여주었으며, 나는 그의 도움과 격려에 깊은 감동을 받았다. 마리오 콘하프트는 아마존 우림의 전문가이자 유머 감각까지 갖춘 훌륭한 안내자였다. 히타 메스키타, 호세 루이스 카마르고, 구스타보 폰세카, 비르힐리오 비아나에게도 고마움을 전한다.

흰코증후군의 심각성을 최초로 인식한 스콧 달링과 알 힉스는 그들이 새롭게 알게 된 사실이 있을 때마다 나에게 정보를 공유해주는 등 엄청난 도움을 주었다. 라이언 스미스, 수지 폰 외팅엔, 얼리사 베넷은 친절하게도 내가 에올러스 동굴 조사에 여러 번 참여할 수 있게 해주었다. 침입종을 다룬 부분의 원고를 읽고 논평해 준 조 로먼에게도 감사를 전한다.

테리 로스와 크리스 존슨은 내가 과거와 현재의 거대 동물을 이해하는 데 도움을 주었다. 멸종률 계산을 도와준 존 앨로이에게 무척 감사하며, 앤서니 버노스키에게도 고마움을 표하고 싶다.

긴 시간을 할애해 나에게 복잡한 고유전학과 특히 네안데르탈인 유전체 프로젝트를 설명해준 스반테 페보, 라페라시를 안내해준 섀넌 맥페런, 그 어떤 질문 공세에도 기꺼이 대답해준 에드 그린에게도 감사 인사를 전하고 싶다.

말리스 하우크, 올리버 라이더, 바버라 듀랜트, 제니 멜로는 샌디에이고에서 나에게 큰 친절을 베풀어주었다.

입수하기 힘든 책과 논문을 찾아 준 윌리엄스 대학교 사서들과 백악기 말 멸종에 관한 자료를 선뜻 빌려준 제이 파사초프 교수에게도 감사드린다.

2010년에 나는 운 좋게도 존 사이먼 구겐하임 기념재단의 펠로십을 받았고, 그 지원금 덕분에 여러 현장을 직접 방문할 수 있었다. 래넌 문예 펠로십과 하인츠재단의 지원도 이 책에 간접적으로 기여했다.

이 책의 일부는 〈뉴요커〉에 먼저 게재되었다. 〈뉴요커〉의 데이비드 렘닉과 도러시 위켄든의 조언과 지지, 그리고 그들이 보여 준 인내심은 나에게 큰 빚이 되었으며, 늘 현명한 조언을 해준 존 베넷에게도 감사의 말을 전하고 싶다. 또 일부는 〈내셔널지오그래픽〉과 웹사이트 'e360'에 실렸다. 그때 도움과 아이디어를 제공한 롭 쿤치히, 제이미 슈리브, 로저 콘에게 감사를 전한다. 스티븐 바클리와 엘리자 피셔의 흔들림 없는 지지에도 깊은 고마움을 느낀다.

다루기 힘들었을 원고를 책으로 만들어준 데 대해 로라 위스, 메릴 리바비, 캐럴라인 잰컨, 비키 헤어에게 감사를 전한다.

명석하고 면밀하며 줏대 있는 질리언 블레이크는 이와 같은 종류의 책을 낼 때 기대할 수 있는 최고의 편집자였다. 그는 원고가 궤도를 벗어나려 할 때마다 침착하게 제자리로 되돌려놓았다. 캐시 로빈스는 늘 그랬던 것처럼 독보적이었다. 그의 조언과 통찰력은 매우 귀중했으며 항상 좋은 기운을 불어넣어 주었다.

이 책을 쓰는 수년 동안 많은 친구와 가족들의 도움이 있었다. 그들 중 몇 명은 아마 자신이 어떤 기여를 하고 있는지도 몰랐을 것이다. 짐 셰퍼드와 캐런 셰퍼드 부부, 앤드리아 배럿, 수전 그린필드, 토드 퍼덤, 낸시 픽, 로런스 더글러스, 스튜어트 애덜슨, 그리고 말린, 제럴드, 댄 콜버트에게 감사를 전한다. 배리 골드스타인에게는 특히 감사하다. 그리고 이 책의 마지막 부분을 정리하는 데 도움을 준 네드 클라이너, 아들의 축구 경기를 보러 가지 못한 데 대해 죄책감이 들지 않게 해준 에런과 매슈 클라이너에게도 고맙다.

끝으로, 여러모로 큰 도움을 준 남편 존 클라이너에게 다시 한번 감사한다. 나는 그와 함께, 그를 위해 이 책을 썼다.

CHAPTER 1 여섯 번째 대멸종

1   Ruth A. Musgrave, "Incredible Frog Hotel," *National Geographic Kids*, Sept.
     2008, 16-19.

2   D. B. Wake and V. T. Vredenburg, "Colloquium Paper: Are We in the Midst
     of the Sixth Mass Extinction? A View from the World of Amphibians,"
     Proceedings of the National Academy of Sciences 105 (2008): 11466-73.

3   Martha L. Crump, *In Search of the Golden Frog* (Chicago: University of Chicago
     Press, 2000), 165.

4   나에게 복잡한 배경 멸종률 계산법을 자세히 알려준 것은 존 앨로이였다. 그가 쓴 다음
     글도 참조하라. John Alroy, "Speciation and Extinction in the Fossil Record of
     North American Mammals," in *Speciation and Patterns of Diversity*, edited by
     Roger Butlin, Jon Bridle, and Dolph Schluter (Cambridge: Cambridge University
     Press, 2009), 310-23.

5   A. Hallam and and P. B. Wignall, *Mass Extinctions and Their Aftermath* (Oxford:

Oxford University Press, 1997), 1.

6   David Jablonski, "Extinctions in the Fossil Record," in *Extinction Rates*, edited by John H. Lawton and Robert M. May (Oxford: Oxford University Press, 1995), 26.

7   Michael Benton, *When Life Nearly Died: The Greatest Mass Extinction of All Time* (New York: Thames and Hudson, 2003), 10. (마이클 벤턴, 《대멸종》)

8   David M. Raup, *Extinction: Bad Genes or Bad Luck?* (New York: Norton, 1991), 84.

9   John Alroy, 비공식 인터뷰(2013년 6월 9일).

10   Joseph R. Mendelson, "Shifted Baselines, Forensic Taxonomy, and Rabb's Fringe-limbed Treefrog: The Changing Role of Biologists in an Era of Amphibian Declines and Extinctions," *Herpetological Review* 42 (2011): 21-25.

11   Malcolm L. McCallum, "Amphibian Decline or Extinction? Current Declines Dwarf Background Extinction Rates," *Journal of Herpetology* 41 (2007): 483-91.

12   Michael Hoffmann et al., "The Impact of Conservation on the Status of the World's Vertebrates," *Science* 330 (2010): 1503-9. *Spineless—Status and Trends of the World's Invertebrates*, a report from the Zoological Society of London, published Aug. 31, 2012도 참조하라.

CHAPTER 2 마스토돈의 어금니

1   Paul Semonin, *American Monster: How the Nation's First Prehistoric Creature Became a Symbol of National Identity* (New York: New York University Press, 2000), 15.

2   Frank H. Severance, *An Old frontier of France: The Niagara Region and Adjacent Lakes under French Control* (New York: Dodd, 1917), 320.

3   Claudine Cohen, *The Fate of the Mammoth: Fossils, Myth, and History*(Chicago: University of Chicago Press, 2002), 90에서 인용.

4   Semonin, *American Monster*, 147-48에서 인용

5   Cohen, *The Fate of the Mammoth*, 98.

6   Dorinda Outram, *Georges Cuvier: Vocation, Science and Authority in Post-*

Revolutionary France (Manchester, England: Manchester University Press, 1984), 13에서 인용.

7   Martin J. S. Rudwick, *Bursting the Limits of Time: The Reconstruction of Geohistory in the Age of Revolution* (Chicago: University of Chicago Press, 2005), 355에서 인용

8   Rudwick, *Bursting the Limits of Time*, 361.

9   Georges Cuvier and Martin J. S. Rudwick, *Georges Cuvier, Fossil Bones, and Geological Catastrophes: New Translations and Interpretations of the Primary Texts* (Chicago, University of Chicago Press, 1997), 19.

10   Stephen Jay Gould, *The Panda's Thumb: More Reflections in Natural History* (New York: Norton, 1980), 146에서 인용. (스티븐 제이 굴드, 《판다의 엄지》)

11   Cuvier and Rudwick, *Fossil Bones*, 49.

12   같은 책, 56.

13   Rudwick, *Bursting the Limits of Time*, 501.

14   Charles Coleman Sellers, *Mr. Peale's Museum: Charles Willson Peale and the First Popular Museum of Natural Science and Art* (New York: Norton, 1980), 142.

15   Charles Willson Peale, *The Selected Papers of Charles Willson Peale and His Family*, edited by Lillian B. Miller, Sidney Hart, and David C. Ward, vol. 2, pt. 1 (New Haven, Conn.: Yale University Press, 1988), 408.

16   같은 책, vol. 2, pt. 2, 1189.

17   같은 책, vol. 2, pt. 2, 1201.

18   Toby A. Appel, *The Cuvier-Geoffroy Debate: French Biology in the Decades before Darwin* (New York: Oxford University Press, 1987), 192에서 인용.

19   Martin J. S. Rudwick, *Worlds Before Adam: The Reconstruction of Geohistory in the Age of Reform* (Chicago: University of Chicago Press, 2008), 32에서 인용.

20   Cuvier and Rudwick, *Fossil Bones*, 217.

21   Richard Wellington Burkhardt, *The Spirit of System: Lamarck and Evolutionary Biology* (Cambridge, MA: Harvard University Press, 1977), 199에서 인용.

22   Cuvier and Rudwick, *Fossil Bones*, 229.

23   Rudwick, *Bursting the Limits of Time*, 389.

24   Cuvier and Rudwick, *Fossil Bones*, 228.

25   Georges Cuvier, "Elegy of Lamarck," *Edinburgh New Philosophical Journal* 20 (1836): 1-22.

26   Cuvier and Rudwick, *Fossil Bones*, 190.

27   같은 책, 261.

CHAPTER 3 원조 펭귄

1   Rudwick, *Worlds Before Adam*, 358.

2   Leonard G. Wilson, "Lyell: The Man and His Times," in *Lyell: The Past Is the Key to the Present*, edited by Derek J. Blundell and Andrew C. Scott (Bath, England: Geological Society, 1998), 21.

3   Charles Lyell, *Life, Letters and Journals of Sir Charles Lyell*, edited by Mrs. Lyell, vol. 1 (London: John Murray, 1881), 249.

4   Charles Lyell. *Principles of Geology*, vol. 1 (Chicago: University of Chicago Press, 1990), 123.

5   같은 책, vol. 1, 153.

6   Leonard G. Wilson, *Charles Lyell, the Years to 1841: The Revolution in Geology* (New Haven, Conn.: Yale University Press, 1972), 344.

7   A. Hallam, *Great Geological Controversies* (Oxford: Oxford University Press, 1983), ix.

8   이 만평의 의미에 관해서는 다음을 참조하라. Martin J. S. Rudwick, *Lyell and Darwin, Geologists: Studies in the Earth Sciences in the Age of Reform* (Aldershot, England: Ashgate, 2005), 537-40.

9   Frank J. Sulloway, "Darwin and His Finches: The Evolution of a Legend," *Journal of the History of Biology* 15 (1982): 1-53.

10   Lyell, *Principles of Geology*, vol. 1, 476.

11   Sandra Herbert, *Charles Darwin, Geologist* (Ithaca, N.Y.: Cornell University Press, 2005), 63.

12   Claudio Soto-Azat et al., "The Population Decline and Extinction of Darwin's Frogs," *PLOS ONE* 8 (2013).

13   David Dobbs, *Reef Madness: Charles Darwin, Alexander Agassiz, and the Meaning of Coral* (New York: Pantheon, 2005), 152.

14   Rudwick, *Worlds before Adam*, 491.

15   Janet Browne, *Charles Darwin: Voyaging* (New York: Knopf, 1995), 186. (재닛 브라운, 《찰스 다윈 평전》)

16   Charles Lyell, *Principles of Geology*, vol. 2 (Chicago: University of Chicago Press, 1990), 124.

17   Ernst Mayr, *The Growth of Biological Thought: Diversity, Evolution, and Inheritance* (Cambridge, Mass.: Belknap Press of Harvard University Press, 1982), 407.

18   Charles Darwin, *On the Origin of Species: A Facsimile of the First Edition* (Cambridge, Mass.: Harvard University Press, 1964), 84. (찰스 다윈, 장대익 옮김, 《종의 기원》, 사이언스북스, 2019년)

19   같은 책, 320.

20   같은 책, 320.

21   같은 책, 318.

22   Errol Fuller, *The Great Auk* (New York: Abrams, 1999), 197.

23   Truls Moum et al., "Mitochondrial DNA Sequence Evolution and Phylogeny of the Atlantic Alcidae, Including the Extinct Great Auk (*Pinguinus impennis*)," *Molecular Biology and Evolution* 19 (2002): 1434-39.

24   Jeremy Gaskell, *Who Killed the Great Auk?* (Oxford: Oxford University Press, 2000), 8.

25   같은 책, 9.

26   Fuller, *The Great Auk*, 64에서 인용.

27   Gaskell, *Who Killed the Great Auk?*, 87에서 인용.

28   Fuller, *The Great Auk*, 64.

29   같은 책, 65-66에서 인용.

30   Tim Birkhead, "How Collectors Killed the Great Auk," *New Scientist* 142 (1994): 26.

31   Gaskell, *Who Killed the Great Auk?*, 109에서 인용.

32   같은 책, 37에서 인용. 개스켈도 오듀본의 설명이 모순적이라고 지적했다.

33   Fuller, *The Great Auk*, 228-29.

34   Alfred Newton, "Abstract of Mr. J. Wolley's Researches in Iceland Respecting the Gare-Fowl or Great Auk," *Ibis* 3 (1861): 394.

35   Alexander F. R. Wollaston, *Life of Alfred Newton*₩ (New York: E. P. Dutton, 1921), 52.

36   같은 책, 112에서 인용.

37   같은 책, 121에서 인용.

38   전부는 아니지만, 많은 다윈의 서한이 다윈 서신 프로젝트(Darwin Correspondence Project)를 통해 온라인에 공개되어 있는데, 이 프로젝트 소속 연구원 엘리자베스 스미스가 친절하게도 데이터베이스 전체를 검색해주었다.

39   Thalia K. Grant and Gregory B. Estes, *Darwin in Galápagos: Footsteps to a New World* (Princeton, N.J.: Princeton University Press, 2009), 123.

40   같은 책, 122.

41   David Quammen, *The Reluctant Mr. Darwin: An Intimate Portrait of Charles Darwin and the Making of His Theory of Evolution* (New York: Atlas Books/Norton, 2006), 209. (데이비드 쿼먼, 《신중한 다윈씨》)

CHAPTER 4 암모나이트의 운명

1   Walter Alvarez, "Earth History in the Broadest Possible Context," Ninety-Seventh Annual Faculty Research Lecture, University of California, Berkeley, International House, delivered Apr. 29, 2010.

2   Walter Alvarez, *T. rex and the Crater of Doom* (Princeton, N.J.: Princeton University Press, 1997), 139.

3   같은 책, 69.

4   Richard Muller, *Nemesis* (New York: Weidenfeld and Nicolson, 1988), 51.

5   Charles Officer and Jake Page, "The K-T Extinction," in *Language of the Earth: A Literary Anthology*, 2nd ed., edited by Frank H. T. Rhodes, Richard O. Stone, and Bruce D. Malamud (Chichester, England: Wiley, 2009), 183에서 인용.

6   Malcolm W. Browne, "Dinosaur Experts Resist Meteor Extinction Idea," *New York Times*, Oct. 29, 1985에서 인용

7   *New York Times* Editorial Board, "Miscasting the Dinosaur's Horoscope," *New York Times*, Apr. 2, 1985.

8   Lyell, *Principles of Geology*, vol. 3 (Chicago: University of Chicago Press, 1991), 328.

9   David M. Raup, *The Nemesis Affair: A Story of the Death of Dinosaurs and the Ways of Science* (New York: Norton, 1986), 58.

10   Darwin, *On the Origin of Species*, 310-11.

11   같은 책, 73.

12   George Gaylord Simpson, *Why and How: Some Problems and Methods in Historical Biology* (Oxford: Pergamon Press, 1980), 35.

13   Browne, "Dinosaur Experts Resist Meteor Extinction Idea"에서 인용.

14   B. F. Bohor et al., "Mineralogic Evidence for an Impact Event at the Cretaceous-Tertiary Boundary," *Science* 224 (1984): 867-69.

15   Neil Landman et al., "Mode of Life and Habitat of Scaphitid Ammonites," *Geobios* 54 (2012): 87-98.

16   Steve D'Hondt, 비공식 인터뷰(2012년 1월 5일).

17   Nicholas R. Longrich, T. Tokaryk, and D. J. Field, "Mass Extinction of Birds at the Cretaceous-Paleogene (K-Pg) Boundary," *Proceedings of the National Academy of Sciences* 108 (2011): 15253-257.

18   Nicholas R. Longrich, Bhart-Anjan S. Bhullar, and Jacques A. Gauthier, "Mass Extinction of Lizards and Snakes at the Cretaceous-Paleogene Boundary," *Proceedings of the National Academy of Sciences* 109 (2012): 21396- 401.

19   Kenneth Rose, *The Beginning of the Age of Mammals* (Baltimore: Johns Hopkins University Press, 2006), 2.

20   Paul D. Taylor, *Extinctions in the History of Life* (Cambridge: Cambridge University Press, 2004), 2.

CHAPTER 5 인류세에 오신 것을 환영합니다

1   Jerome S. Bruner and Leo Postman, "On the Perception of Incongruity: A Paradigm," *Journal of Personality* 18 (1949): 206-23. 내가 이 실험을 주목하게 된 것은 제임스 글릭(James Gleick) 덕분이다. 그의 책 *Chaos: Making a New Science* (New York: Viking, 1987), 35를 참조하라. (제임스 글릭, 《카오스》)

2   Thomas S. Kuhn, *The Structure of Scientific Revolutions*, 2nd ed. (Chicago: University of Chicago Press, 1970), 64. (토마스 쿤, 《과학혁명의 구조》)

3   Patrick John Boylan, "William Buckland, 1784-1859: Scientific Institutions, Vertebrate Paleontology and Quaternary Geology" (Ph.D. dissertation, University of Leicester, England, 1984), 468에서 인용.

4 William Glen, *Mass Extinction Debates: How Science Works in a Crisis* (Stanford, Calif.: Stanford University Press, 1994), 2.

5 Hallam and Wignall, *Mass Exinctions and Their Aftermath*, 4.

6 Richard A. Fortey, *Life: A Natural History of the First Four Billion Years of Life on Earth* (New York: Vintage, 1999), 135. (리처드 포티, 《생명》)

7 David M. Raup and J. John Sepkoski Jr., "Periodicity of Extinctions in the Geologic Past," *Proceedings of the National Academy of Sciences* 81 (1984): 801-5.

8 Raup, *The Nemesis Affair*, 19.

9 *New York Times* Editorial Board, "Nemesis of Nemesis," *New York Times*, July 7, 1985.

10 Luis W. Alvarez, "Experimental Evidence That an Asteroid Impact Led to the Extinction of Many Species 65 Million Years Ago," *Proceedings of the National Academy of Sciences* 80 (1983): 633.

11 Timothy M. Lenton et al., "First Plants Cooled the Ordovician," *Nature Geoscience* 5 (2012): 86- 89.

12 Timothy Kearsey et al., "Isotope Excursions and Palaeotemperature Estimates from the Permian/Triassic Boundary in the Southern Alps (Italy)," *Palaeogeography, Palaeoclimatology, Palaeoecology* 279 (2009): 29-40.

13 Shu-zhong Shen et al., "Calibrating the EndPermian Mass Extinction," *Science* 334 (2011): 1367-72.

14 Lee R. Kump, Alexander Pavlov, and Michael A. Arthur, "Massive Release of Hydrogen Sulfide to the Surface Ocean and Atmosphere during Intervals of Oceanic Anoxia," *Geology* 33 (2005): 397-400.

15 Carl Zimmer, introduction to paperback edition of *T. Rex and the Crater of Doom* (Princeton, N.J.: Princeton University Press, 2008), xv.

16 Jan Zalasiewicz, *The Earth After Us: What Legacy Will Humans Leave in the Rocks?* (Oxford: Oxford University Press, 2008), 89.

17 같은 책, 240.

18 William Stolzenburg, *Rat Island: Predators in Paradise and the World's Greatest Wildlife Rescue* (New York: Bloomsbury, 2011), 21에서 인용.

19 Terry L. Hunt, "Rethinking Easter Island's Ecological Catastrophe," *Journal of Archaeological Science* 34 (2007): 485-502.

20   Zalasiewicz, *The Earth After Us*, 9.

21   Paul J. Crutzen, "Geology of Mankind," *Nature* 415 (2002): 23.

22   Jan Zalasiewicz et al., "Are We Now Living in the Anthropocene?" *GSA Today* 18 (2008): 6.

CHAPTER 6 우리를 둘러싼 바다

1   Jason M. Hall-Spencer et al., "Volcanic Carbon Dioxide Vents Show Ecosystem Effects of Ocean Acidification," *Nature* 454 (2008): 96-99. 논문의 보충 자료에 실린 표에서 세부 사항을 볼 수 있다.

2   Ulf Reibesell, 비공식 인터뷰(2012년 8월 6일)

3   Wolfgang Kiessling and Carl Simpson, "On the Potential for Ocean Acidification to Be a General Cause of Ancient Reef Crises," *Global Change Biology* 17 (2011): 56-67.

4   Andrew H. Knoll, "Biomineralization and Evolutionary History," *Reviews in Mineralogy and Geochemistry* 54 (2003): 329-56.

5   Hall-Spencer et al., "Volcanic Carbon Dioxide Vents Show Ecosystem Effects of Ocean Acidification," *Nature* 454 (2008): 96-99.

6   미국 해양대기청 PMEL탄소프로그램 담당자인 크리스 서빈(Chris Sabine)의 도움으로 이산화탄소의 대기 배출 및 해양 흡수에 관한 최신 수치를 얻을 수 있었다.

7   Rachel Carson, *Silent Spring*, 40th anniversary ed. (Boston: Houghton Mifflin, 2002), 6. (레이첼 카슨, 《침묵의 봄》)

8   Jennifer Chu, "Timeline of a Mass Extinction," MIT News Office, published online Nov. 18, 2011.

9   Lee Kump, Timothy Bralower, and Andy Ridgwell, "Ocean Acidification in Deep Time," *Oceanography* 22 (2009): 105.

CHAPTER 7 중독된 바다

1   James Bowen and Margarita Bowen, *The Great Barrier Reef: History, Science, Heritage* (Cambridge: Cambridge University Press, 2002), 11에서 인용.

2 같은 책, 2에서 인용.

3 Dobbs, *Reef Madness*, 147-48. 《지질학 원리》에는 이것이 오토 폰 코체부(Otto von Kotzebue)와 동행했던 박물학자 아델베르트 폰 샤미소(Adelbert von Chamisso)의 아이디어라고 쓰여 있는데, 이것은 라이엘이 착각한 것이다.

4 같은 책, 256.

5 Charles Sheppard, Simon K. Davy, and Graham M. Pilling, *The Biology of Coral Reefs* (Oxford: Oxford University Press, 2009), 278.

6 Ove Hoegh-Guldberg et al., "Coral Reefs under Rapid Climate Change and Ocean Acidification," *Science* 318 (2007): 1737-42.

7 Ken Caldeira and Michael E. Wickett, "Anthropogenic Carbon and Ocean pH," *Nature* 425 (2003): 365.

8 Katherina E. Fabricius et al., "Losers and Winners in Coral Reefs Acclimatized to Elevated Carbon Dioxide Concentrations," *Nature Climate Change* 1 (2011): 165-69.

9 J. E. N. Veron, "Is the End in Sight for the World's Coral Reefs?" *e360*, published online Dec. 6, 2010.

10 Glenn De'ath et al., "The 27-Year Decline of Coral Cover on the Great Barrier Reef and Its Causes," *Proceedings of the National Academy of Sciences* 109 (2012): 17995-99.

11 Jacob Silverman et al., "Coral Reefs May Start Dissolving when Atmospheric CO2 Doubles," *Geophysical Research Letters* 35 (2009).

12 Laetitia Plaisance et al., "The Diversity of Coral Reefs: What Are We Missing?" *PLOS ONE* 6 (2011).

13 Kent E. Carpenter et al., "OneThird of Reef-Building Corals Face Elevated Extinction Risk from Climate Change and Local Impacts," *Science* 321 (2008): 560-63.

14 By June Chilvers, reprinted in Harold Heatwole, Terence Done, and Elizabeth Cameron, *Community Ecology of a Coral Cay: A Study of One-Tree Island, Great Barrier Reef, Australia* (The Hague: W. Junk, 1981), v.

CHAPTER 8 숲과 나무

1 Barry Lopez, *Arctic Dreams* (1986; reprint, New York: Vintage, 2001), 29. (베리 로페즈, 《북극을 꿈꾸다》)

2 Gordon P. DeWolf, *Native and Naturalized Trees of Massachusetts* (Amherst: Cooperative Extension Service, University of Massachusetts, 1978).

3 John Whitfield, *In the Beat of a Heart: Life, Energy, and the Unity of Nature* (Washington, D.C.: National Academies Press, 2006), 212.

4 Alexander von Humboldt and Aimé Bonpland, *Essay on the Geography of Plants*, edited by Stephen T. Jackson, translated by Sylvie Romanowski (Chicago: University of Chicago Press, 2008), 75.

5 Alexander von Humboldt, *Views of Nature, or, Contemplations on the Sublime Phenomena of Creation with Scientific Illustrations*, translated by Elsie C. Otté and Henry George Bohn (London: H. G. Bohn, 1850), 213-17.

6 위도에 따른 다양성의 기울기에 관한 여러 이론이 다음 논문에 요약되어 있다. Gary G. Mittelbach et al., "Evolution and the Latitudinal Diversity Gradient: Speciation, Extinction and Biogeography," *Ecology Letters* 10 (2007): 315-31.

7 Daniel H. Janzen, "Why Mountain Passes Are Higher in the Tropics," *American Naturalist* 101 (1967): 233- 49.

8 Alfred R. Wallace, *Tropical Nature and Other Essays* (London: Macmillan, 1878), 123.

9 Kenneth J. Feeley et al., "Upslope Migration of Andean Trees," *Journal of Biogeography* 38 (2011): 783-91.

10 Alfred R. Wallace, *The Wonderful Century: Its Successes and Its Failures* (New York: Dodd, Mead, 1898), 130.

11 Darwin, *On the Origin of Species*, 366-67.

12 Rocío Urrutia and Mathias Vuille, "Climate Change Projections for the Tropical Andes Using a Regional Climate Model: Temperature and Precipitation Simulations for the End of the 21st Century," *Journal of Geophysical Research* 114 (2009).

13 Alessandro Catenazzi et al., "Batrachochytrium dendrobatidis and the Collapse of Anuran Species Richness and Abundance in the Upper Manú National Park, Southeastern Peru," *Conservation Biology* 25 (2011): 382-91.

14   Anthony D. Barnosky, *Heatstroke: Nature in an Age of Global Warming* (Washington, D.C.: Island Press/Shearwater Books, 2009), 55-56.

15   Chris D. Thomas et al., "Extinction Risk from Climate Change," *Nature* 427 (2004): 145-48.

16   Chris Thomas, "First Estimates of Extinction Risk from Climate Change," in *Saving a Million Species: Extinction Risk from Climate Change*, edited by Lee Jay Hannah (Washington, D.C.: Island Press, 2012), 17-18.

17   Aradhna K. Tripati, Christopher D. Roberts, and Robert E. Eagle, "Coupling of CO_2 and Ice Sheet Stability over Major Climate Transitions of the Last 20 Million Years," *Science* 326 (2009): 1394-97.

CHAPTER 9 육지의 섬

1   Jeff Tollefson, "Splinters of the Amazon," *Nature* 496 (2013): 286.

2   같은 글.

3   Roger LeB. Hooke, José F. Martín-Duque, and Javier Pedraza, "Land Transformation by Humans: A Review," *GSA Today* 22 (2012): 4-10.

4   Erle C. Ellis and Navin Ramankutty, "Putting People in the Map: Anthropogenic Biomes of the World," *Frontiers in Ecology and the Environment* 6 (2008): 439-47.

5   Richard O. Bierregard et al., *Lessons from Amazonia: The Ecology and Conservation of a Fragmented Forest* (New Haven, Conn.: Yale University Press, 2001), 41.

6   Jared Diamond, "The Island Dilemma: Lessons of Modern Biogeographic Studies for the Design of Natural Reserves," *Biological Conservation* 7 (1975): 129-46.

7   Jared Diamond, " 'Normal' Extinctions of Isolated Populations," in *Extinctions*, edited by Matthew H. Nitecki (Chicago: University of Chicago Press, 1984), 200.

8   Susan G. W. Laurance et al., "Effects of Road Clearings on Movement Patterns of Understory Rainforest Birds in Central Amazonia," *Conservation Biology* 18 (2004) 1099-109.

9   E. O. Wilson, *The Diversity of Life* (1992; reprint, New York: Norton, 1993), 3-4.

10   Carl W. Rettenmeyer et al., "The Largest Animal Association Centered on One Species: The Army Ant Eciton burchellii and Its More Than 300 Associates," *Insectes Sociaux* 58 (2011): 281-92.

11   같은 글.

12   Terry L. Erwin, "Tropical Forests: Their Richness in Coleoptera and Other Arthropod Species," *Coleopterists Bulletin* 36 (1982): 74-75.

13   Andrew J. Hamilton et al., "Quantifying Uncertainty in Estimation of Tropical Arthropod Species Richness," *American Naturalist* 176 (2010): 90-95.

14   E. O. Wilson, "Threats to Biodiversity," *Scientific American*, September 1989, 108-16.

15   ohn H. Lawton and Robert M. May, *Extinction Rates* (Oxford: Oxford University Press, 1995), v.

16   "Spineless: Status and Trends of the World's Invertebrates," published online July 31, 2012, 17.

17   Thomas E. Lovejoy, "Biodiversity: What Is It?" in *Biodiversity II: Understanding and Protecting Our Biological Resources*, edited by Marjorie L. Kudla, Don E. Wilson, and E. O. Wilson (Washington, D.C.: Joseph Henry Press, 1997), 12.

CHAPTER 10 신 판게아

1   Charles Darwin, letter to J. D. Hooker, Apr. 19, 1855, Darwin Correspondence Project, Cambridge University.

2   Charles Darwin, letter to *Gardeners' Chronicle*, May 21, 1855, Darwin Correspondence Project, Cambridge University.

3   Darwin, *On the Origin of Species*, 385.

4   같은 책, 394.

5   Alfred Wegener, *The Origin of Continents and Oceans*, translated by John Biram (New York: Dover, 1966), 17.

6   Mark A. Davis, *Invasion Biology* (Oxford: Oxford University Press, 2009), 22.

7   Anthony Ricciardi, "Are Modern Biological Invasions an Unprecedented Form of Global Change?" *Conservation Biology* 21 (2007): 329-36.

8   Randall Jarrell and Maurice Sendak, *The Bat-Poet* (1964; reprint, New York: HarperCollins, 1996), 1.

9   Paul M. Cryan et al., "Wing Pathology of WhiteNose Syndrome in Bats Suggests Life-Threatening Disruption of Physiology," *BMC Biology* 8 (2010).

10   This account of the Japanese beetle's spread comes from Charles S. Elton, *The Ecology of Invasions by Animals and Plants* (1958; reprint, Chicago: University of Chicago Press, 2000), 51-53.

11   Jason van Driesche and Roy van Driesche, *Nature out of Place: Biological Invasions in the Global Age* (Washington, D.C.: Island Press, 2000), 91.

12   Information on Hawaii's land snails comes from Christen Mitchell et al., *Hawaii's Comprehensive Wildlife Conservation Strategy* (Honolulu: Department of Land and Natural Resources, 2005).

13   David Quammen, *The Song of the Dodo: Island Biogeography in an Age of Extinctions* (1996; reprint, New York: Scribner, 2004), 333. (데이비드 쿼먼, 《도도의 노래》)

14   Van Driesche and Van Driesche, *Nature out of Place*, 123.

15   George H. Hepting, "Death of the American Chestnut," *Forest and Conservation History* 18 (1974): 60.

16   Paul Somers, "The Invasive Plant Problem," http://www.mass.gov/eea/docs/dfg/nhesp/land-protection-and-management/invasive-plant-problem.pdf.

17   John C. Maerz, Victoria A. Nuzzo, and Bernd Blossey, "Declines in Woodland Salamander Abundance Associated with Non-Native Earthworm and Plant Invasions," *Conservation Biology* 23 (2009): 975-81.

18   "Operation Toad Day Out: Tip Sheet," Townsville City Council, <http://www.townsville.qld.gov.au/resident/pests/Documents/TDO%202012_Tip%20Sheet.pdf>.

19   Steven L. Chown et al., "Continent-wide Risk Assessment for the Establishment of Nonindigenous Species in Antarctica," *Proceedings of the National Academy of Sciences* 109 (2012): 4938-43.

20   Alan Burdick, *Out of Eden: An Odyssey of Ecological Invasion* (New York: Farrar, Straus and Giroux, 2005), 29.

21   Jennifer A. Leonard et al., "Ancient DNA Evidence for Old World Origin of New World Dogs," *Science* 298 (2002): 1613-16.

22   Kim Todd, *Tinkering with Eden: A Natural History of Exotics in America* (New York: Norton, 2001), 137-38에서 인용.

23   Peter T. Jenkins, "Pet Trade," in *Encyclopedia of Biological Invasions*, edited by Daniel Simberloff and Marcel Rejmánek (Berkeley: University of California Press, 2011), 539-43.

24   Gregory M. Ruiz et al., "Invasion of Coastal Marine Communities of North America: Apparent Patterns, Processes, and Biases," *Annual Review of Ecology and Systematics* 31 (2000): 481-531.

25   Van Driesche and Van Driesche, *Nature out of Place*, 46.

26   Elton, *The Ecology of Invasions by Animals and Plants*, 50-51.

27   James H. Brown, *Macroecology* (Chicago: University of Chicago Press, 1995), 220.

CHAPTER 11 코뿔소에게 초음파 검사를

1   Ludovic Orlando et al., "Ancient DNA Analysis Reveals Woolly Rhino Evolutionary Relationships," *Molecular Phylogenetics and Evolution* 28 (2003): 485-99.

2   E. O. Wilson, *The Future of Life* (2002; reprint, New York: Vintage, 2003), 80. (에드워드 윌슨, 《생명의 미래》)

3   Adam Welz, "The Dirty War Against Africa's Remaining Rhinos," *e360*, published online Nov. 27, 2012.

4   Fiona Maisels et al., "Devastating Decline of Forest Elephants in Central Africa," *PLOS ONE* 8 (2013).

5   Thomas Lovejoy, "A Tsunami of Extinction," *Scientific American*, Dec. 2012, 33-34.

6   Tim F. Flannery, *The Future Eaters: An Ecological History of the Australasian Lands and People* (New York: G. Braziller, 1995), 55.

7   Valérie A. Olson and Samuel T. Turvey, "The Evolution of Sexual Dimorphism in New Zealand Giant Moa (Dinornis) and Other Ratites," *Proceedings of the Royal Society B* 280 (2013).

8   Alfred Russel Wallace, *The Geographical Distribution of Animals with a Study*

of the Relations of Living and Extinct Faunas as Elucidating the Past Changes of the Earth's Surface, vol. 1 (New York: Harper and Brothers, 1876), 150.

9   Robert Morgan, "Big Bone Lick," posted online at: http://www.big-bone-lick.com/2011/10/.

10 Charles Lyell, *Travels in North America, Canada, and Nova Scotia with Geological Observations*, 2nd ed. (London: J. Murray, 1855), 67.

11 Charles Lyell, *Geological Evidences of the Antiquity of Man, with Remarks on Theories of the Origin of Species by Variation*, 4th ed., revised (London: J. Murray, 1873), 189.

12 Donald K. Grayson, "Nineteenth Century Explanations," in *Quaternary Extinctions: A Prehistoric Revolution*, edited by Paul S. Martin and Richard G. Klein (Tucson: University of Arizona Press, 1984), 32에서 인용.

13 Wallace, *The Geographical Distribution of Animals*, 150-51.

14 Alfred R. Wallace, *The World of Life: A Manifestation of Creative Power, Directive Mind and Ultimate Purpose* (New York: Moffat, Yard, 1911), 264.

15 Paul S. Martin, "Prehistoric Overkill," in *Pleistocene Extinctions: The Search for a Cause*, edited by Paul S. Martin and H. E. Wright (New Haven, Conn.: Yale University Press, 1967), 115.

16 Jared Diamond, *Guns, Germs, and Steel: The Fates of Human Societies* (New York: Norton, 1997), 43. (재레드 다이아몬드, 《총, 균, 쇠》)

17 Susan Rule et al., "The Aftermath of Megafaunal Extinction: Ecosystem Transformation in Pleistocene Australia," *Science* 335 (2012): 1483- 86.

18 John Alroy, "A Multispecies Overkill Simulation of the End-Pleistocene Megafaunal Mass Extinction," *Science* 292 (2001): 1893-96.

19 John Alroy, "Putting North America's End-Pleistocene Megafaunal Extinction in Context," in *Extinctions in Near Time: Causes, Contexts, and Consequences*W, edited by Ross D. E. MacPhee (New York: Kluwer Academic/Plenum, 1999), 138.

CHAPTER 12 광기의 유전자

1   Charles Darwin, *The Descent of Man* (1871; reprint, New York: Penguin, 2004), 75. (찰스 다윈, 《인간의 유래와 성선택》)

2   James Shreeve, *The Neanderthal Enigma: Solving the Mystery of Human Origins* (New York: William Morrow, 1995), 38.

3   Marcellin Boule, *Fossil Men; Elements of Human Palaeontology*, translated by Jessie Elliot Ritchie and James Ritchie (Edinburgh: Oliver and Boyd, 1923), 224.

4   William L. Straus Jr. and A. J. E. Cave, "Pathology and the Posture of Neanderthal Man," *Quarterly Review of Biology* 32 (1957): 348-63.

5   Ray Solecki, *Shanidar, the First Flower People* (New York: Knopf, 1971), 250.

6   Richard E. Green et al., "A Draft Sequence of the Neandertal Genome," *Science* 328 (2010): 710-22.

7   E. Herrmann et al., "Humans Have Evolved Specialized Skills of Social Cognition: The Cultural Intelligence Hypothesis," *Science* 317 (2007): 1360-66.

8   David Reich et al., "Genetic History of an Archaic Hominin Group from Denisova Cave in Siberia," *Nature* 468 (2010): 1053-60.

CHAPTER 13 희망을 찾아서

1   Jonathan Schell, *The Fate of the Earth* (New York: Knopf, 1982), 21.

2   Carson, *Silent Spring*, 296.

3   Michael Benton, "Paleontology and the History of Life," in *Evolution: The First Four Billion Years*, edited by Michael Ruse and Joseph Travis (Cambridge, Mass.: Belknap Press of Harvard University Press, 2009), 84.

4   Richard E. Leakey and Roger Lewin, *The Sixth Extinction: Patterns of Life and the Future of Humankind* (1995; reprint, New York: Anchor, 1996), 249.

5   Annalee Newitz, *Scatter, Adapt, and Remember: How Humans Will Survive a Mass Extinction* (New York: Doubleday, 2013), 263.

참 고 문 헌

Alroy, John. "A Multispecies Overkill Simulation of the End-Pleistocene Megafaunal Mass Extinction." *Science* 292 (2001): 1893-96.

Alvarez, Luis W. "Experimental Evidence That an Asteroid Impact Led to the Extinction of Many Species 65 Million Years Ago." *Proceedings of the National Academy of Sciences* 80 (1983): 627-42.

Alvarez, Luis W., W. Alvarez, F. Asaro, and H. V. Michel. "Extraterrestrial Cause for the Cretaceous-Tertiary Extinction." *Science* 208 (1980): 1095-108.

Alvarez, Walter. *T. rex and the Crater of Doom*. Princeton, N.J.: Princeton University Press, 1997.

———. "Earth History in the Broadest Possible Context." Ninety-Seventh Annual Faculty Research Lecture. University of California, Berkeley, International House, delivered Apr. 29, 2010.

Appel, Toby A. *The Cuvier-Geoffroy Debate: French Biology in the Decades Before Darwin*. New York: Oxford University Press, 1987.

Barnosky, Anthony D. "Megafauna Biomass Tradeoff as a Driver of Quaternary and Future

Extinctions." *Proceedings of the National Academy of Sciences* 105 (2008): 11543-48.

————. *Heatstroke: Nature in an Age of Global Warming*. Washington, D.C.: Island Press/Shearwater Books, 2009.

Benton, Michael J. *When Life Nearly Died: The Greatest Mass Extinction of All Time*. New York: Thames and Hudson, 2003. (마이클 벤턴, 《대멸종》)

Bierregaard, Richard O., et al. *Lessons from Amazonia: The Ecology and Conservation of a Fragmented Forest*. New Haven, Conn.: Yale University Press, 2001.

Birkhead, Tim. "How Collectors Killed the Great Auk." *New Scientist* 142 (1994): 24-27.

Blundell, Derek J., and Andrew C. Scott, eds. *Lyell: The Past Is the Key to the Present*. London: Geological Society, 1998.

Bohor, B. F., et al. "Mineralogic Evidence for an Impact Event at the Cretaceous–Tertiary Boundary." *Science* 224 (1984): 867-69.

Boule, Marcellin. *Fossil Men: Elements of Human Palaeontology*. Translated by Jessie J. Elliot Ritchie and James Ritchie. Edinburgh: Oliver and Boyd, 1923.

Bowen, James, and Margarita Bowen. *The Great Barrier Reef: History, Science, Heritage*. Cambridge: Cambridge University Press, 2002.

Brown, James H. *Macroecology*. Chicago: University of Chicago Press, 1995.

Browne, Janet. *Charles Darwin: Voyaging*. New York: Knopf, 1995. (재닛 브라운, 《찰스 다윈 평전 1》)

————. *Charles Darwin: The Power of Place*. New York: Knopf, 2002. (재닛 브라운, 《찰스 다윈 평전 2》)

Browne, Malcolm W. "Dinosaur Experts Resist Meteor Extinction Idea." *New York Times*, Oct. 29, 1985.

Buckland, William. *Geology and Mineralogy Considered with Reference to Natural Theology*. London: W. Pickering, 1836.

Burdick, Alan. *Out of Eden: An Odyssey of Ecological Invasion*. New York: Farrar, Straus and Giroux, 2005.

Burkhardt, Richard Wellington. *The Spirit of System: Lamarck and Evolutionary Biology*. Cambridge, Mass.: Harvard University Press, 1977.

Butlin, Roger, Jon Bridle, and Dolph Schluter, eds. *Speciation and Patterns of Diversity*. Cambridge: Cambridge University Press, 2009.

Caldeira, Ken, and Michael E. Wickett. "Anthropogenic Carbon and Ocean pH." *Nature* 425

(2003): 365.

Carpenter, Kent E., et al. "One-Third of Reef-Building Corals Face Elevated Extinction Risk from Climate Change and Local Impacts." *Science* 321 (2008): 560-63.

Carson, Rachel. *Silent Spring*. 40th anniversary ed. Boston: Houghton Mifflin, 2002. (레이첼 카슨, 《침묵의 봄》)

———. *The Sea Around Us*. Reprint, New York: Signet, 1961. (레이첼 카슨, 《우리를 둘러싼 바다》)

Catenazzi, Alessandro, et al. "*Batrachochytrium dendrobatidis* and the Collapse of Anuran Species Richness and Abundance in the Upper Manú National Park, Southeastern Peru." *Conservation Biology* 25 (2011) 382-91.

Chown, Steven L., et al. "Continent-wide Risk Assessment for the Establishment of Nonindigenous Species in Antarctica." *Proceedings of the National Academy of Sciences* 109 (2012): 4938-43.

Chu, Jennifer. "Timeline of a Mass Extinction." MIT News Office, published online Nov. 18, 2011.

Cohen, Claudine. *The Fate of the Mammoth: Fossils, Myth, and History*. Chicago: University of Chicago Press, 2002.

Coleman, William. *Georges Cuvier, Zoologist: A Study in the History of Evolution Theory*. Cambridge, Mass.: Harvard University Press, 1964.

Collen, Ben, Monika Böhm, Rachael Kemp, and Jonathan E. M. Baillie, eds. *Spineless: Status and Trends of the World's Invertebrates*. London: Zoological Society, 2012.

Collinge, Sharon K. *Ecology of Fragmented Landscapes*. Baltimore: Johns Hopkins University Press, 2009.

Collins, James P., and Martha L. Crump. *Extinctions in Our Times: Global Amphibian Decline*. Oxford: Oxford University Press, 2009.

Crump, Martha L. *In Search of the Golden Frog*. Chicago: University of Chicago Press, 2000.

Crutzen, Paul J. "Geology of Mankind." *Nature* 415 (2002): 23.

Cryan, Paul M., et al. "Wing Pathology of White-Nose Syndrome in Bats Suggests Life-Threatening Disruption of Physiology." *BMC Biology* 8 (2010).

Cuvier, Georges, and Martin J. S. Rudwick. *Georges Cuvier, Fossil Bones, and Geological Catastrophes: New Translations and Interpretations of the Primary Texts*. Chicago: University of Chicago Press, 1997.

Darwin, Charles. *The Structure and Distribution of Coral Reefs*. 3rd ed. New York: D.
    Appleton, 1897.

———. *On the Origin of Species: A Facsimile of the First Edition*. Cambridge, Mass.:
    Harvard University Press, 1964. (찰스 다윈, 《종의 기원》)

———. *The Autobiography of Charles Darwin, 1809-1882: With Original Omissions
    Restored*. New York: Norton, 1969. (찰스 다윈, 《나의 삶은 서서히 진화해왔다》)

———. *The Works of Charles Darwin*. Vol. 1, *Diary of the Voyage of H.M.S. Beagle*. Edited
    by Paul H. Barrett and R. B. Freeman. New York: New York University Press, 1987.

———. *The Works of Charles Darwin*. Vol. 2, *Journal of Researches*. Edited by Paul H.
    Barrett and R. B. Freeman. New York: New York University Press, 1987.

———. *The Works of Charles Darwin*. Vol. 3, *Journal of Researches*, Part 2. Edited by
    Paul H. Barrett and R. B. Freeman. New York: New York University Press, 1987.

———. *The Descent of Man*. 1871. Reprint, New York: Penguin, 2004. (찰스 다윈, 《인간의
    유래와 성선택》)

Davis, Mark A. *Invasion Biology*. Oxford: Oxford University Press, 2009.

De'ath, Glenn, et al. "The 27-Year Decline of Coral Cover on the Great Barrier Reef and Its
    Causes." *Proceedings of the National Academy of Sciences* 109 (2012): 17995-99.

DeWolf, Gordon P. *Native and Naturalized Trees of Massachusetts*. Amherst: Cooperative
    Extension Service, University of Massachusetts, 1978.

Diamond, Jared. "The Island Dilemma: Lessons of Modern Biogeographic Studies for the
    Design of Natural Reserves." *Biological Conservation* 7 (1975): 129-46.

Diamond, Jared. *Guns, Germs, and Steel: The Fates of Human Societies*. New York:
    Norton, 2005. (재레드 다이아몬드, 《총, 균, 쇠》)

Dobbs, David. *Reef Madness: Charles Darwin, Alexander Agassiz, and the Meaning of
    Coral*. New York: Pantheon, 2005.

Ellis, Erle C., and Navin Ramankutty. "Putting People in the Map: Anthropogenic Biomes
    of the World." *Frontiers in Ecology and the Environment* 6 (2008): 439-47.

Elton, Charles S. *The Ecology of Invasions by Animals and Plants*. 1958. Reprint, Chicago:
    University of Chicago Press, 2000.

Erwin, Douglas H. *Extinction: How Life on Earth Nearly Ended 250 Million Years Ago*.
    Princeton, N.J.: Princeton University Press, 2006.

Erwin, Terry L. "Tropical Forests: Their Richness in Coleoptera and Other Arthropod
    Species." *Coleopterists Bulletin* 36 (1982): 74-75.

Fabricius, Katherina E., et al. "Losers and Winners in Coral Reefs Acclimatized to Elevated Carbon Dioxide Concentrations." *Nature Climate Change* 1 (2011): 165-69.

Feeley, Kenneth J., et al. "Upslope Migration of Andean Trees." *Journal of Biogeography* 38 (2011): 783-91.

Feeley, Kenneth J., and Miles R. Silman. "Biotic Attrition from Tropical Forests Correcting for Truncated Temperature Niches." *Global Change Biology* 16 (2010): 1830-36.

Flannery, Tim F. *The Future Eaters: An Ecological History of the Australasian Lands and People*. New York: G. Braziller, 1995.

Fortey, Richard A. *Life: A Natural History of the First Four Billion Years of Life on Earth*. New York: Vintage, 1999. (리처드 포티, 《생명》)

Fuller, Errol. *The Great Auk*. New York: Abrams, 1999.

Gaskell, Jeremy. *Who Killed the Great Auk?* Oxford: Oxford University Press, 2000.

Gattuso, Jean-Pierre, and Lina Hansson, eds. *Ocean Acidification*. Oxford: Oxford University Press, 2011.

Gleick, James. *Chaos: Making a New Science*. New York: Viking, 1987. (제임스 글릭, 《카오스》)

Glen, William, ed. *The Mass-Extinction Debates: How Science Works in a Crisis*. Stanford, Calif.: Stanford University Press, 1994.

Goodell, Jeff. *How to Cool the Planet: Geoengineering and the Audacious Quest to Fix Earth's Climate*. Boston: Houghton Mifflin Harcourt, 2010.

Gould, Stephen Jay. *The Panda's Thumb: More Reflections in Natural History*. New York: Norton, 1980. (스티븐 제이 굴드, 《판다의 엄지》)

Grant, K. Thalia, and Gregory B. Estes. *Darwin in Galápagos: Footsteps to a New World*. Princeton, N.J.: Princeton University Press, 2009.

Grayson, Donald K., and David J. Meltzer. "A Requiem for North American Overkill." *Journal of Archaeological Science* 30 (2003): 585-93.

Green, Richard E., et al. "A Draft Sequence of the Neandertal Genome." *Science* 328 (2010): 710-22.

Hallam, A. *Great Geological Controversies*. Oxford: Oxford University Press, 1983.

Hallam, A., and P. B. Wignall. *Mass Extinctions and Their Aftermath*. Oxford: Oxford University Press, 1997.

Hall-Spencer, Jason M., et al. "Volcanic Carbon Dioxide Vents Show Ecosystem Effects of Ocean Acidification." *Nature* 454 (2008): 96-99.

Hamilton, Andrew J., et al. "Quantifying Uncertainty in Estimation of Tropical Arthropod Species Richness." *American Naturalist* 176 (2010): 90-95.

Hannah, Lee Jay, ed. *Saving a Million Species: Extinction Risk from Climate Change.* Washington, D.C.: Island Press, 2012.

Haynes, Gary, ed. *American Megafaunal Extinctions at the End of the Pleistocene.* Dordrecht: Springer, 2009.

Heatwole, Harold, Terence Done, and Elizabeth Cameron. *Community Ecology of a Coral Cay: A Study of One Tree Island, Great Barrier Reef, Australia.* The Hague: W. Junk, 1981.

Hedeen, Stanley. *Big Bone Lick: The Cradle of American Paleontology.* Lexington: University Press of Kentucky, 2008.

Hepting, George H. "Death of the American Chestnut." *Forest and Conservation History* 18 (1974): 60-67.

Herbert, Sandra. *Charles Darwin, Geologist.* Ithaca, N.Y.: Cornell University Press, 2005.

Herrmann, E., et al. "Humans Have Evolved Specialized Skills of Social Cognition: The Cultural Intelligence Hypothesis." *Science* 317 (2007): 1360-66.

Hoegh-Guldberg, Ove, et al. "Coral Reefs under Rapid Climate Change and Ocean Acidification." *Science* 318 (2007): 1737-42.

Hoffmann, Michael, et al. "The Impact of Conservation on the Status of the World's Vertebrates." *Science* 330 (2010): 1503-9.

Holdaway, Richard N., and Christopher Jacomb. "Rapid Extinction of the Moas (Aves: Dinornithiformes): Model, Test, and Implications." *Science* 287 (2000): 2250-54.

Hooke, Roger, José F. Martin-Duque, and Javier Pedraza. "Land Transformation by Humans: A Review." *GSA Today* 22 (2012): 4-10.

Huggett, Richard J. *Catastrophism: Systems of Earth History.* London: E. Arnold, 1990.

Humboldt, Alexander von. *Views of Nature, or, Contemplations on the Sublime Phenomena of Creation with Scientific Illustrations.* Translated by Elsie C. Otté and Henry George Bohn. London: H. G. Bohn, 1850.

Humboldt, Alexander von, and Aimé Bonpland. *Essay on the Geography of Plants.* Edited by Stephen T. Jackson. Translated by Sylvie Romanowski. Chicago: University of Chicago Press, 2008.

Hunt, Terry L. "Rethinking Easter Island's Ecological Catastrophe." *Journal of Archaeological Science* 34 (2007): 485-502.

Hutchings, P. A., Michael Kingsford, and Ove Hoegh-Guldberg, eds. *The Great Barrier Reef: Biology, Environment and Management*. Collingwood, Australia: CSIRO, 2008.

Janzen, Daniel H. "Why Mountain Passes Are Higher in the Tropics." *American Naturalist* 101 (1967): 233-49.

Jarrell, Randall, and Maurice Sendak. *The Bat-Poet*. 1964. Reprint, New York: HarperCollins, 1996.

Johnson, Chris. *Australia's Mammal Extinctions: A 50,000 Year History*. Cambridge: Cambridge University Press, 2006.

Kiessling, Wolfgang, and Carl Simpson. "On the Potential for Ocean Acidification to Be a General Cause of Ancient Reef Crises." *Global Change Biology* 17 (2011): 56-67.

Knoll, A. H. "Biomineralization and Evolutionary History." *Reviews in Mineralogy and Geochemistry* 54 (2003): 329-56.

Kudla, Marjorie L., Don E. Wilson, and E. O. Wilson, eds. *Biodiversity II: Understanding and Protecting Our Biological Resources*. Washington, D.C.: Joseph Henry Press, 1997.

Kuhn, Thomas S. *The Structure of Scientific Revolutions*. 2nd ed. Chicago: University of Chicago Press, 1970. (토마스 쿤, 《과학혁명의 구조》)

Kump, Lee, Timothy Bralower, and Andy Ridgwell. "Ocean Acidification in Deep Time." *Oceanography* 22 (2009): 94-107.

Kump, Lee R., Alexander Pavlov, and Michael A. Arthur. "Massive Release of Hydrogen Sulfide to the Surface Ocean and Atmosphere during Intervals of Oceanic Anoxia." *Geology* 33 (2005): 397.

Landman, Neil, et al. "Mode of Life and Habitat of Scaphitid Ammonites." *Geobios* 54 (2012): 87-98.

Laurance, Susan G. W., et al. "Effects of Road Clearings on Movement Patterns of Understory Rainforest Birds in Central Amazonia." *Conservation Biology* 18 (2004): 1099-109.

Lawton, John H., and Robert M. May. *Extinction Rates*. Oxford: Oxford University Press, 1995.

Leakey, Richard E., and Roger Lewin. *The Sixth Extinction: Patterns of Life and the Future of Humankind*. 1995. Reprint, New York: Anchor, 1996.

Lee, R. *Memoirs of Baron Cuvier*. New York: J. and J. Harper, 1833.

Lenton, Timothy M., et al. "First Plants Cooled the Ordovician." *Nature Geoscience* 5

(2012): 86-9.

Levy, Sharon. *Once and Future Giants: What Ice Age Extinctions Tell Us about the Fate of Earth's Largest Animals*. Oxford: Oxford University Press, 2011.

Longrich, Nicholas R., Bhart-Anjan S. Bhullar, and Jacques A. Gauthier. "Mass Extinction of Lizards and Snakes at the Cretaceous-Paleogene Boundary." *Proceedings of the National Academy of Sciences* 109 (2012): 21396-401.

Longrich, Nicholas R., T. Tokaryk, and D. J. Field. "Mass Extinction of Birds at the Cretaceous-Paleogene (K-Pg) Boundary." *Proceedings of the National Academy of Sciences* 108 (2011): 15253-57.

Lopez, Barry. *Arctic Dreams*. 1986. Reprint, New York: Vintage, 2001. (베리 로페즈, 《북극을 꿈꾸다》)

Lovejoy, Thomas. "A Tsunami of Extinction." *Scientific American*, Dec. 2012, 33-34.

Lyell, Charles. *Travels in North America, Canada, and Nova Scotia with Geological Observations*. 2nd ed. London: J. Murray, 1855.

————. *Geological Evidences of the Antiquity of Man; with Remarks on Theories of the Origin of Species by Variation*. 4th ed, revised. London: Murray, 1873.

————. *Life, Letters and Journals of Sir Charles Lyell*, edited by Mrs. Lyell. London: J. Murray, 1881.

————. *Principles of Geology*. Vol. 1. Chicago: University of Chicago Press, 1990.

————. *Principles of Geology*. Vol. 2. Chicago: University of Chicago Press, 1990.

————. *Principles of Geology*. Vol. 3. Chicago: University of Chicago Press, 1991.

MacPhee, R. D. E., ed. *Extinctions in Near Time: Causes, Contexts, and Consequences*. New York: Kluwer Academic/Plenum, 1999.

Maerz, John C., Victoria A. Nuzzo, and Bernd Blossey. "Declines in Woodland Salamander Abundance Associated with Non-Native Earthworm and Plant Invasions." *Conservation Biology* 23 (2009): 975-81.

Maisels, Fiona, et al. "Devastating Decline of Forest Elephants in Central Africa." *PLOS ONE* 8 (2013).

Martin, Paul S., and Richard G. Klein, eds. *Quaternary Extinctions: A Prehistoric Revolution*. Tucson: University of Arizona Press, 1984.

Martin, Paul S., and H. E. Wright, eds. *Pleistocene Extinctions: The Search for a Cause*. New Haven, Conn.: Yale University Press, 1967.

Marvin, Ursula B. *Continental Drift: The Evolution of a Concept*. Washington, D.C.:

Smithsonian Institution Press (distributed by G. Braziller), 1973.

Mayr, Ernst. *The Growth of Biological Thought: Diversity, Evolution, and Inheritance.* Cambridge, Mass.: Belknap Press of Harvard University Press, 1982.

McCallum, Malcolm L. "Amphibian Decline or Extinction? Current Declines Dwarf Background Extinction Rates." *Journal of Herpetology* 41 (2007): 483-91.

Mendelson, Joseph R. "Shifted Baselines, Forensic Taxonomy, and Rabb's Fringelimbed Treefrog: The Changing Role of Biologists in an Era of Amphibian Declines and Extinctions." *Herpetological Review* 42 (2011): 21-25.

Mitchell, Alanna. *Seasick: Ocean Change and the Extinction of Life on Earth.* Chicago: University of Chicago Press, 2009.

Mitchell, Christen, et al. *Hawaii's Comprehensive Wildlife Conservation Strategy.* Honolulu: Department of Land and Natural Resources, 2005.

Mittelbach, Gary G., et al. "Evolution and the Latitudinal Diversity Gradient: Speciation, Extinction and Biogeography." *Ecology Letters* 10 (2007): 315-31.

Monks, Neale, and Philip Palmer. *Ammonites.* Washington, D.C.: Smithsonian Institution Press, 2002.

Moum, Truls, et al. "Mitochondrial DNA Sequence Evolution and Phylogeny of the Atlantic Alcidae, Including the Extinct Great Auk (*Pinguinus impennis*)." *Molecular Biology and Evolution* 19 (2002): 1434-39.

Muller, Richard. *Nemesis.* New York: Weidenfeld and Nicolson, 1988.

Musgrave, Ruth A. "Incredible Frog Hotel." *National Geographic Kids*, Sept. 2008, 16-19.

Newitz, Annalee. *Scatter, Adapt, and Remember: How Humans Will Survive a Mass Extinction.* New York: Doubleday, 2013.

Newman, M. E. J., and Richard G. Palmer. *Modeling Extinction.* Oxford: Oxford University Press, 2003.

Newton, Alfred. "Abstract of Mr. J. Wolley's Researches in Iceland Respecting the Gare-Fowl or Great Auk." *Ibis* 3 (1861): 374-99.

Nitecki, Matthew H., ed. *Extinctions.* Chicago: University of Chicago Press, 1984.

Novacek, Michael J. *Terra: Our 100-Million-Year-Old Ecosystem—and the Threats That Now Put It at Risk.* New York: Farrar, Straus and Giroux, 2007.

Olson, Valérie A., and Samuel T. Turvey. "The Evolution of Sexual Dimorphism in New Zealand Giant Moa (Dinornis) and Other Ratites." *Proceedings of the Royal Society B* 280 (2013).

Orlando, Ludovic, et al. "Ancient DNA Analysis Reveals Woolly Rhino Evolutionary
    Relationships." *Molecular Phylogenetics and Evolution* 28 (2003): 485-99.

Outram, Dorinda. *Georges Cuvier: Vocation, Science and Authority in Post-Revolutionary
    France.* Manchester, England: Manchester University Press, 1984.

Palmer, Trevor. *Perilous Planet Earth: Catastrophes and Catastrophism through the Ages.*
    Cambridge: Cambridge University Press, 2003.

Peale, Charles Willson. *The Selected Papers of Charles Willson Peale and His Family.*
    Edited by Lillian B. Miller, Sidney Hart, and Toby A. Appel. New Haven, Conn.:
    Yale University Press (published for the National Portrait Gallery, Smithsonian
    Institution), 1983-2000.

Phillips, John. *Life on the Earth.* Cambridge: Macmillan and Company, 1860.

Plaisance, Laetitia, et al. "The Diversity of Coral Reefs: What Are We Missing?" *PLOS ONE*
    6 (2011).

Powell, James Lawrence. *Night Comes to the Cretaceous: Dinosaur Extinction and the
    Transformation of Modern Geology.* New York: W. H. Freeman, 1998.

Quammen, David. *The Song of the Dodo: Island Biogeography in an Age of Extinctions.*
    1996. Reprint, New York: Scribner, 2004. (데이비드 쿼먼, 《도도의 노래》)

———. *The Reluctant Mr. Darwin: An Intimate Portrait of Charles Darwin and the Making
    of His Theory of Evolution.* New York: Atlas Books/Norton, 2006. (데이비드 쿼먼,
    《신중한 다윈씨》)

———. *Natural Acts: A Sidelong View of Science and Nature.* Revised ed., New York:
    Norton, 2008.

Rabinowitz, Alan. "Helping a Species Go Extinct: The Sumatran Rhino in Borneo."
    Conservation Biology 9 (1995): 482-88.

Randall, John E., Gerald R. Allen, and Roger C. Steene. *Fishes of the Great Barrier Reef and
    Coral Sea.* Honolulu: University of Hawaii Press, 1990.

Raup, David M. *The Nemesis Affair: A Story of the Death of Dinosaurs and the Ways of
    Science.* New York: Norton, 1986.

———. *Extinction: Bad Genes or Bad Luck?* New York: Norton, 1991.

Raup, David M., and J. John Sepkoski Jr. "Periodicity of Extinctions in the Geologic Past."
    Proceedings of the National Academy of Sciences 81 (1984): 801-5.

———. "Mass Extinctions in the Marine Fossil Record." *Science* 215 (1982): 1501-3.

Reich, David, et al. "Genetic History of an Archaic Hominin Group from Denisova Cave in

Siberia." *Nature* 468 (2010): 1053-60.

Rettenmeyer, Carl W. et al. "The Largest Animal Association Centered on One Species: The Army Ant Eciton burchellii and Its More Than 300 Associates." *Insectes Sociaux* 58 (2011): 281-92.

Rhodes, Frank H. T., Richard O. Stone, and Bruce D. Malamud. *Language of the Earth: A Literary Anthology*. 2nd ed. Chichester, England: Wiley, 2009.

Ricciardi, Anthony. "Are Modern Biological Invasions an Unprecedented Form of Global Change?" *Conservation Biology* 21 (2007): 329-36.

Rose, Kenneth D. *The Beginning of the Age of Mammals*. Baltimore: Johns Hopkins University Press, 2006.

Rosenzweig, Michael L. *Species Diversity in Space and Time*. Cambridge: Cambridge University Press, 1995.

Rudwick, M. J. S. *The Meaning of Fossils: Episodes in the History of Palaeontology*. 2nd revised ed. New York: Science History, 1976.

———. *Bursting the Limits of Time: The Reconstruction of Geohistory in the Age of Revolution*. Chicago: University of Chicago Press, 2005.

———. Lyell and Darwin, *Geologists: Studies in the Earth Sciences in the Age of Reform*. Aldershot, England: Ashgate, 2005.

———. *Worlds Before Adam: The Reconstruction of Geohistory in the Age of Reform*. Chicago: University of Chicago Press, 2008.

Ruiz, Gregory M., et al. "Invasion of Coastal Marine Communities in North America: Apparent Patterns, Processes, and Biases." *Annual Review of Ecology and Systematics* 31 (2000): 481-531.

Rule, Susan, et al. "The Aftermath of Megafaunal Extinction: Ecosystem Transformation in Pleistocene Australia." *Science* 335 (2012): 1483-86.

Ruse, Michael, and Joseph Travis, eds. *Evolution: The First Four Billion Years*. Cambridge, Mass.: Belknap Press of Harvard University Press, 2009.

Schell, Jonathan. *The Fate of the Earth*. New York: Knopf, 1982.

Sellers, Charles Coleman. *Mr. Peale's Museum: Charles Willson Peale and the First Popular Museum of Natural Science and Art*. New York: Norton, 1980.

Semonin, Paul. *American Monster: How the Nation's First Prehistoric Creature Became a Symbol of National Identity*. New York: New York University Press, 2000.

Severance, Frank H. *An Old Frontier of France: The Niagara Region and Adjacent Lakes under French Control.* New York: Dodd, 1917.

Shen, Shu-zhong, et al. "Calibrating the End-Permian Mass Extinction." *Science* 334 (2011): 1367-72.

Sheppard, Charles, Simon K. Davy, and Graham M. Pilling. *The Biology of Coral Reefs.* Oxford: Oxford University Press, 2009.

Shreeve, James. *The Neandertal Enigma: Solving the Mystery of Modern Human Origins.* New York: William Morrow, 1995.

Shrenk, Friedemann, and Stephanie Müller. *The Neanderthals.* London: Routledge, 2009.

Silverman, Jacob, et al. "Coral Reefs May Start Dissolving when Atmospheric CO_2 Doubles." *Geophysical Research Letters* 35 (2009).

Simberloff, Daniel, and Marcel Rejmánek, eds., *Encyclopedia of Biological Invasions.* Berkeley: University of California Press, 2011.

Simpson, George Gaylord. *Why and How: Some Problems and Methods in Historical Biology.* Oxford: Pergamon Press, 1980.

Soto-Azat, Claudio, et al. "The Population Decline and Extinction of Darwin's Frogs." *PLOS ONE* 8 (2013).

Stanley, Steven M. *Extinction.* New York: Scientific American Library, 1987.

Stolzenburg, William. *Rat Island: Predators in Paradise and the World's Greatest Wildlife Rescue.* New York: Bloomsbury, 2011.

Straus, William L., Jr., and A. J. E. Cave. "Pathology and the Posture of Neanderthal Man." *Quarterly Review of Biology* 32 (1957): 348-63.

Sulloway, Frank J. "Darwin and His Finches: The Evolution of a Legend." *Journal of the History of Biology* 15 (1982): 1-53.

Taylor, Paul D. *Extinctions in the History of Life.* Cambridge: Cambridge University Press, 2004.

Thomas, Chris D., et al. "Extinction Risk from Climate Change." *Nature* 427 (2004): 145-48.

Thomson, Keith Stewart. *The Legacy of the Mastodon: The Golden Age of Fossils in America.* New Haven, Conn.: Yale University Press, 2008.

Todd, Kim. *Tinkering with Eden: A Natural History of Exotics in America.* New York: Norton, 2001.

Tollefson, Jeff. "Splinters of the Amazon." *Nature* 496 (2013): 286-89.

Tripati, Aradhna K., Christopher D. Roberts, and Robert A. Eagle. "Coupling of CO_2 and

Ice Sheet Stability over Major Climate Transitions of the Last 20 Million Years." *Science* 326 (2009): 1394-97.

Turvey, Samuel. *Holocene Extinctions*. Oxford: Oxford University Press, 2009.

Urrutia, Rocío, and Mathias Vuille. "Climate Change Projections for the Tropical Andes Using a Regional Climate Model: Temperature and Precipitation Simulations for the End of the 21st Century." *Journal of Geophysical Research* 114 (2009).

Van Driesche, Jason, and Roy Van Driesche. *Nature out of Place: Biological Invasions in the Global Age*. Washington, D.C.: Island Press, 2000.

Veron, J. E. N. *A Reef in Time: The Great Barrier Reef from Beginning to End*. Cambridge, Mass.: Belknap Press of Harvard University Press, 2008.

———. "Is the End in Sight for the World's Coral Reefs?" *e360*, published online Dec. 6, 2010.

Wake, D. B., and V. T. Vredenburg. "Colloquium Paper: Are We in the Midst of the Sixth Mass Extinction? A View from the World of Amphibians." *Proceedings of the National Academy of Sciences* 105 (2008): 11466-73.

Wallace, Alfred Russel. *The Geographical Distribution of Animals with a Study of the Relations of Living and Extinct Faunas as Elucidating the Past Changes of the Earth's Surface*. Vol. 1. New York: Harper and Brothers, 1876.

———. *Tropical Nature and Other Essays*. London: Macmillan, 1878.

———. *The Wonderful Century: Its Successes and Its Failures*. New York: Dodd, Mead, 1898.

———. *The World of life: A Manifestation of Creative Power, Directive Mind and Ultimate Purpose*. New York: Moffat, Yard, 1911.

Wegener, Alfred. *The Origin of Continents and Oceans*. Translated by John Biram. New York: Dover, 1966.

Wells, Kentwood David. *The Ecology and Behavior of Amphibians*. Chicago: University of Chicago Press, 2007.

Welz, Adam. "The Dirty War against Africa's Remaining Rhinos." *e360*, published online Nov. 27, 2012.

Whitfield, John. *In the Beat of a Heart: Life, Energy, and the Unity of Nature*. Washington, D.C.: National Academies Press, 2006.

Whitmore, T. C., and Jeffrey Sayer, eds. *Tropical Deforestation and Species Extinction*. London: Chapman and Hall, 1992.

Wilson, Edward O. "Threats to Biodiversity." *Scientific American*, Sept. 1989, 108-16.

————. *The Diversity of Life*. 1992. Reprint, New York: Norton, 1993.

————. *The Future of Life*. 2002. Reprint, New York: Vintage, 2003. (에드워드 윌슨, 《생명의 미래》)

Wilson, Leonard G. *Charles Lyell, the Years to 1841: The Revolution in Geology*. New Haven, Conn.: Yale University Press, 1972.

Wollaston, Alexander F. R. *Life of Alfred Newton*. New York: E. P. Dutton, 1921.

Worthy, T. H., and Richard N. Holdaway. *The Lost World of the Moa: Prehistoric Life of New Zealand*. Bloomington: Indiana University Press, 2002.

Zalasiewicz, Jan. *The Earth After Us: What Legacy Will Humans Leave in the Rocks?* Oxford: Oxford University Press, 2008.

Zalasiewicz, Jan, et al. "Are We Now Living in the Anthropocene?" *GSA Today* 18 (2008): 4-8.

Zalasiewicz, Jan, et al. "Graptolites in British Stratigraphy." *Geological Magazine* 146 (2009): 785-850.

31쪽   © Vance Vredenburg

34쪽   © Michael & Patricia Fogden/Minden Pictures

43쪽   adapted from David M. Raup and J. John Sepkoski Jr./*Science* 215 (1982), 1502

64쪽   Paul D. Stewart/Science Source

71쪽   Reproduction by permission of the Rare Book Room, Buffalo and Erie County
Public Library, Buffalo, New York

74쪽   The Granger Collection, New York

75쪽   © The British Library Board, 39.i.15 pl.1

87쪽   Hulton Archive/Getty Images

104쪽   © Natural History Museum, London/Mary Evans Picture Library

107쪽   Matthew Kleiner

110쪽   Natural History Museum/Science Source

117쪽   Elizabeth Kolbert

120쪽   © ER Degginger/Science Source

125쪽   adapted from John Phillips's *Life on Earth*

130쪽   Detlev van Ravenswaay/Science Source

THE
SIXTH
EXTINCTION

엘리자베스 콜버트 Elizabeth Kolbert

언론인이자 작가. 2015년 퓰리처상 논픽션 부문 수상자.

예일 대학교 졸업 후 풀브라이트 장학 프로그램의 수혜자로 독일 함부르크 대학교에서 수학했다. 당시 《뉴욕타임스》의 독일 특파원으로 활동하면서 언론인으로서의 경력을 시작했다. 이후 신문 기자로 15년 가까이 정치, 사회 분야의 기사를 써왔다. 현장을 직접 뛰면서 현실을 냉정하게 직시하고 메시지를 날카롭게 전달하는 콜버트의 기본적인 스타일은 그렇게 만들어졌다. 1999년, 〈뉴요커〉로 자리를 옮긴 이후 초기에는 주로 정계 인사들과 관가의 이슈를 중심으로 글을 썼다. 훗날 콜버트는 인터뷰에서 "프랑스어에 능통해졌는데 중국으로 파견된 것 같았다"라고 말하며 새로운 환경에서 겪은 어려움을 고백하기도 했다. 이러한 시간을 거치면서 적절한 위트와 유머로 독자의 시선을 부드럽게 붙잡는 스타일이 더해졌다. 그 결과 이해관계가 복잡하게 얽혀 있어 다루기 어려운 사안을 쉽게 설명하고 독자를 설득해내는 콜버트 특유의 스토리텔링 기법이 완성될 수 있었다.

빌 맥키벤의 베스트셀러 《자연의 종말》을 접하면서 환경 문제에 관심을 갖게 된 콜버트는 2000년 겨울, 당시 정기적으로 환경 문제에 대한 글을 쓰는 이가 없던 〈뉴요커〉 지면을 통해 환경 문제를 정면으로 다루기 시작했다. 2001년, 빙하 코어를 활용한 기후 연구 취재차 그린란드에 1년간 머물면서 지구 온난화가 '토론할 필요가 없을' 정도로 지금 당장 눈앞에서 일어나고 있는 현실임을 깨닫고 대중에게 알려야 한다는 사명감을 갖게 되었다. 그 이후로는 모두가 애써 외면하는 전 지구적 문제에 대해 대중의 인식을 제고하고 인류의 책임을 강조하고자 열정적으로 활동하고 있다.

'내셔널 매거진 어워드 공익상'을 받은 〈뉴요커〉 연재를 기반으로 출간한 《지구 재앙 보고서》로 '하인즈 어워드'를 받았다. 전 지구적 위기를 해결하겠다는 인류의 노력이 또 다른 위기를 불러올 수 있음을 경고한 《화이트 스카이》는 《워싱턴포스트》, 〈타임〉 등 다수의 매체로부터 '올해의 책'으로 선정되었다.

옮긴이 **김보영**

고려대학교 산림자원학과 및 사회학과를 졸업하고 같은 대학교 대학원에서 석사 학위 취득 및 박사 과정을 수료했다. 번역에 관심이 많아 이후 성균관대학교 번역·TESOL 대학원에 진학해 공부하며 다양한 책을 번역했다. 대학원 졸업 후 현재는 출판 번역 에이전시 베네트랜스에서 번역가로 활동하며 다양한 도서의 검토와 번역을 진행하고 있다. 우리말로 옮긴 책으로는 엘리자베스 콜버트의 《화이트 스카이》, 《제3의 장소》, 《맥도날드 그리고 맥도날드화》, 《놀라움의 해부》, 《구름 속의 학교》, 《감시 자본주의 시대》 등이 있다.

감수한 이 **최재천**

평생 자연을 관찰해온 생태학자이자 동물행동학자. 서울대학교에서 동물학을 전공하고 미국 펜실베니아 주립 대학교에서 생태학 석사 학위를, 하버드 대학교에서 생물학 박사 학위를 받았다. 10여 년간 중남미 열대를 누비며 동물의 생태를 탐구한 뒤 한국으로 돌아와 자연과학과 인문학의 경계를 넘나들며 생명에 대한 지식과 사랑을 널리 나누고 실천해왔다.

서울대학교 생명과학부 교수, 환경운동연합 공동 대표, 한국생태학회장, 국립생태원 초대 원장 등을 지냈다. 2019년에는 세계 동물행동학자 500여 명을 이끌고 총괄 편집장으로서 《동물행동학 백과사전》을 편찬했다. 《생명이 있는 것은 다 아름답다》, 《최재천의 인간과 동물》, 《생태적 전환, 슬기로운 지구 생활을 위하여》 등 연구 분야를 포함해 《최재천의 공부》, 《통섭의 식탁》, 《최재천 교수와 함께 떠나는 생각의 탐험》 등 다양한 분야에서 명저를 출간했다. 2020년, 유튜브 채널 '최재천의 아마존'을 개설해 인간과 자연에 대해 다양한 이야기를 들려주고 있다. 현재 이화여자대학교 에코과학부 석좌교수, 생명다양성재단 이사장, 국회기후변화포럼 공동 대표로 있다.

여섯 번째 대멸종

2022년 11월 19일 초판 1쇄 | 2023년 3월 16일 4쇄 발행

지은이 엘리자베스 콜버트 **옮긴이** 김보영 **감수한 이** 최재천
펴낸이 박시형, 최세현

책임편집 김선도 **디자인** 박선향
마케팅 이주형, 양근모, 권금숙, 양봉호 **온라인홍보팀** 정문희, 신하은, 현나래
디지털콘텐츠 김명래, 최은정, 김혜정 **해외기획** 우정민, 배혜림
경영지원 홍성택, 김현우, 강신우 **제작** 이진영
펴낸곳 쌤앤파커스 **출판신고** 2006년 9월 25일 제406-2006-000210호
주소 서울시 마포구 월드컵북로 396 누리꿈스퀘어 비즈니스타워 18층
전화 02-6712-9800 **팩스** 02-6712-9810 **이메일** info@smpk.kr

ⓒ 엘리자베스 콜버트 (저작권자와 맺은 특약에 따라 검인을 생략합니다)
ISBN 979-11-6534-600-3 (03470)

쌤앤파커스(Sam&Parkers)는 독자 여러분의 책에 관한 아이디어와 원고 투고를 설레는 마음으로 기다리고 있습니다.
책으로 엮기를 원하는 아이디어가 있으신 분은 이메일 book@smpk.kr로 간단한 개요와 취지, 연락처 등을 보내주세요.
머뭇거리지 말고 문을 두드리세요. 길이 열립니다.